# 大鲵养殖池设计

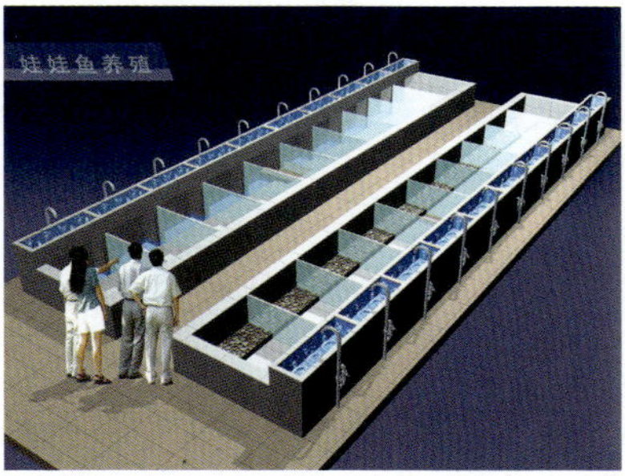


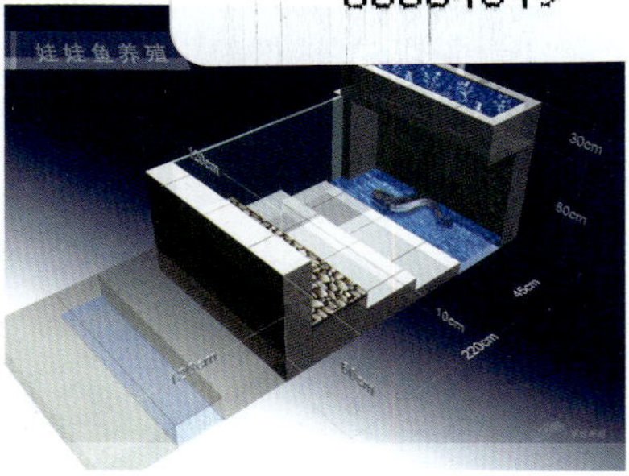


■ 双层流水养殖池　■ 双层流水养殖池单元结构

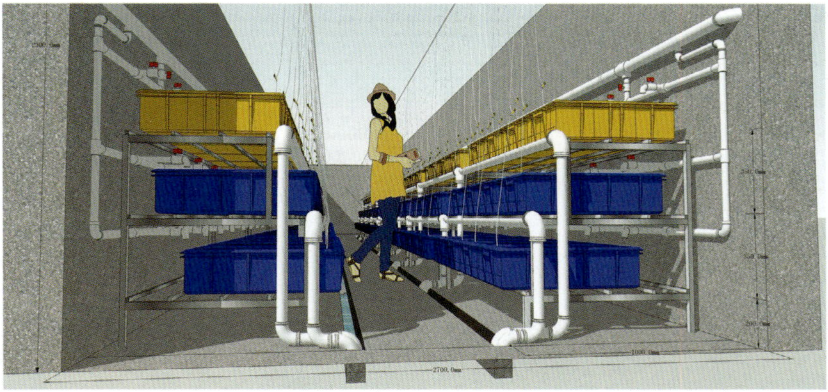

■ 仔鲵室内养殖池设计

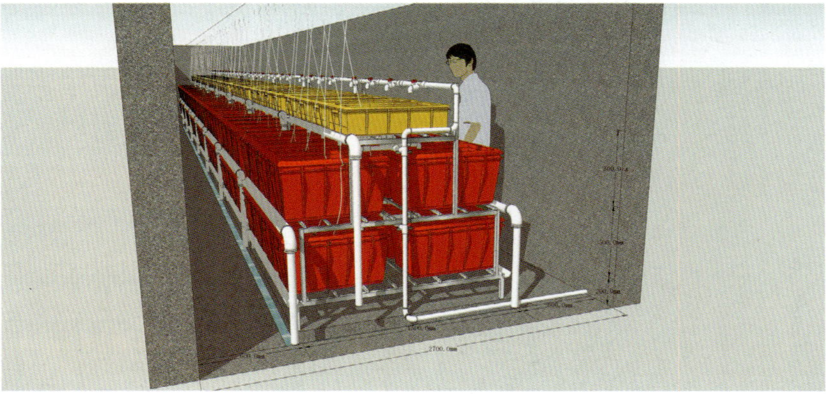

■ 幼鲵室内养殖池设计

## 大鲵养殖池建造——各类大鲵养殖室外池

大鲵养殖池建造——各类大鲵养殖室内池

## 大鲵的部分饵料

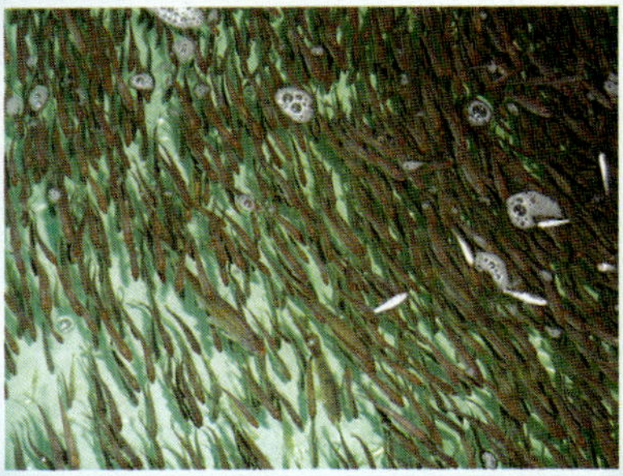

■ 野杂鱼类

■ 虾类

■ 水蚤类

■ 水蚯蚓

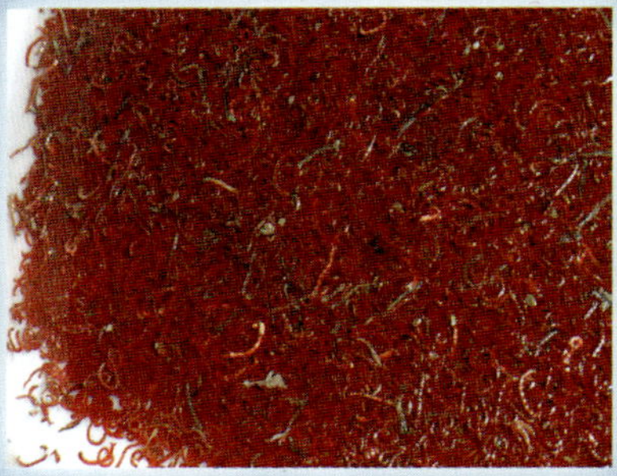

■ 赤线虫

■ 新鲜鱼块

# 大鲵的人工繁殖（一）

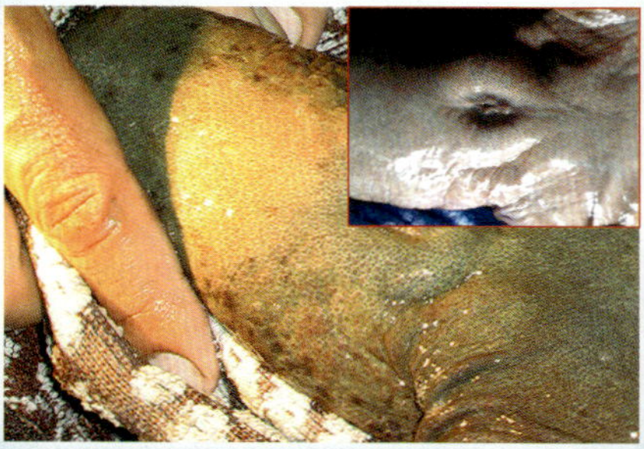

大鲵雄性泄殖孔

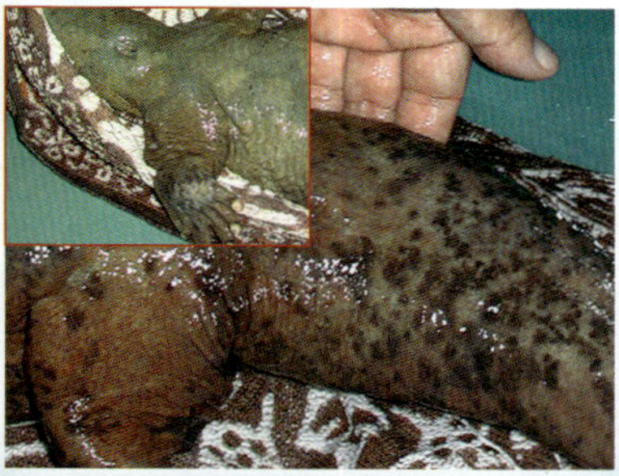

大鲵雌性泄殖孔

亲鲵室外培育池

亲鲵室内培育池

催产药物配制

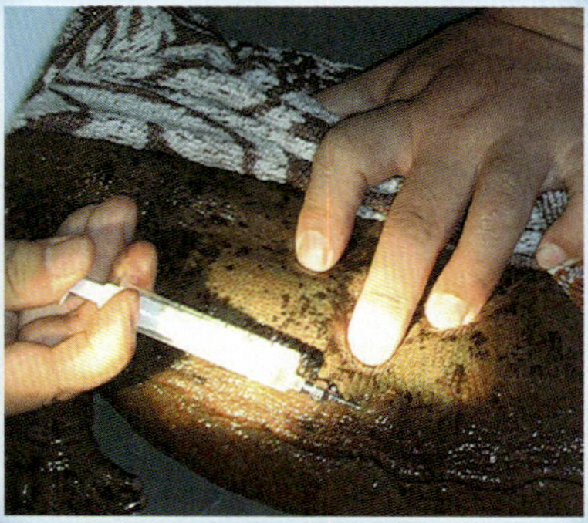

催产注射部位

## 大鲵的人工繁殖（二）

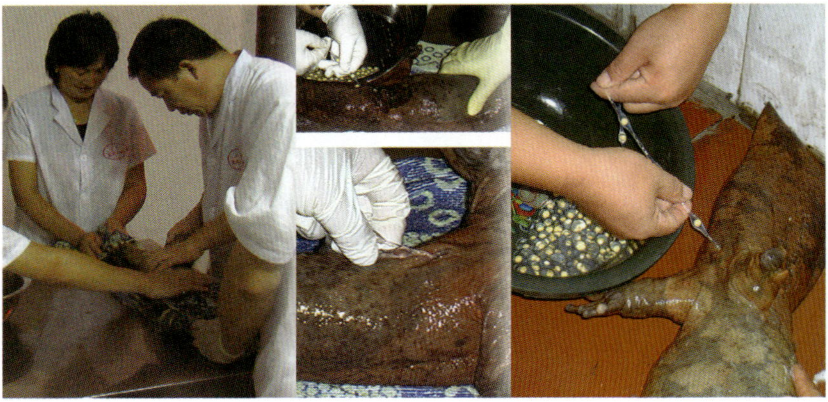

人工拉卵操作

大鲵卵子

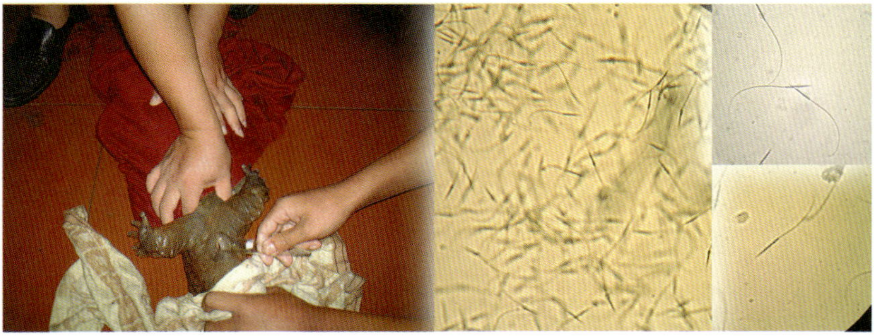

人工采精操作及大鲵精子

## 大鲵的人工繁殖（三）

■ 将大鲵精子滴加卵上 ■ 加水、加营养液混合

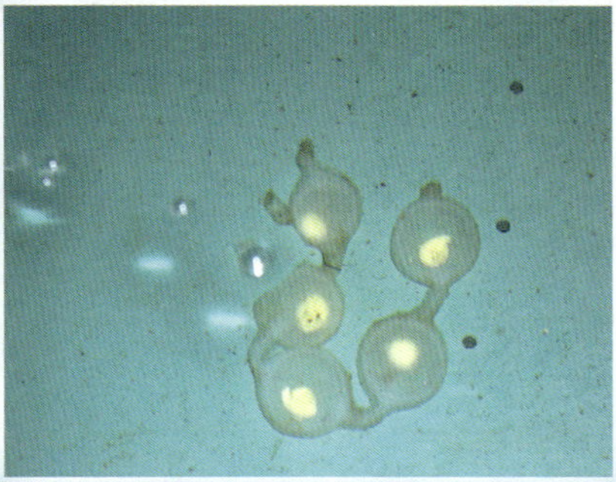

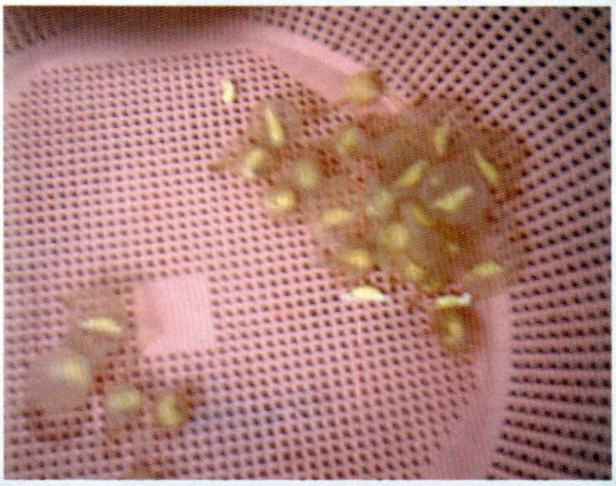

■ 低温孵化发育受阻的大鲵胚胎 ■ 高温孵化提早破膜的大鲵胚胎

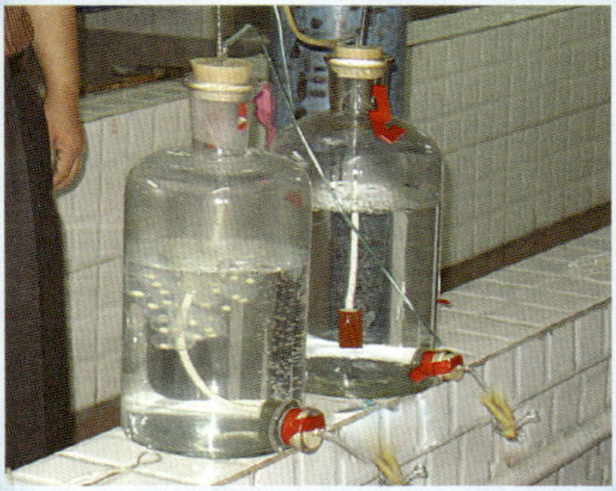

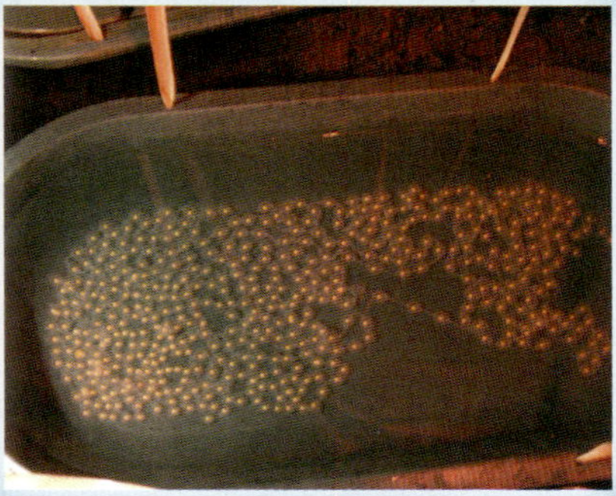

■ 静水冲气孵化 ■ 静水孵化

■ 微流水孵化 ■ 冲气流水孵化

■ 孵化车间

## 大鲵胚胎发育

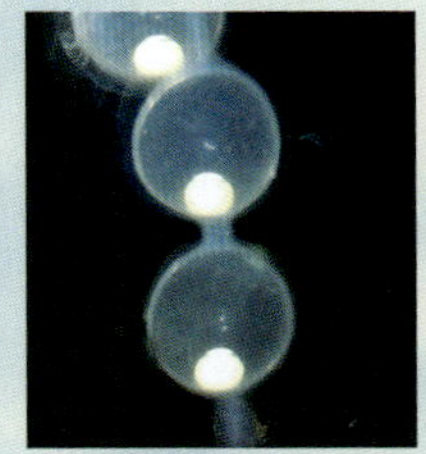

■ 大鲵卵

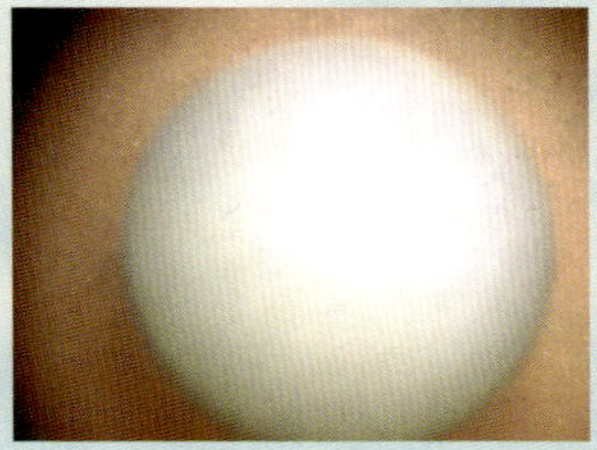

■ 受精卵

■ 多细胞期

■ 囊胚期

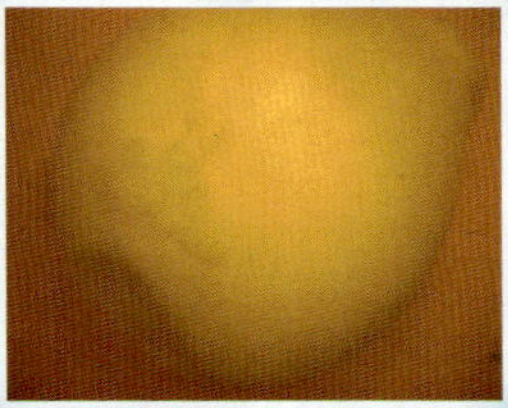

■ 原肠期

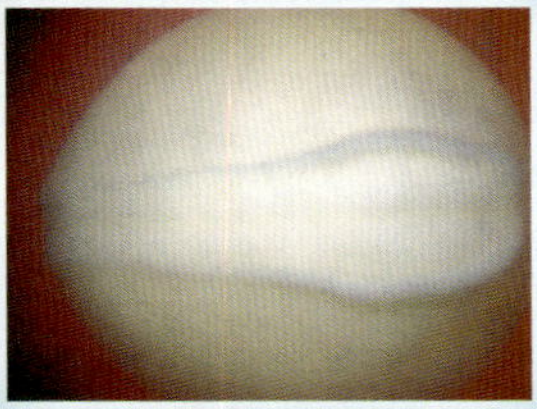

■ 神经板期

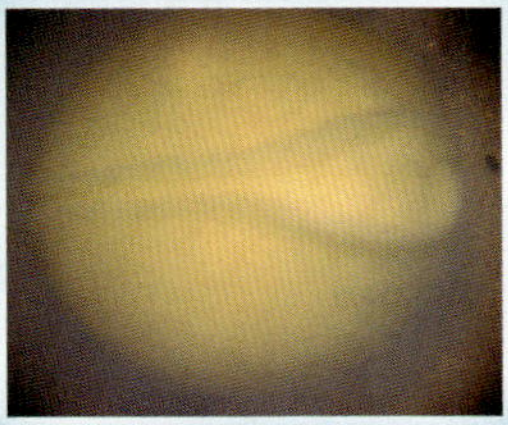

■ 神经沟期

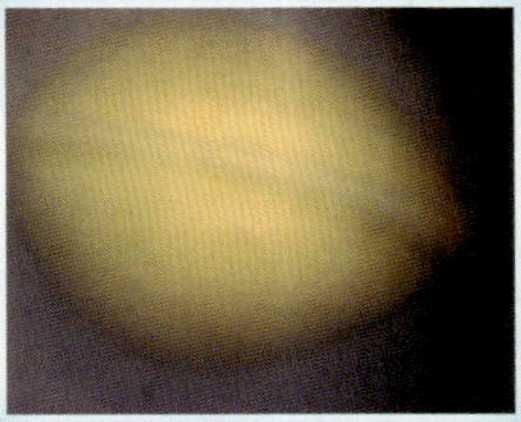

■ 神经管期

■ 尾芽期

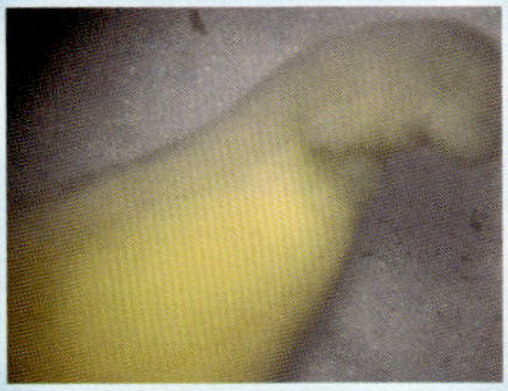

■ 鳃板早期

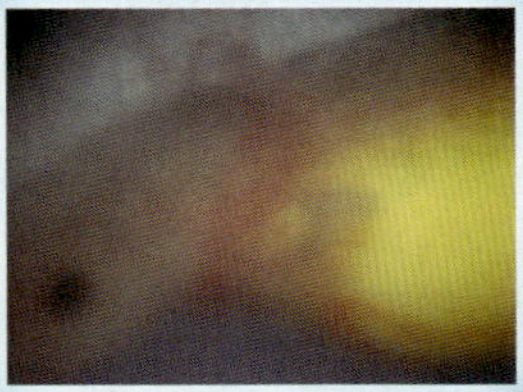

■ 鳃板早期

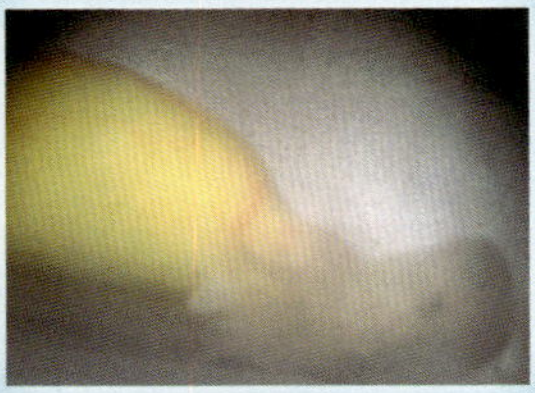

■ 前肢芽期

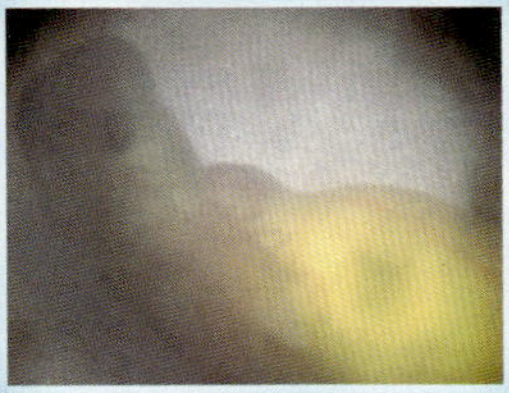

■ 外鳃循环期

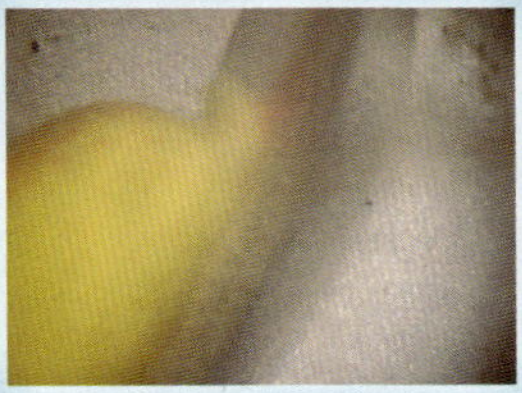

■ 后肢芽期

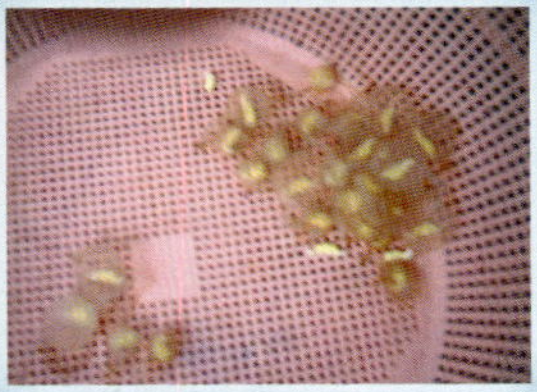

■ 孵化期

■ 仔鲵

■ 稚鲵

■ 幼鲵

■ 成鲵

■ 金色成鲵

■ 金色幼鲵

## 大鲵养殖（一）

■ 成鲵运输包装

■ 大鲵单养

■ 大鲵群养

■ 大鲵室内流水养殖 ■ 大鲵室外流水养殖

■ 大鲵农户家庭静水养殖

# 大鲵常见疾病（一）

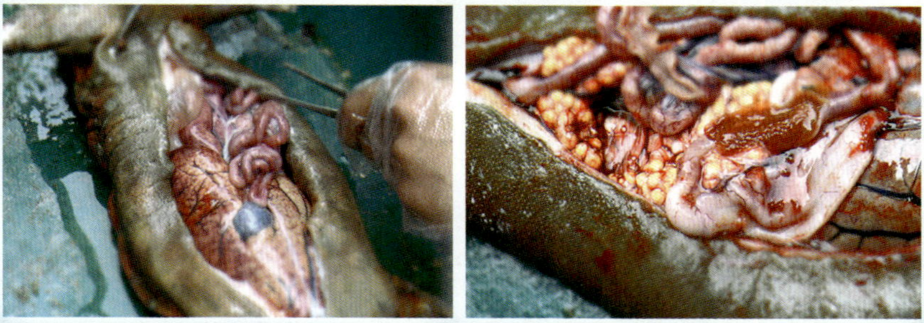

■ 肠炎病

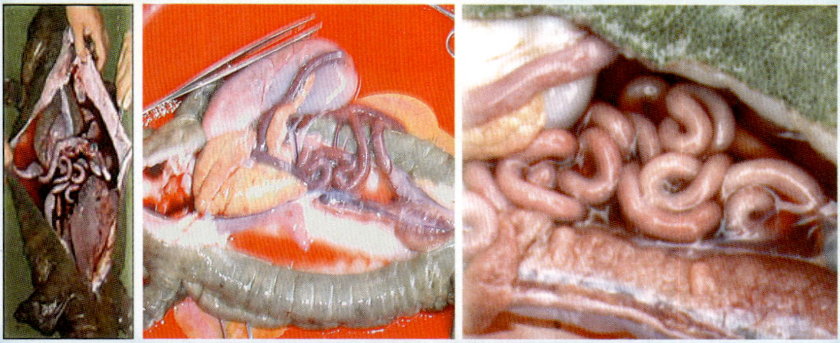

■ 腹水病

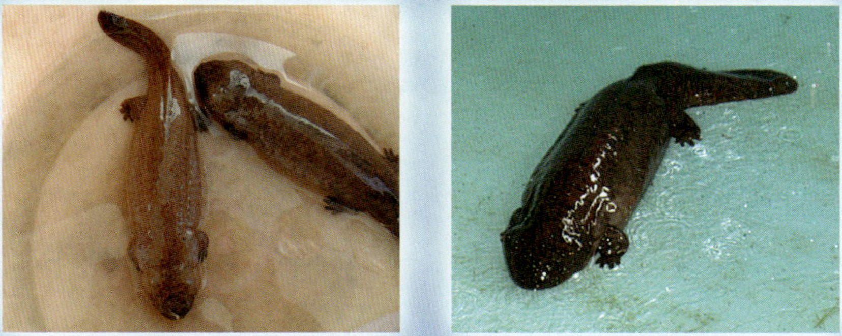

■ 水肿病

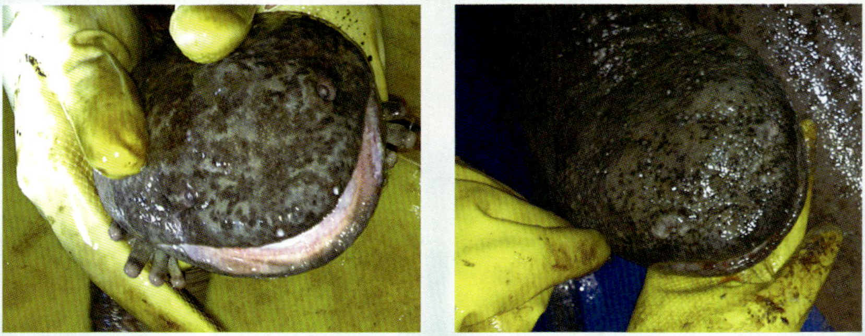

■ 烂嘴病

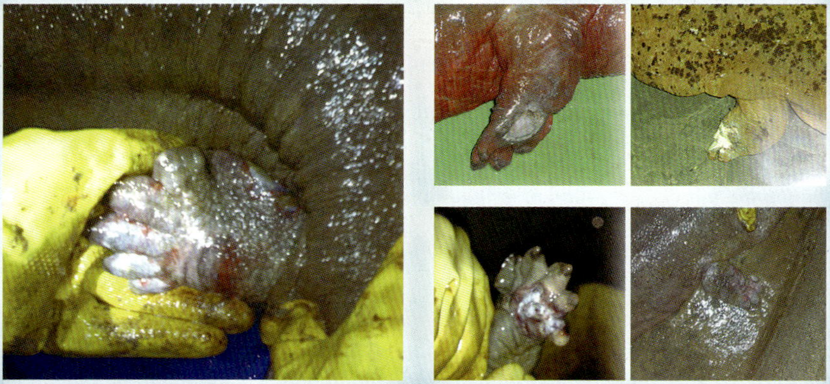

■ 烂脚病

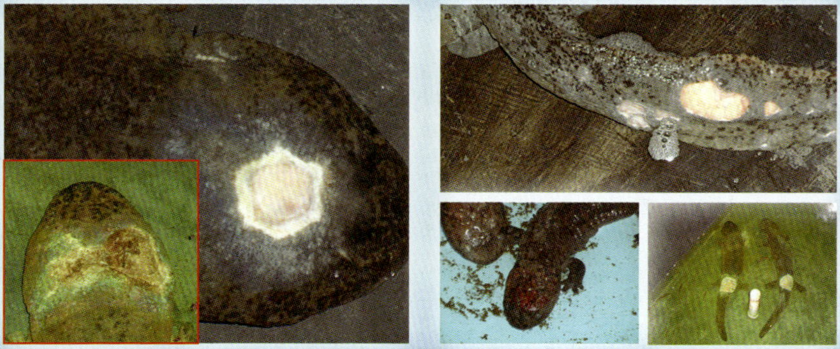

■ 红斑病

## 大鲵常见疾病（三）

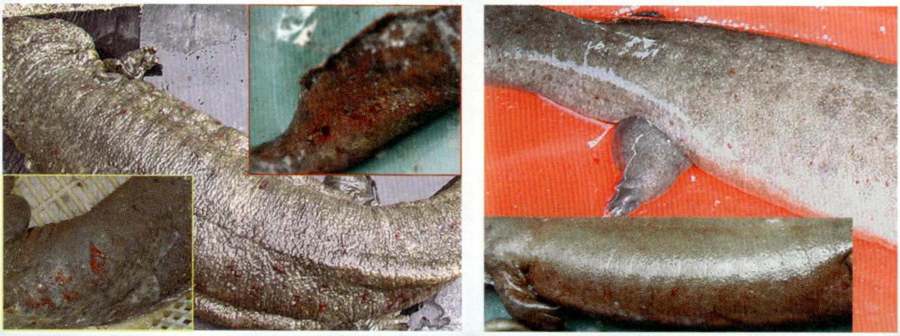

■ 赤皮病

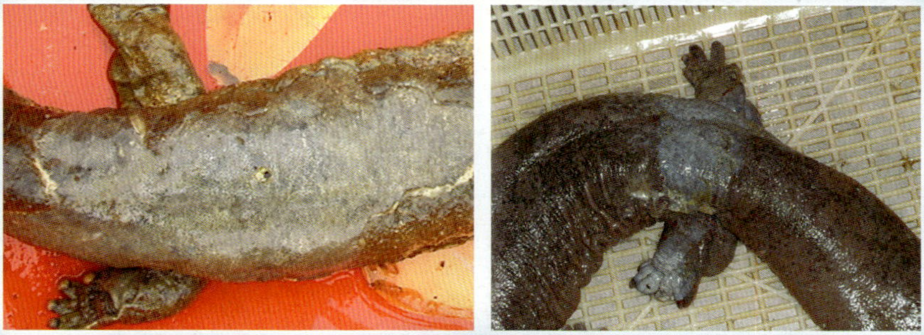

■ 腐皮病

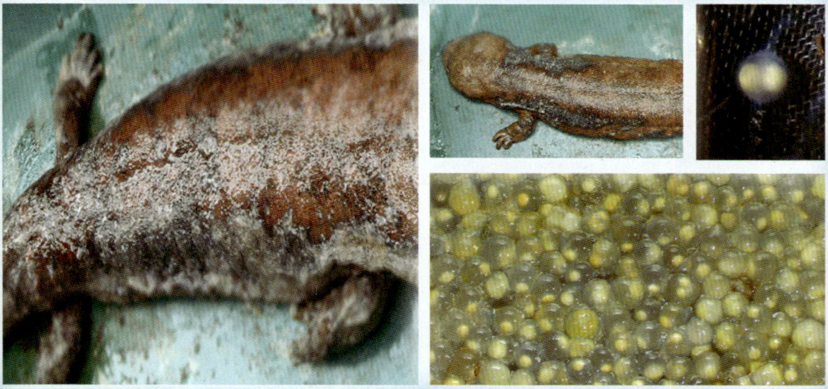

■ 水霉病

## 大鲵常见疾病（四）

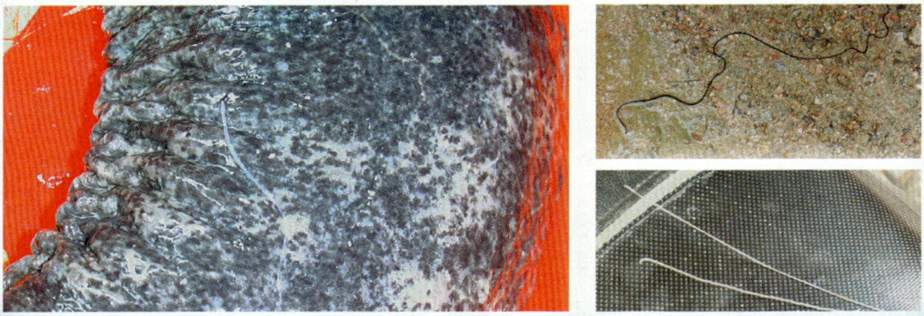

■ 线虫病

■ 各种畸形苗

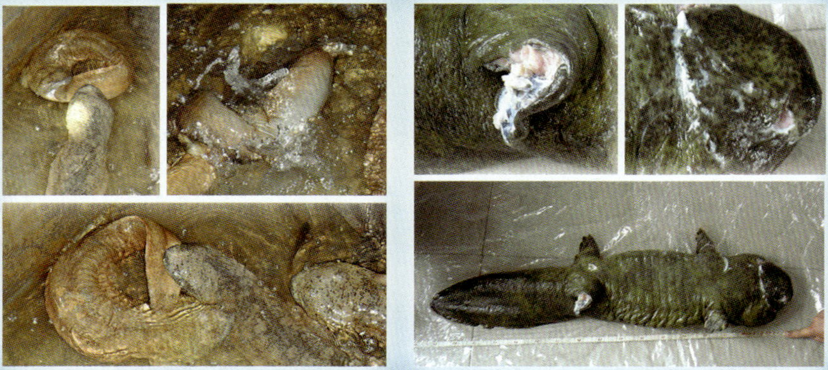

■ 大鲵互残现象

现代渔业提升工程·水产标准化健康养殖丛书

# 大鲵
# 标准化健康养殖技术

乔志刚　编著

中原农民出版社
·郑州·

图书在版编目(CIP)数据

大鲵标准化健康养殖技术/乔志刚编著. —郑州:中原农民出版社,2015.5
(现代渔业提升工程·水产标准化健康养殖丛书/张西瑞主编)
ISBN 978-7-5542-1157-1

Ⅰ.①大… Ⅱ.①乔… Ⅲ.①大鲵-淡水养殖-标准化管理 Ⅳ.①S966.6

中国版本图书馆 CIP 数据核字(2015)第 047689 号

**大鲵标准化健康养殖技术**
乔志刚 编著

---

**出版社**:中原农民出版社
**地址**:河南省郑州市经五路 66 号 **邮编**:450002
**网址**:http://www.zynm.com **电话**:0371-65788655
**发行单位**:全国新华书店 **传真**:0371-65751257
**承印单位**:河南安泰彩印有限公司

---

**投稿邮箱**:1093999369@qq.com
**交流 QQ**:1093999369
**邮购热线**:0371-65724566

---

**开本**:890mm×1240mm A5
**印张**:7.25 **彩插**:16
**字数**:207 千字
**版次**:2015 年 7 月第 1 版 **印次**:2015 年 7 月第 1 次印刷

---

**书号**:ISBN 978-7-5542-1157-1 **定价**:20.00 元

**本书作者**

乔志刚

# 序 言

据文字记载，我国有 2 500 多年的鱼类养殖历史，可谓世界之最。今天，我国已是世界上水产品生产、贸易和消费的第一大国。多年来，我国渔业生产保持着持续快速发展的势态，在国民经济中的地位日益凸显，并已成为农业和农村经济发展的重要增长点。2013 年全国渔民人均纯收入 13 039 元，远高于农民人均收入的 8 896 元；全国水产品总产量为 6 172 万吨，连续 24 年位居世界首位，为城乡居民膳食提供了 1/3 的优质动物蛋白源。近年来，渔业产业结构不断优化，实现了生产方式由捕捞为主向养殖为主的重大转变。

2013 年以来，中央连续出台了多项惠渔政策，鼓励并引导水产养殖业从传统渔业向现代渔业转型。现代渔业已成为各种新技术、新材料、新工艺密集应用的行业。渔业的规模化、集约化、标准化和产业化发展，对科技的依赖程度也在不断提高。因此，我们需要不失时机地普及水产科学知识，提高从业者素质，帮助他们吸纳和运用现代生物技术、信息技术和材料技术的新成果，发展现代渔业和精深加工业，以降低资源消耗、环境污染和生产成本，不断提高渔业的资源产出率和劳动生产率，进一步引领和支撑优质、高效、生态、安全的现代渔业发展。

河南省淡水渔业发展很快，在传统渔业的基础上，现代渔业也开始起步。面对这一可喜的新形势，有关主管部门组织专家和技术人员适时编写《现代渔业提升工程 · 水产标准化健康养殖丛书》，除了进一步激发渔业科技人员总结在实践中的创新经验外，无疑将对渔业从业者培训、促进行业转型发展等起到推动作用。发展现代渔业的关键是新型渔民的培养与经营主体的培育，造就产业发展的主力军。通过对基层渔业科技人员和养殖户培训，掀起广大渔业劳动者学科技、用科技的热潮，切实提高他们的从业技能，促进渔业科技成果转化，培养有文化、懂技术、会经营、善管理的新型渔民，为现代渔业建设培育经营主体和可持续发展提供支撑能力。

丛书涵盖了淡水渔业各方面内容，包括高产池塘创建和低产池塘改造、健康养殖示范场创建、水产原良种体系建设、渔业科技推广、休闲渔业、水产品质量安全、水生生物资源养护以及苗种质量鉴别与培育技术、鱼类病害防治和渔药残留控制、养殖水体水质调控技术、饲料配制与投喂新技术、池塘生态养殖技术、池塘生态工程设施与模式构建、水产养殖病情监测预警等内容，适用于管理者和经营实践者学习参考，是新形势下渔业的科普兼专业性读物。同时，丛书特别强调保障水产品质量安全、改善水域生态环境、维护水域生态安全、提倡渔业相关的二、三产业等的协调发展，最终实现装备先进、高产优质、环境友好、渔民增收的现代渔业发展新格局。

多年来，我与河南水产科技人员共事和交流，对他们敢为人先的创造性和务实拼搏的敬业精神尤为钦佩。我期待着在全国现代渔业建设的大潮中，河南水产事业走出自己特色之路，并大有作为！

中国科学院水生生物研究所研究员

中国科学院院士

2015 年 1 月

# 前　言

大鲵俗称娃娃鱼,属脊椎动物两栖纲有尾目隐鳃鲵科,是我国特有的珍稀野生动物,也是世界现存两栖类中体型最大的种类。大鲵属于由水生脊椎动物向陆生脊椎动物过渡的类群,是研究动物进化的极好材料(宋鸣涛,1986);大鲵不仅有很重要的学术研究价值,也有很高的经济和观赏价值(赵尔宓,1996)。

野生大鲵的种群数量原本非常可观,但自20世纪50年代起,野生大鲵资源不断锐减,有些地方的野生大鲵种群甚至已经灭绝,目前在其适生地觅得一尾野生大鲵已是一件难事,《中国濒危动物红皮书》中大鲵被列为极危级(赵尔宓,1998;章克家,2001;彭亮跃,2010)。野生大鲵资源在不断减少,已是不争的事实。结合国内外学者对有尾两栖动物资源减少的原因,分析认为:生态环境退化与丧失、野生资源遭到过度捕杀、自然种群增殖缓慢等,是造成目前大鲵资源濒危的主要因素。

为了增殖和保护大鲵,1982年我国把大鲵列为国家二级保护动物,《濒危野生动物植物种国际贸易公约》(CITES公约)也将大鲵列入附录Ⅰ中。我国立法规定:"对野生动物加强资源保护、积极驯养繁殖、合理开发利用。"从20世纪70年代以来,国内相继建立了20余处大鲵自然保护区。同时,国内学者开展了大鲵资源的调查,摸清了大鲵在我国的分布状况(刘国钧,1989;宋鸣涛,1986);之后又在大鲵的组织结构(吴翠蘅,1982;肖汉兵,1995)、繁殖技术(阳爱生,1978;刘鉴毅,1993)、胚胎发育(阳爱生,1983;冯小荣,1997)、人工试养(林锡芝,1989;金立成,1990)等方面做了大量的工作,丰富了大鲵的生物学资料,为拯救野生大鲵资源提供了积极帮助。

毋庸置疑,要想达到大鲵资源的良性增长,摆脱当前的濒危状况,除采取环境恢复、减少猎杀等保护措施外,开展人工增殖无疑是一条快捷有效的途径。

由于大鲵既适合分散小规模驯养，又能进行集约化规模经营，且饵料成本低，养殖利润大，群众养殖积极性高。进入21世纪以来，国内参与大鲵繁养的企业明显增多。大鲵养殖为发展农村经济，特别是山村经济，帮助经营者增收提供了有效途径。我国大鲵产业虽然起步晚，发展也经历了初期盗猎、贩运到自捕自养，再到科学驯养的曲折过程，但总体发展速度快，势头强劲，充满了无限生机，其规范化、规模化开发的局面正在逐渐显露。

为了推进大鲵产业的健康发展，普及和提高大鲵的增养殖技术，笔者自1994年起，对人工条件下大鲵的增养殖技术进行了研究，研究过程得到了国家自然科学基金和河南省科技攻关项目资金及河南省生物工程重点实验室的支持，得到了河南师范大学徐存栓教授、上海海洋大学王武教授的指导和帮助，得到了牛运华、贾小平、肖显旗、常国亮、刘海涛、孟星亮、李孝珠、陈生智、张建平、康清娟、刘晓翠、张卫芳等同志的支持，在此一并表示感谢。

结合前人的探索，整理自己20年来的研究成果和实践经验，将大鲵的基本生物学知识和健康增养殖技术编著成册，以飨读者。由于作者水平有限，书中错误及不妥之处恳请读者拨冗指正。

编者

2014年9月

# 目录

# 第一章　大鲵养殖概述

大鲵为我国特有的珍稀野生动物，是由3亿年前古代泥盆纪时期鱼类演变而成的古老两栖动物，也是世界现存两栖类中体型最大的种类。大鲵迁徙能力较差，对水环境的依赖性强，属于由水生脊椎动物向陆生脊椎动物过渡的类群。大鲵既保留有鱼类的某些原始特征（如胚胎发育在水中进行，幼体具鳃），又具有初步适应陆生生活（如成体用肺和皮肤呼吸，具有能够爬行的四肢）的躯体结构，是研究动物进化的好材料。大鲵不仅具有重要的学术研究价值，也有很大的经济价值和观赏价值。作为新兴产业，大鲵养殖兴起于20世纪中后期，目前随着其养殖规模的不断扩大和养殖技术的不断完善，大鲵产业正呈蓬勃之势迅猛发展。

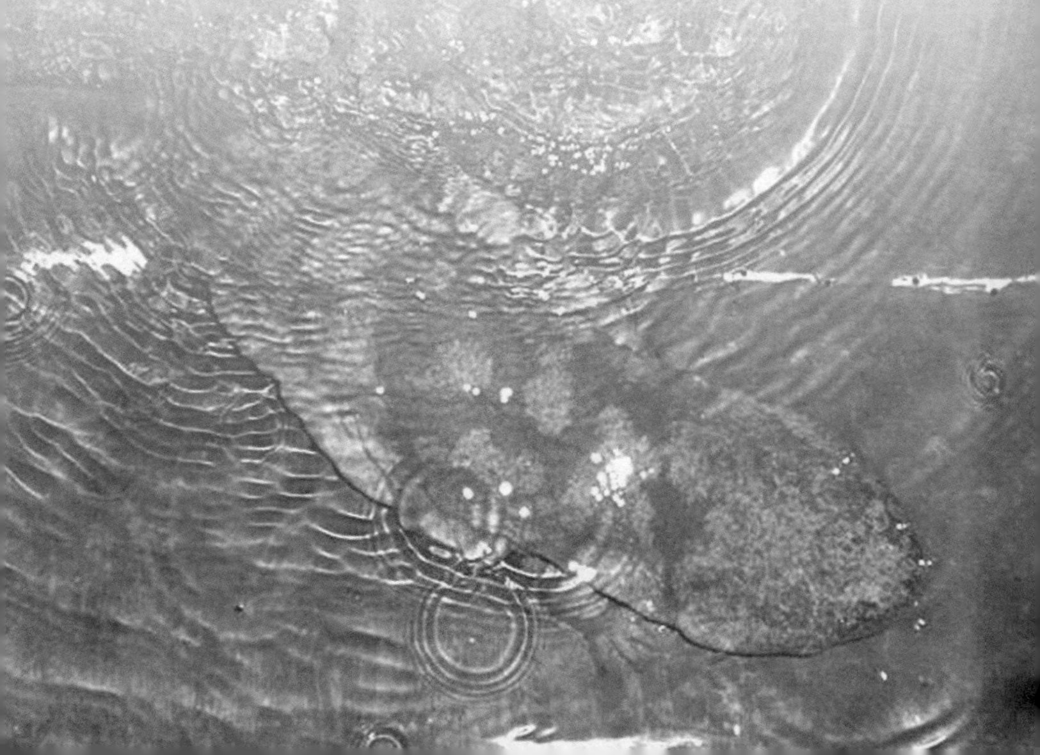

# 第一节 大鲵的生物学特性

## 一、分类地位

我国有尾两栖类共有32种，隶属于3科12属。大鲵属于隐鳃鲵科（Cryptobranchidae）大鲵属（*Andrias*），演化过程见图1－1。

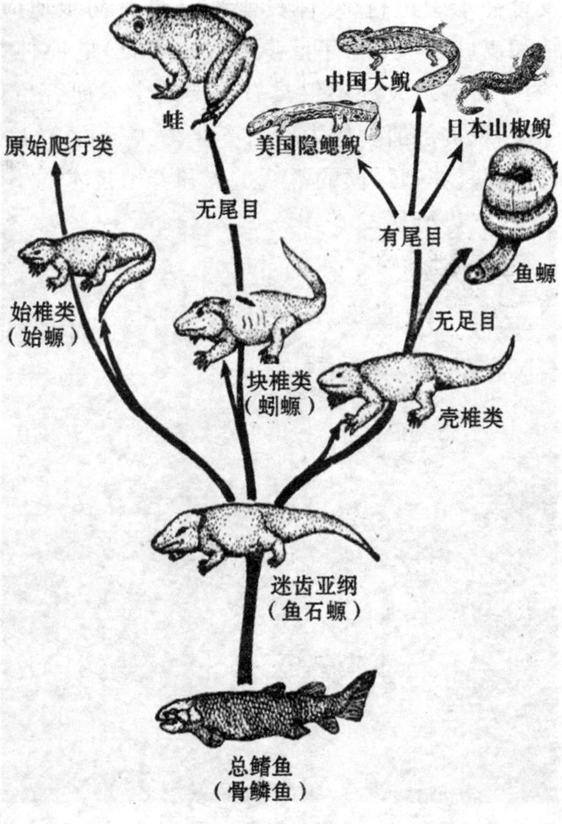


图1－1 中国大鲵的演化过程

隐鳃鲵科动物只有隐鳃鲵属（*Cryptobranchus*）和大鲵属 2 个属，3 个种，分别是隐鳃鲵属的北美隐鳃鲵［*Cryptobranchus alleganiensis*（Daudin）］（如图 1－2），大鲵属的日本大鲵［*Andrias japonicus davidianus*（Temminck）］（图 1－3）和中国大鲵［*Andrias davidianus*（Blanchard）］（图 1－4）。

图 1－2　北美隐鳃鲵

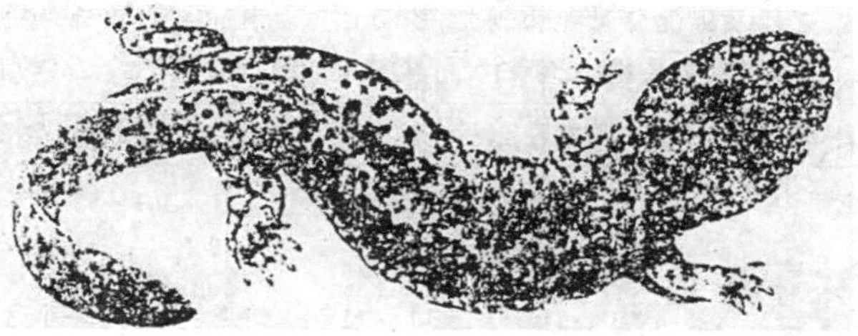

图 1－3　日本大鲵

图 1－4　中国大鲵

隐鳃鲵属和大鲵属的种类，在形态结构方面，特别是骨骼系统显著不同，二者的比较见表 1－1。

表 1-1 隐鳃鲵属和大鲵属的比较

| 项目 | | 隐鳃鲵属 | 大鲵属 |
|---|---|---|---|
| 外形 | | 头部有喷水孔,个体较小 | 头部无喷水孔(鳃裂),个体较小 |
| 骨骼 | 鼻孔 | 鼻骨不与上颌骨相连。由前颌骨、鼻骨、颌骨和上颌骨等四块包围成外鼻孔 | 鼻骨与上颌骨相连。由前颌骨、鼻骨和上颌骨等块骨包围成外鼻孔 |
| | 前额骨 | 较长,呈狭窄形,经前颌骨后端作一水平线能到达上颌骨末端 | 较宽,呈椭圆形,经前颌骨后端作一水平线,达不到上颌骨末端 |
| | 翼状骨与上颌骨的距离 | 较大 | 较小 |
| | 前颌骨鼻突 | 达到或超过外鼻孔后缘 | 达不到外鼻孔后缘 |
| | 舌器 | 舌弧部分骨化为硬骨,鳃弧四对,第二、第三对骨化 | 舌弧全部为软骨,鳃弧二对,第二对骨化 |
| | 脊柱 | 有 20~21 个椎骨 | 有 21~22 个椎骨 |

注:吴翠蘅. 中国大鲵的外形及骨骼解剖. 动物学杂志:1982(1):11-15。

## 二、形态特征

大鲵是现存有尾两栖类中体型最大的一种,体长可超过 1 米,体重可达 50 千克以上。其成体呈扁圆筒形,由头、躯干、四肢和尾组成。体表裸露无鳞,光滑有弹性,多皮脂腺。

### (一)头部

大鲵头大、宽扁,前端有宽大的口裂,上下颌前缘有锐利的细齿,内有一排与之平行的犁骨齿。吻端圆,有外鼻孔一对,鼻孔小而圆形,位于眼前上方。头上侧有一对小眼,不发达,位于头背部两外侧位,眼间隔宽而平坦,无眼睑。头背、腹面均有数量居多的成对疣状物。

### (二)躯干

躯干部由胸、腹部组成。胸部两侧称颈褶;腹部肥胖,约占体长的 1/2,两侧有皮肤皱襞和疣粒,背部有一条不明显的退化背鳍延伸至尾部。

### （三）四肢

腹部前后、两侧有附肢2对，肢体形状与蛙肢相似，后肢长于前肢，前肢4趾，后肢5趾；趾端光滑无爪；后肢外缘有膜质的肤褶，趾间有浅蹼。

### （四）尾部

尾较短，为体长的1/3，尾端钝圆或椭圆；尾部有生殖孔，外端与排泄孔相吻合，形成泄殖孔，雌鲵不具受精器。

## 三、解剖特征

### （一）皮肤与肌肉系统

1. 皮肤

大鲵体表光滑湿润。皮肤具有成对疣瘤，在头部显出特定的图形。在颈褶、侧褶上下的疣瘤也是成对的。此外，皮肤表面分布有不规则的、大小不匀的丘状突起。大鲵皮肤颜色不一，常见的有暗黑、灰褐、灰黄及呈不同黑、褐色斑的体色，也有红棕、金黄等不常见的体色。

大鲵全身皮肤由表皮和真皮组成，其皮肤厚度分布不相同，头部和躯干部背面较厚，腹面及四肢皮肤较薄。大鲵表皮角质化程度低，显示出以水生为主的特性。

大鲵的皮肤腺为多细胞腺体，分为黏液腺和颗粒腺两种：黏液腺腺体呈不规则圆形，腺细胞较大，核位于基部，分泌物呈水样透明液；颗粒腺腺体较大，数量较多，肉眼可见，随体长增加而加大。两种皮肤腺在体表开口是随机的，皮肤腺的分布与体表的疣瘤分布无关。大鲵的皮肤腺在体表背面分布最多，腹面次之，四肢及腋下最少。大鲵受刺激时皮肤腺能分泌白色黏液，黏液最初呈白浆状，附于皮肤表面，后渐变为黏稠胶状物，黏性强；手触及刚分泌的新鲜黏液，能迅速形成一层黏膜粘于手上，不易水洗。大鲵黏液气味似花椒味，经生化分析测定，是一种芳香族氨基酸。

2. 肌肉

中国大鲵的肌肉系统有明显的原始性，其中以中轴肌最为突出，附肢肌细弱，分化简单，肌肉的数目远比无尾类少。

大鲵躯体呈长圆形,具有明显的分节,体侧的侧隔贯穿始终,把中轴肌分为轴上肌和轴下肌。

**(二)骨骼系统**

大鲵骨骼系统分为中轴骨骼和附肢骨骼两部分。

1. 中轴骨骼

(1)脑颅　大鲵头骨宽大,扁平,平颅型。软骨脑颅骨化程度低,保留软骨状态,具有较原始的两栖类头骨特点。

(2)脊柱　大鲵的脊柱分为颈椎、躯干椎、荐椎和尾椎四部分。

脊椎骨为双凹型,椎体前端、后端向内凹入很深,含有圆珠状的脊索残余,软骨状,神经棘大多低平,末端仍有软骨保留。大鲵脊椎骨一般有45~46个,尾椎后端有2个软骨质的椎骨残余。大鲵脊椎骨的分布情况:

颈椎:1枚,无横突及肋骨。

躯干椎:19~20枚,形态大致相同。

荐椎:1枚,形态与躯干椎相似,只是横突加宽。

尾椎:22枚以上。第一尾椎无脉弓,其他尾椎均有脉弓。部分尾椎的棘突高而延长斜向后方。

(3)肋骨　大鲵具肋骨,位于第一躯干椎到第二、第三尾椎部分,与椎骨横突相连。脊柱前段,肋骨发达,向后渐渐变细,在第三、第四尾椎处消失。

(4)胸骨　为一小块心脏形软骨片,尖端向前,后端具一缺刻。位于乌喙骨后方,并以薄薄的结缔组织膜与乌喙骨相连,难以与周围结缔组织膜分开。

2. 附肢骨骼

附肢骨骼包括带骨和肢骨。大鲵的附肢骨骼,具有陆生脊椎动物附肢骨骼的基本结构。但四肢骨纤细,不发达。带骨多为软骨。这与它基本生活在水中,主要为鱼型运动的生活方式有关。

**(三)消化系统**

大鲵消化系统由消化道和消化腺两部分组成。

1. 消化道

消化道包括口、咽、食管、胃、小肠、大肠和泄殖腔等部分。

(1)口 位于消化道的最前端,由上颌、下颌围成。口裂随年龄而变大,幼体上唇褶覆盖下唇,口裂椭圆形。头长(宽)一般是口裂弧长的1.5倍。

大鲵的牙齿为多出齿,牙齿数量随个体增长而增多。牙齿单列分布于上颌骨、下颌骨和犁骨上,其中犁骨齿列中央下陷,上颌齿列与犁骨齿列间形成沟槽,与下颌齿列镶嵌,对被捕者形成坚稳的咬合。

大鲵口腔内覆黏膜,口腔底由舌器和舌肌支持口腔黏膜。幼鲵口腔黏膜稀薄松弛,舌前缘呈游离状。成鲵舌骨和舌肌加强,口腔黏膜增厚。舌弧前缘形成若干弧状皱褶,增加口腔底升降的活动范围。口腔顶部平坦,内鼻孔卵圆形,紧靠在犁骨齿列外侧。舌黏膜部位可见味蕾。

(2)咽 成鲵口腔与咽部无明显界限;具外鳃的幼鲵,第一对鳃裂关闭后的黏膜皱褶,即为口腔与咽部的界限。

(3)食管 食管粗而短,前端宽大呈喇叭状,接口咽腔,后端变粗形成胃。食管内壁具许多纵褶。

(4)胃 大鲵的胃呈长囊状,前接食管,后连小肠,位于腹腔左侧,紧邻长形的脾脏。胃壁肌层发达,很厚,内壁纵褶粗大,纵褶上的黏膜层内有腺体,黏膜表面分布有较厚的黏液。胃的贲门很大,幽门部之后突然缩细,紧接小肠。

(5)小肠 小肠长与体长之比,幼鲵和成鲵大致相同,但幼鲵小肠盘旋较成鲵简单。小肠迂回曲折,多偏于腹腔右侧,由较长的肠系膜系结于腹腔,各段小肠外径相似,管壁厚度相当。小肠的前段为十二指肠,十二指肠由胃后端的幽门起,前行至肝,后端接回肠。回肠比十二指肠略粗,形成许多迂回。在十二指肠与回肠的交界处有一明显缩细的环形沟,此处有胆管通向肠内,适于胆汁排放。

(6)大肠 直肠外径较小肠粗大,两者交界处既无括约肌,也无瓣膜。直肠前粗后细,肠黏膜上无纵行的皱褶。直肠愈向后,肠壁的环肌愈薄,纵肌愈厚。肠腔内通常可见大量消化后的食物残渣,其中多鱼虾类的鳞片和骨刺。

(7)泄殖腔 长1~2厘米,向后以泄殖孔通体外,泄殖腔内有若干纵褶，色素丰富，一对泌尿、生殖乳突位于大肠开口处两侧。

2. 消化腺

(1)肝　大鲵肝脏发达，是最大的消化腺，呈长形，棕红色，位于腹腔前部偏右。大鲵肝基本呈单叶状，仅在后端部分为左、右两叶，右叶较大，位于右肺的腹侧，比左叶略长。右叶前部腹侧包裹有由浆膜构成的腹膜囊，后部左侧有一凹陷，有胆囊存在。肝左叶游离，占据腹腔中部，左侧缘与胃的前半部相邻。

(2)胆囊　圆形，发达，深绿色，梨形或球形，贴于肝后段右侧，以结缔组织膜与肝脏相连。数条肝管开口于胆囊背侧壁，接收肝分泌的胆汁，胆汁绿色，有黏性，通过若干微细管汇入胆胰管，胆胰管由疏松结缔组织包裹，由肝、十二指肠韧带固定，注入十二指肠内。

(3)胰脏　胰脏呈带状，粉红色或浅黄色。胰脏与胃、十二指肠伴行，胰管纵贯胰脏内部，穿出胰脏后与胆管并成胆胰管，开口于十二指肠与回肠的交汇处。

**(四)循环系统**

大鲵循环系统部分组织器官的结构特点，体现了其在脊椎动物进化进程中的过渡类型特征。如心房分隔、肺循环的存在显示了大鲵适于陆地生活的特点；而心房间隔不完全，4 对动脉弓、波氏导管与后主静脉等原始特征的存在则显示着其对水栖生活的适应。大鲵的循环系统主要包含下列组织器官：

1. 心脏

心脏位于体腔最前方的围心腔内，围心腔的形状近乎椭圆形。心脏从后向前依次由静脉窦、左右心房、心室、动脉圆锥和动脉干 6 部分构成。

2. 动脉系统

心脏的最前端，动脉圆锥突出扩大形成动脉干管道，动脉干近乎三角形，上窄下宽，不具收缩能力。从动脉干发出 4 对动脉弓(分别为颈总动脉弓、体动脉弓、第三动脉弓与肺皮动脉弓)，穿过围心腔，在胸舌骨肌背面平行地向颈部两侧延伸，到达鳃弓角前，第四对动脉弓转弯向后，其他 3 对继续从鳃弓后腹面到达颈侧。

3. 静脉系统

静脉系统由前腔静脉、后腔静脉、肺静脉与冠状静脉等构成。

**(五)神经系统**

大鲵神经系统包括脑、脊髓及其周围神经等。

1. 脑

脑由端脑、延脑、中脑、间脑、小脑构成,小而平直,无明显隆起。

2. 脊髓

脊髓贯穿整个脊柱,无明显膨大,直达尾尖。

3. 周围神经

周围神经由脑神经、脊神经和交感神经组成。

(1)脑神经　共 10 对,包括嗅神经、视神经、动眼神经、滑车神经、三叉神经、外展神经、面神经、听神经、吞咽神经和迷走神经。

(2)脊神经　43 ~46 对,除第一对仅有腹根而无背根外,其余均有背、腹根在椎间孔处合并而成。脊神经出椎间孔后,分出细小的背支支配背躯肌,较粗大的腹支在前肢处交织成臂神经丛,在后肢处交织成腰骶神经丛,其他均按节段分布于相应肌皮部。

(3)交感神经　在 6 ~ 18 脊神经腹支接近侧隔处,有纤细的交感神经发出,交感神经从腹横肌中出来后,紧贴腹腔背壁,反折向消化道背系膜,随系膜走向脏器。脊柱附近未发现交感神经节,交感神经节可能位于背系膜内。

**(六)呼吸系统**

幼鲵用鳃呼吸,成鲵用肺及皮肤呼吸,这是两栖类动物从水生到陆生的必然过程,也是动物进化在两栖类动物个体发育过程的重现。大鲵从幼鲵到成鲵,呼吸器官包括外鳃、鼻腔、气管、肺及辅助呼吸器官皮肤等。

1. 外鳃

外鳃由鳃弓、鳃瓣、鳃隔、外鳃丝和皮质鳃盖构成。上鳃软骨、上鳃骨和咽鳃软骨分别组成 3 个鳃弓。鳃弓上端有角质鳃耙,各鳃弓的下端有鳃隔、鳃瓣,外端有外鳃丝丛。在鳃裂后贴体有一扇形膜盖,防止水倒流进入。

2. 鼻腔

鼻腔前小后大，内皮膜厚，布满了小乳突及许多纵形皱褶，有益于滤入咽喉的空气。内鼻孔小，呈椭圆形。幼鲵的外鼻孔、鼻腔及内鼻孔均已形成。外鼻孔内周围有肌肉相围，其收缩能堵塞鼻孔。

3. 气管

幼鲵气管两侧各有一条薄的软骨，前宽后窄呈楔形，随着个体生长，气管从前向后软骨化程度增高。

4. 肺

幼鲵的肺呈薄膜状，内壁有交错的微血管。外鳃期的幼鲵用鳃和外鳃进行呼吸。随个体的发育，外鳃逐渐消失，成鲵则是以肺和皮肤进行呼吸。

成鲵的肺粉红色，呈锥形长囊状，壁薄，但较幼鲵的肺壁增厚。肺内壁微血管网发达，形成间隔小室。另外，成鲵表皮中也密聚分布着微血管网，且位置靠近表面，有利于皮肤呼吸。

**（七）生殖系统**

1. 雌性生殖系统

雌性生殖系统由卵巢和输卵管等部分组成。卵巢是雌性大鲵产生卵子的器官，左右 1 对，呈条带状，盘绕于腹部肠间，外覆以极薄的卵巢膜。

输卵管是上端细，下端粗，长而弯曲的囊状管。输卵管前端的开口呈漏斗状，位于体腔前部，前肢的腋下，开口朝向斜前方，其末端以尖端突入泄殖腔。输卵管中段密布分泌腺，腺体分泌胶质包在卵子外面形成内胶膜和外胶膜，这些胶膜物质可能对卵子的正常受精是必要的。

组织学观察发现，大鲵卵细胞成熟不同步，根据卵巢中不同时相卵细胞的比例将大鲵卵巢分为 6 个时期；并且判定中国大鲵卵巢发育进入成熟Ⅵ时期的最高比例是在夏季，其次在春季，秋季最低。

2. 雄性生殖系统

雄性生殖系统由精巢、输精小管、输精（尿）管、泄殖腔等组成。精巢是雄性大鲵产生精子的器官，左右 1 对，位于腹腔两侧，呈长卵圆形。

从精巢发出的输精管由纵沟穿过肾脏内侧的精巢系膜连到中肾的前端,中肾前部的中肾小管输送精子到中肾管,中肾的后部汇集尿液的小管也进入中肾,因此中肾管又称为输精(尿)管。输精管通往泄殖腔,大鲵的精子由泄殖孔排出体外。

组织学观察,大鲵精巢精细管内各级生精细胞从基底到管腔不遵循精原细胞、初级精母细胞、次级精母细胞、精子细胞和精子的排列方式,而是同步发育的生精细胞成团分布,显示出大鲵精巢结构的原始性。

**(五)泌尿系统**

大鲵的泌尿系统包括肾、输尿管和膀胱。

1. 肾脏

左右 1 对,深红色,长柱状,位于腹腔后部、背中线两侧,左右两肾平行排列,以短的系膜悬吊在脊柱两侧。肾发达,可分为前后两段,前段细窄;后段粗宽,末端一直延伸到泄殖腔。肾后端的腹侧以肾直肠韧带(浆膜褶)与直肠相连。

2. 输尿管

两肾的外侧缘各有 1 条很细的通入泄殖腔的背壁,即为输尿管(中肾管)。输尿管与膀胱不直接相通。尿液经输尿管先送入泄殖腔,然后慢慢流入膀胱。当膀胱充满尿液时,体积与压力明显增大,尿液再度流入泄殖腔,最后经泄殖孔排出体外。

3. 膀胱

位于泄殖腔的腹面,以浆膜褶连接在腹腔底壁上。大鲵的解剖特征见图 1-5。

## 四、自然分布

大鲵主要产于长江、黄河及珠江中上游支流的山溪河流中,曾广泛分布于我国的山西、陕西、甘肃、四川、云南、贵州、广东、广西、湖南、湖北、河南、安徽、江苏、浙江、江西、福建等 17 个省区,尤以湖南、湖北、贵州、四川、陕西、河南等地为多。但自 20 世纪 80 年代以来,由于过度捕杀,加之大鲵自然栖息地受到严重破坏,各地野生资源数量锐减,有些产地的大鲵资源甚至已经濒临灭绝。据梁志强 2013 年

图1-5 中国大鲵的解剖与生活史

报道，目前我国大鲵自然资源主要存在于已成立的53个保护区（陕西10个，湖南7个，贵州5个，广东8个，河南5个，湖北4个，四川4个，甘肃3个，江西、山西、广西、福建、安徽、浙江、重庆各1个）中，占分布面积的90%以上，其余只分布于湖南龙山县、花垣县，四川犍为县和文兴县等局部非保护区水域中。

大鲵在河南分布最多的县域包括：三门峡的卢氏县，洛阳的栾川县、嵩县、新安县，南阳的西峡县、内乡县，信阳的商城县、新县等。河南省中国大鲵的自然分布见图1-6。

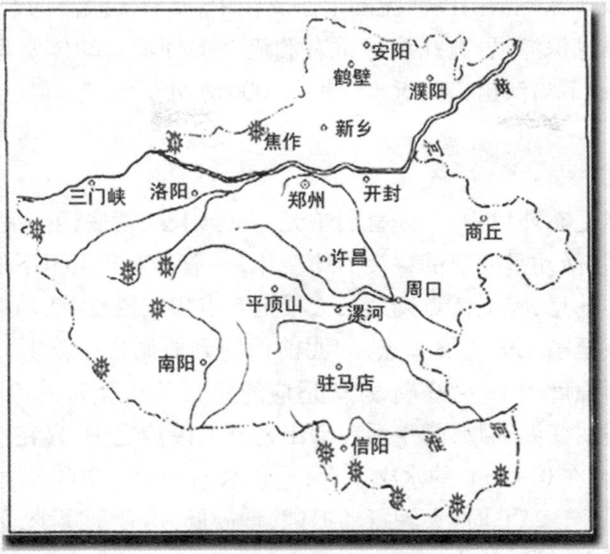


图1－6　河南省大鲵分布图

## 五、栖息环境

大鲵常栖息在海拔200～2 000米的峡谷溪河之中，栖息地环境具有以下特点：①大鲵栖息地植被丰富，岩溶普遍，山泉伏流甚多，奇峰异洞幽深莫测。②大鲵栖息地气候温凉湿润，降水充沛，光照少，云雾多，年平均气温在12～17℃，无霜期220～270天，年均降水量常在1 000毫米以上，且常有山洪暴发。由于地区不同，各地的气候也有很大差异。大鲵栖息地的水温变化与气温变化密切相关，一年中，最低水温出现在1月，多在3～7℃，很少出现结冰现象；最高水温出现在7月，多在23～26℃。③大鲵生活的河床沙砾遍布，除汛期外，河水常常清澈见底，水质清净。河床比降大，河水流速高，水体溶氧量常年均在6毫克/升以上。④大鲵适生地水域水质硬度相对较低，一般在0.8～2.1毫摩/升；水体pH值6.0～7.5；水温差较小，变化和缓，年平均水温7.6～25℃，冬季水温常较同期气温高1～2℃，夏季水温略低同期气温高2～4℃。⑤大鲵生活的穴洞一般选择在水浅流急、水位涨落幅度明显、河边植被繁茂、环境幽静的河床附近。该区域多在山溪河流的上游支流中，常有短距离的洄游，成体大鲵多栖息深潭、岩石孔洞等常有洄流水的环境。幼体常出没在溪河源头、地下暗河出口附近 1 000～2 000 米处。

## 六、生活习性

自然生态环境中，大鲵喜阴怕光，喜静怕噪，营底栖生活，爱昼伏夜出，日常活动呈明显的昼夜节律变化，一般早上 7 点至下午 6 点藏于洞穴中休息，晚上 7 点到第二天早上 6 点出洞摄食，活动高峰期在晚上 8 点至第二天凌晨 2 点，黎明前返回到原洞穴中隐匿。幼鲵适应的光照强度为 18～50 勒，成鲵适应的光照强度为 50～300 勒。

大鲵属变温动物，常生活在深山密林的溪流之中，喜在水域中下层活动，可在 0～26℃的水中生存，适宜水温为 15～20℃。当水温低于 9℃或高于 25℃时，大鲵行动迟钝，食欲低，摄食量减少，分别进入冬眠和夏眠时期，其生长发育明显变缓。

白天大鲵隐匿于洞穴中（图 1－7），夜间常守候在河床乱石的水流中，顶水待食，有时也会游到水潭边缘的浅滩上寻找食物。白天不觅食时，具外鳃的幼鲵，喜聚堆群居而栖；成鲵喜清静，怕声惧光，一般不集群，白天常少数几只栖居于水中洞穴内，即便穴居，但也很少

图 1－7　藏于洞穴的大鲵

聚堆。夜间外出觅食期间，幼鲵和成鲵均分散活动，很少聚堆。

自然环境中，大鲵只捕食活饵，常见饵料主要是溪流中的鳂虎鱼、麦穗鱼、鳑鲏鱼、捧花鱼、斗鱼、泥鳅、乌鳢等小鱼、小虾以及软体动物的螺、蚌类，也掠食水生昆虫、水鼠、水蛇、蛙类等动物。大鲵可捕食相当于自身长度1/2的鱼体。猎食时，大鲵一般静候在水中，一旦发现食物，突然出击，咬住食物后逐步囫囵吞下。人工养殖条件下，大鲵经驯化后也摄食死饵。大鲵既能暴食，也能长时间忍耐饥饿，大鲵一次摄食可增加体重的1/5以上，一年不食也不至饿死，但大鲵在食物缺乏时，会出现同类相残的现象。

## 七、繁殖特性

大鲵为卵生，卵呈念珠状，雌鲵每尾产卵量在300粒以上，多者一次产卵可达2 500粒。达到成熟年龄后，性腺每年可发育成熟一次。调查发现，大鲵产卵一般在夜晚进行，产卵水温在14～22℃，繁殖季节在夏末和秋初。大鲵为体外受精，产卵前，雄性大鲵有做窝的行为，产卵时雌、雄大鲵同居穴洞，产卵结束，雌性大鲵即离开洞穴，雄性大鲵负责看护产下的卵，直至孵化出苗。孵化期一般需要30～40天。

## 八、生长特性

大鲵属变温动物，其新陈代谢活动的强弱与大鲵所处的水温密切相关。水温在10℃以下时，大鲵虽能摄食，但摄食量较少，体重可能会出现负增长；当水温超过25℃后，饵料虽然充足，但大鲵因不适应高温，摄食量明显减少，其体重也出现负增长；实践证明，当水温在10～24℃时，大鲵生长正常。

除水温因素外，大鲵的生长还与营养条件、水质状况和大鲵的年龄等密切相关。

自然环境条件下，大鲵体长不断增长，体重在周年内则表现为冬、春两季增长缓慢，夏、秋两季增长较快；幼鲵增重缓慢，成鲵增重较快，性成熟后又增重缓慢。这与大鲵的性成熟年龄有关，也与一般动物在性成熟后生长适度减慢的规律相一致。

当年孵化的幼鲵,体长达 3 ~ 5 厘米,体重为 0.3 ~ 1.2 克;第二年体长达 6 厘米,体重为 1.8 ~ 2 克;第三年外鳃逐渐消失,体长 15.2 ~ 15.8 厘米,体重为 28.1 ~ 29.2 克;第四年体长可达 30 厘米以上,体重约为 250 克;第五年体长可达 40 厘米以上,体重约有 500 克。

由于水温适宜、营养全面,加之不存在冬眠和夏眠现象,人工饲养在室内或洞内的大鲵,其生长速度明显较野外种群快。养殖条件下,大鲵的最大个体体长可达 120 厘米,体重可达 25 千克以上。

## 第二节　大鲵的研究与保护

### 一、研究意义

大鲵是我国特有的珍稀野生动物,也是世界现存两栖类中体型最大的种类。大鲵既保留有鱼类的某些原始特征(如胚胎发育在水中进行,幼体具鳃),又具有初步适应陆生生活(如成体用肺和皮肤呼吸,具能够爬行的四肢)的躯体结构。大鲵迁徙能力较差,对水环境的依赖性强,属于由水生脊椎动物向陆生脊椎动物过渡的类群,因此大鲵是研究动物进化的极好材料(宋鸣涛,1986);赵尔宓(1996)认为大鲵不仅有很重要的学术研究价值,也有很大的经济价值和观赏价值。

### 二、研究简史与现状

我国关于大鲵的记载具有悠久的历史,《山海经》、《本草纲目》中均可觅见相关内容。我国对大鲵的系统研究开始于 20 世纪中期,1974 年,湖南省桑植县成立了娃娃鱼研究所,首先开展了大鲵资源调查和人工饲养工作(金立成等,1997)。之后,许多学者对大鲵的组织结构(吴翠蘅,1982;肖汉兵等,1995)、形态特征(宋鸣涛,1986)、资源分布(刘国钧,1989)、生态习性(宋鸣涛,1982;葛荫榕等,1994;王文林等,2000)、胚胎发育(阳爱生,1983;冯小荣等,1997)、人工试养(林锡芝等,1989;金立成等,1990)、资源现状与保护(危起伟等,2013)、遗传分化(王杰等,2013)、大鲵部分基因克隆(田海峰等,2013)等方面做了大量的工作,丰富了大鲵的生物学资料。

1979 年阳爱生等首次报道"对野外捕获的成熟大鲵,人工催产,成功孵出大鲵幼体"后,我国开始了大鲵人工繁殖的相关研究,近 40 年来,我国学者在大鲵的繁殖生物学及其人工繁殖技术的研究方面取得了很大成就。

## 三、资源状况与保护



大鲵的数量原本非常可观,但自 20 世纪 50 年代起,由于人为的大量捕杀及对大鲵自然栖息地的不断破坏,加之大鲵的自然繁殖率较低等原因,致使野生大鲵资源锐减,据估算目前我国大鲵自然资源量仅约 7.50 万尾(危起伟,2013)。有些地方的大鲵种群已经灭绝(宋鸣涛,1986;刘国钧,1989;章克家等,2001),当今在其适生地觅得大鲵一见,已是一种奢望。因此,对这一珍贵野生动物资源若无有效措施(包括禁捕、增殖、放流等)投入,几十年内,大鲵除人迹罕至的深山涵洞和深潭会有部分残存量外,其他地方将接近灭绝。

对大鲵自然种群及其栖息地的有效保护已迫在眉睫,为了拯救和保护大鲵这一珍稀物种,1982 年我国将大鲵列为国家二级保护动物,CITES 公约(《濒危野生动植物种国际贸易公约》)将大鲵列入附录 I 中,《中国濒危动物红皮书》将大鲵列为极危级(赵尔宓,1998)。目前国内已在湖南、湖北、四川、河南、陕西、贵州等省相继建立了涉及大鲵的自然保护区 53 处,总面积约 62.51 万公顷。同时,加强了对野生动物保护知识的宣传普及,增大了大鲵研究人才的培养和基础研究的科技投入。刘健康(1996)曾指出:研究和保护大鲵,实现大鲵的规模化繁殖和养殖,充分发挥大鲵的经济价值,已成为国内外水产界普遍关心的问题。

针对大鲵的资源现状,危起伟等(2013)提出以下保护建议:第一,加强就地保护。保护自然种群及其生境是我国大鲵保护的主要方向。目前我国大鲵自然保护区已经基本覆盖大鲵自然分布区,应加强这些自然保护区建设和管理,因地制宜地制定有效的保护与管理措施;限制和严格管理天然水域中的大鲵仿生态养殖。第二,通过无创伤采集大鲵蜕的皮或体表黏液代替肌肉组织提取DNA,建立养殖亲本群体DNA数据库,并尽快建立大鲵的亲子鉴定方法。第三,加强人工增殖放流科学规划,并对各地人工放流进行种源和种质论证和监管,进行标记(如PIT)放流,采用“哪里来放回哪里”的原则,即放流地理位置与亲本来源地一致,对放流效果应进行跟踪监测。第四,进一步深入细致开展大鲵的种群遗传学等相关研究,鉴于大鲵的遗传分化程度较低,因此建议采用线粒体基因测序和微卫星基因型分析两种方法结合,所选择的线粒体基因片段应大于3 000碱基对。第五,开展大鲵的繁殖生物学研究,为自然种群保护提供更有价值的基础资料。

## 四、增殖放流

人工增殖放流是有效恢复濒危水生生物资源、保护生物多样性的方法之一,目前国内外被广泛应用于中华鲟、大黄鱼、大麻哈鱼等许多鱼类的资源恢复工作中。大鲵作为国家二级保护野生动物,在有限利用其资源的同时,通过人工增殖放流活动,促进资源数量增加,维持种群可持续繁衍,恢复自然生态平衡,是增殖保护大鲵资源的有效措施之一。近年来随着大鲵人工繁殖成功,国内许多省份为有效挽救这一珍贵物种,都开展了增殖放流。但放流时如何对大鲵进行跟踪标记方法不多,只见原居林等(2013)采用无线电标签在大鲵增殖放流工程中使用效果较好,能够实时准确检测到目标生物,是评估增殖放流效果的首选,但其标记成本较高。

为确保大鲵人工增殖放流的效果,放流前要充分做好准备工作,一是对放流地水域进行生态学和流行病学调查,对不符合大鲵生态要求或有疫病流行的水域不进行人工放流;二是选择合格的放流对象,如无病,已脱鳃,具有较强捕食活饵料的能力等;三是放流前做好放流大鲵的驯化适应工作,如给大鲵减食,使其适应野外生存的营养条件。另外,行业主管部门要负责实施,全程监督;放流后,要安排专人看护，观察到不适应的大鲵，要做及时处理，可以收回暂养。同时，做好防盗工作，严防人为破坏。在大鲵的摄食旺季，要人工投喂一定的活饵料到放流水域，以保证大鲵的摄食生长。

# 第三节　大鲵的价值、经营利用与产业前景



## 一、科研价值

大鲵有 3 亿多年的历史，所代表的两栖类是鱼类和爬行动物之间的过渡类型，有"活化石"之称。大鲵有四肢，用肺呼吸，但由于肺发育不完善，需要借湿润的皮肤辅助进行气体交换。另外，大鲵在个体发育过程中存在一个变态过程，表现在幼鲵用鳃呼吸，成鲵用肺、皮肤呼吸。这也是大鲵必须生活在水中或不能远离水域的主要原因。从这一点来看，大鲵是研究动物进化的良好材料。其次，大鲵迁徙能力差，且对水的依赖性强，易于形成地理上的空间隔离，是研究生物多样性的独特材料。

## 二、营养价值

大鲵营养丰富，肉味鲜美，是一种名贵佳肴，深受消费者的欢迎。据权清转（1987）对大鲵肉、牛肉和鹿肉的氨基酸比较分析，大鲵的总氨基酸含量达 91.92%，在测定的 17 种氨基酸中，人体必需氨基酸 7 种，含量达 39.69%。将 7 种必需氨基酸进行全面比较，大鲵肉的第一限制氨基酸是苏氨酸，第二限制氨基酸是蛋氨酸 + 胱氨酸，其氨基酸评分（AAS）和化学评分（CS）分别为 0.53 和 0.46。通过对大鲵肉、牛肉和鹿肉 3 种肌肉氨基酸营养价值的评定得出，大鲵肉、牛肉和鹿肉的氨基酸指数（EAAI）分别为 76.70、66.44 和 70.93。大鲵肉的氨基酸指数大于牛肉和鹿肉，表明大鲵肌肉的氨基酸含量和营养价值均高于牛肉和鹿肉。大鲵肉、牛肉和鹿肉氨基酸组成分析见

表1-2,肌肉每克氮中含必需氨基酸的毫克数见表1-3,3种肌肉中蛋白质氨基酸评分(AAS)、化学评分(CS)见表1-4。

**表1-2　大鲵肉、牛肉和鹿肉氨基酸组成分析(毫克/克)**

| 氨基酸＼品名 | 大鲵肉 | 牛肉 | 鹿肉 |
|---|---|---|---|
| 天冬氨酸 | 8.00 | 8.69 | 8.77 |
| 苏氨酸 | 2.12 | 3.73 | 3.94 |
| 丝氨酸 | 0.60 | 3.41 | 3.31 |
| 谷氨酸 | 16.02 | 13.64 | 11.94 |
| 甘氨酸 | 5.10 | 4.72 | 3.80 |
| 丙氨酸 | 6.45 | 5.09 | 5.03 |
| 缬氨酸 | 4.69 | 3.89 | 4.46 |
| 蛋氨酸 | 2.21 | 2.33 | 2.58 |
| 异亮氨酸 | 6.08 | 3.65 | 4.15 |
| 亮氨酸 | 9.55 | 6.63 | 7.05 |
| 酪氨酸 | 1.98 | 2.84 | 3.10 |
| 苯丙氨酸 | 4.16 | 3.44 | 3.64 |
| 赖氨酸 | 10.88 | 7.48 | 7.16 |
| 组氨酸 | 2.98 | 2.88 | 3.93 |
| 精氨酸 | 7.09 | 5.64 | 4.90 |
| 脯氨酸 | 3.83 | 4.01 | 3.33 |
| 总氨基酸 | 91.92 | 78.06 | 77.76 |
| 必需氨基酸 | 36.69 | 31.15 | 32.98 |
| 非必需氨基酸 | 52.23 | 46.91 | 44.78 |

注:权清转等. 大鲵肉氨基酸成分分析. 淡水渔业:1987(4):39-40.

**表1-3　大鲵肉、牛肉和鹿肉中每克氮中含必需氨基酸的毫克数(毫克/克)**

| 氨基酸＼品名 | 大鲵肉 | 牛肉 | 鹿肉 |
|---|---|---|---|
| 苏氨酸 | 133 | 233 | 246 |
| 缬氨酸 | 293 | 243 | 279 |

续表

| 氨基酸＼品名 | 大鲵肉 | 牛肉 | 鹿肉 |
|---|---|---|---|
| 蛋氨酸+胱氨酸 | 138 | 146 | 161 |
| 异亮氨酸 | 380 | 228 | 259 |
| 亮氨酸 | 597 | 414 | 441 |
| 酪氨酸+苯丙氨酸 | 384 | 393 | 421 |
| 赖氨酸 | 680 | 468 | 447 |
| 合计 | 2 605 | 2 072 | 2 253 |
| 占总氨基酸(%) | 43.18 | 43.54 | 46.40 |

注:权清转等.大鲵肉氨基酸成分分析.淡水渔业,1987(4):39-40.

**表1-4 大鲵肉、牛肉和鹿肉的AAS和CS比较(毫克/克)**

| 氨基酸＼品名 | AAS | | | CS | | |
|---|---|---|---|---|---|---|
| | 大鲵肉 | 牛肉 | 鹿肉 | 大鲵肉 | 牛肉 | 鹿肉 |
| 苏氨酸 | 0.53 | 0.93 | 0.89 | 0.46 | 0.80 | 0.84 |
| 缬氨酸 | 0.95 | 0.78 | 0.90 | 0.71 | 0.59 | 0.66 |
| 蛋氨酸+胱氨酸 | 0.63 | 0.66 | 0.73 | 0.36 | 0.38 | 0.44 |
| 异亮氨酸 | 1.52 | 0.91 | 1.04 | 1.15 | 0.69 | 0.78 |
| 亮氨酸 | 1.36 | 0.94 | 1.00 | 1.12 | 0.78 | 0.83 |
| 酪氨酸+苯丙氨酸 | 1.01 | 1.03 | 1.11 | 0.68 | 0.70 | 0.75 |
| 苏氨酸 | 0.53 | 0.93 | 0.89 | 0.46 | 0.80 | 0.84 |

注:权清转等.大鲵肉氨基酸成分分析.淡水渔业,1987(4):39-40.

## 三、药用价值

大鲵的药用价值,在古籍中多有记载。如《本草纲目》中有"鳞目、四部、大鲵……以痴疾、性温"。《本草经集注》、《本草拾遗》等药典中也有能"治痴疾、治斑疾"的描述,表明了大鲵入药在提高智力、美容、益肤方面有显著功能。此外,现代临床观察,大鲵更有滋阴补肾、补血行气的功效,对贫血、霍乱、痢疾、疟疾、血经等有显著疗效。大鲵的皮肤、分泌的腺体、胃、尾部脂肪在民间偏方中也各有运用,如以大鲵皮肤焙干研粉末,桐油调之敷于烫伤、烧伤处,1周即可痊愈;

大鲵肉250克切成块，加少量油、盐，炖熟食之，可治贫血、痢疾、肺痨等；大鲵胃具有健胃助消化作用。

近年来的研究表明，大鲵体内含丰富的金属硫蛋白（MT），能清除人体内自由基和过量重金属离子，从而能调节人体微循环，预防重金属中毒；大鲵皮肤及其分泌的黏液中含有41.0%～61.3%的胶原蛋白。胶原蛋白是人体的美容物之一，具有延缓衰老的作用，也可用于老年痴呆和癌症的辅助治疗。其血可生产特殊用途的白蛋白产品。大鲵能促进细胞的DNA生物合成，增强机体的免疫力，提高抗病能力。据有关文献报道，大鲵机体中可提取超级抗原PRCA，被国际卫生组织称为“诱导癌细胞凋亡反应因子”。大鲵皮肤分泌的黏液可预防麻风病。另外，大鲵皮、胃、尾、血、脂肪和腺体分泌液，均有较高的药用和保健价值，被专家誉为“水中人参”和“软黄金”，备受中外消费者的青睐，一直是我国传统出口创汇的高附加值商品。

## 四、观赏价值

大鲵外形独特，形态憨厚，体色多样，有很好的观赏价值。其只产于山区，且属于国家二级濒危野生保护物种。因此，认识和了解大鲵的群众很少。为让人们认识这一古老的动物，结合科普宣传，经有关职能部门审批，国内一些城市的公园内，对人工驯养的大鲵，允许对游人开放观赏。

## 五、驯养、繁殖与经营利用要求

《中华人民共和国野生动物保护法》明确规定：“国家对野生动物实行加强资源保护、积极驯养繁殖、合理开发利用的方针，鼓励开展野生动物科学研究。”这些为大鲵的资源恢复和保护做好了积极的政策引导。但同时野生动物保护法亦要求：“驯养繁殖国家重点保护野生动物的，应当持有许可证。”大鲵属国家二级保护水生野生动物，因此在驯养、繁殖与经营利用大鲵前，须事先向有关部门申请获取许可证。

《中华人民共和国水生野生动物利用特许办法》规定：省级渔业行政主管部门负责本行政区域内国家二级保护水生野生动物或其产

品的特许审批；县级以上渔业行政主管部门负责本行政区域内水生野生动物或其产品特许申请的审核。

根据以上要求，大鲵养殖或经营者，在开展活动之前，须向县、市（行署）政府渔业行政主管部门提出申请，经审核，报省级渔业行政主管部门批准，获取许可证，方可养殖，否则视为非法。

小　知　识

**驯养、繁殖与经营利用许可证的申领须提供相关材料**

☆水生野生动物特许捕捉证

县级渔业行政主管部门意见。

需要提供以下材料：申请表、驯养繁殖许可证复印件，用于科研的提供项目任务书复印件，用于表演的提供工商营业执照复印件。

☆水生野生动物驯养繁殖许可证

申请单位（人）所在地的（区）县级渔业行政主管部门核实意见。

需要提供以下材料：申请表（附登记照片 1 张）、资金来源证明、物种来源证明、身份证或代码复印件（凡属验证的，只提供验证申请表和上年生产文字材料）。

☆水生野生动物经营利用许可证

区县（自治县、市）主管部门意见。

需要提供以下材料：申请表（附登记照片 1 张）、物种来源证明、身份证或代码复印件。属利用动物表演的提供工商营业执照复印件（凡属验证的，只提供验证申请表和上年利用情况文字材料）。

☆水生野生动物特许运输证

需要提供以下材料：申请表、物种来源证明、装运条件说明、身份证复印件。驯养繁殖的需提供驯养繁殖许可证复印件。

## 六、产业前景分析

### （一）养殖现状

由于大鲵生命力强、适应性广，既适合分散小规模驯养，又能进行集约化规模经营，且饵料成本低，养殖利润大，群众养殖积极性高。大鲵养殖为发展农村经济，特别是山村经济，帮助经营者增收提供了有效途径。我国大鲵产业虽然起步晚，发展也经历了初期盗猎、贩运到自捕自养，再到科学驯养的曲折过程，但总体大鲵产业发展速度快，势头强劲，充满了无限生机，其规范化、规模化开发的局面正在逐渐显露。

### （二）养殖前景

大鲵属于国家二级野生水生保护动物，驯养、繁殖与经营利用均需持证经营，政策只允许养殖的大鲵子二代或伤残个体进行商品化销售，经营者一旦形成规模化、规范经营，市场竞争小。

由于野生大鲵资源存量极少，加之大鲵成熟年龄长、繁殖率低等特点，短时间内大鲵增量难以满足市场需要，市场前景广阔。

随着大鲵深加工产业的开拓，将为肉食加工、制酒业、药业、化妆品业等提供大量的原料，反过来可以进一步促进大鲵产业的发展。

大鲵作为特有出口品种，打开国际市场将会创造更大的商机。

### （三）市场分析

大鲵繁殖幼苗产量，全国每年大约 20 万尾。全国总计消费超过 210.4 万千克，如果扩大内销和出口，其需求量和交易额巨大。全年的幼苗按照成活率 90% 计算，养殖 3 年后每尾 2.5 千克，则生产 45 万千克，生产量只占消费量的 1/5（陈云祥，2010）。

大鲵养殖虽然有很大的效益和市场开发前景，但养殖者也要注意，投资大鲵驯养繁殖项目一般投资大、周期长，繁殖技术难度高。建议养殖大鲵一定要因地制宜，宜简则简，不要盲目跟风，以降低投资风险。

# 第二章　大鲵养殖场设计与建造

大鲵养殖场在选择场址时要根据设计规模，结合发展规划，进行实地考察和勘测。分析气候、水源、水质、交通等条件，通过综合分析，确定场址的选择及建场方案。

在大鲵养殖场的建设过程中，要坚持生态、环保、安全、节约的原则。规划时不仅要确定当前的任务和养殖规模，而且还应提出切实可行的远景发展规划。

总体布局即大鲵养殖场的总平面图设计，主要根据建筑物的相互关系，合理安排建筑物的位置。场房应与生产规模相适应，经济实用，方便生产和生活。

# 第一节 大鲵养殖场的基本类型

## 一、按照养殖内容分类

大鲵养殖场是养殖大鲵的生产基地，按其性质可分为养殖场和苗种场，其中养殖场包括繁苗、育苗到成鲵养殖的整个生产过程；苗种场则专门从事繁殖苗种，培育苗种。

## 二、按照养殖环境分类

从养殖环境上看，大鲵养殖的基本类型主要包括室外放养和室内圈养两大类。

常见的室外放养有：大鲵室外人工驯养，动物园室外展览圈养，大鲵仿生态驯养，大鲵生态旅游园圈养等。

常见的室内圈养有：大鲵工厂化养殖，水族馆展览室圈养等。

其中大鲵室外人工驯养、大鲵仿生态驯养和大鲵工厂化养殖等，其养殖规模大，养殖场除驯养外，多具有繁殖大鲵的功能；而动物园室外展览圈养、大鲵生态旅游园圈养和水族馆展览室圈养等，其养殖规模一般较小，通常以展示、供游人观览为主，多不具有繁殖大鲵的功能。

## 三、按照养殖规模分类

从养殖规模上看，大鲵养殖的基本类型可分为散养和规模化养殖。

散养以农户为主，一证多户养殖，单户养殖规模较小，养殖规格相对单一（如只养幼鲵或只养成鲵），养殖户相对连片，多集中在某区域的一道岭、一道沟或一条河的附近，该区域一般多为大鲵的适生区，过去或现在曾有大鲵的自然分布，养殖户都曾接触过大鲵，对大鲵的自然习性有一定的了解。如河南西峡、卢氏、栾川,陕西城固、勉县、留坝,湖北房县等地,户均养殖规模在 200 ~ 1 000 尾,室外放养和室内圈养均能见到,饲养量为全国驯养量的 20% ~ 30% 。散户养殖多以养殖为主,很少进行苗种繁殖。

规模化养殖以龙头企业为主,证件齐全,一企一证,人员相对固定,养殖水平较高,养殖规格多(稚鲵、幼鲵、成鲵及亲鲵都有养殖),养殖规模多在 1 万尾以上,养殖模式为室内工厂化养殖为主,且多开展苗种繁殖工作,部分企业已率先对大鲵产品开展加工研制工作。如:广东斗门大鲵养殖场、广东永生集团,湖南中国大鲵保护驯繁中心,浙江永强集团,河南西峡聚龙大鲵繁育有限公司、西峡亚珏大鲵养殖有限公司、洛阳华鲵生物科技有限公司,陕西汉中各县区的大鲵养殖场等,这类企业的养殖量占全国驯养总量的 60% 以上。



## 第二节　大鲵养殖场地的选择

### 一、气候条件

大鲵自然栖息地的气候特点一般温凉湿润,降水充沛,光照少,云雾多,年平均气温在 12 ~ 17℃,无霜期 220 ~ 270 天,年均降水量常在 1 000 毫米以上。在选择建设场地时,可参照大鲵自然栖息地的气候特点确定养殖场地的范围。应注意具有上述气候特点的地域,海拔一般在 200 ~ 2 000 米。实践观察,高海拔地域,气温和水温相对较低,大鲵年生长期短,不利于大鲵的生长;相反,低海拔的平原地带建设大鲵养殖场,虽然气温和水温高,但通过遮阴、换水等技术措施的处理,也不失为建场的优良选择。

### 二、场址选择

大鲵有喜阴怕风、喜洁怕脏、喜静怕惊的特点,所以大鲵场地应选择阴暗、避风、冬暖夏凉、水温较稳定、水质清洁、无毒无害、水源方便的地方。在选择位置进行养殖场建设时，一定要根据大鲵的生态习性，结合生产需要，慎重选择建设地点，进行合理设计。只有建造符合大鲵生长要求的养殖场，才能有效地进行人工养殖，达到预期的目的。

## 三、水源与水质

大鲵养殖重要的条件之一是水源，不论河川、溪流、涌泉、井水、湖泊或水库底层渗水等，只要水量丰足，水质适用，均可选作大鲵养殖水源。

勘察水源，不能单凭勘察当时所见的情况，应详细了解一年中各季节水量的变化，尤应注意旱、涝季节的水量变化，山区尤应注意了解汛期洪水对拟选养殖场的影响，有明显灾害发生趋势的，必须有针对性解决方案，否则，不能考虑作为养殖用水源。

考虑水质时，首先必须了解有无毒物，简单易行的鉴定水质适用与否的方法是，在野外水源地水体中，观察有无自然生长的鱼类，查看其他水生动物的活动是否正常，如果水中有正常活动的鱼类或其他水生动物，则此水源可用。涌泉或井水作为大鲵养殖水源时，温度会偏低或偏高，且水体中二氧化碳含量过高，氧气缺乏；有时涌泉或井水容易被地下矿物质污染，使水体的酸性或碱性过强等。因此，采用涌泉或井水作为大鲵养殖水源时，一定慎重把握，适当调整（如曝气、升温等处理），污染严重的不能选作水源使用。养殖大鲵较好的水源以无污染的江河水、大型水库水或山溪水为宜。这些水溶氧量较高，水质良好，适宜于饵料鱼和大鲵的生长。

水源充足也是保证饵料鱼生长的重要因素，大鲵的饵料鱼鱼池放养密度相对较高，又必须有足量的饵料鱼供应，排泄物比常规鱼塘要高得多。池水溶氧量往往较低，水质容易恶化，易导致饵料鱼严重浮头。如无法及时加注溶氧量高的新水，易造成泛塘，引起池鱼大量死亡。增氧机虽可防止泛塘，但不能从根本上改善水质。

大鲵养殖用水源的水质指标应符合农业部行业标准 NY 5051—2001《无公害食品　淡水养殖用水水质》中的规定，最大限度地满足大鲵对水质的需求，使大鲵在相对优越、安全的条件下快速育肥长成。

对养殖水质的基本要求是：溶氧量常年维持在 5 毫克/升以上，硬度在 0.8～2.1 毫摩/升，pH 值 6.0～7.5。水温是大鲵生长发育的决定因素，水温的变化影响着大鲵的新陈代谢过程。大鲵养殖生长期要求水温为 12～25℃，而以 15～21℃最为适宜，因此，作为水源水体年水温变化要求在 7.6～25℃，其中 10～22℃的水温季长在 5 个月以上。

## 四、土质

不同土壤的各种特性（透水性、保水性、黏附性、凝聚力等）差异很大，这些因子影响建池的工程质量和施工的难易。土质选择的恰当与否，深刻地影响生产，选择土质优良的地方进行建池，是保证工程质量重要的因素。而大鲵养殖场的土建工程，一般都是就地取材，因此，对拟建场的土质必须慎重鉴定选择。

土壤一般可分黏土、沙土、壤土、沙壤土、粉土及砾质土等几类。

砾质土松散粗糙、透水性大，不能保持池堤坝牢固，保水性差，不易建池。

粉土呈流沙状态，松散，易碎，无法筑堤，不能保水，不易建池。

沙土渗水性很大，不能保水，作为筑堤的部分土料，可以使用。

壤土保水性和透水性均适度，凝聚力好，适于建池。

沙壤土就其保水性可用，但用于筑堤则凝聚力过小，不太坚固，勉强可用。

黏土透水性极小，保水力强，干燥后易形成龟裂，冰冻时膨胀甚大，融冰后变松软，易坍塌，因此，纯为黏土，附近无其他土壤可配合使用的地区，不宜建池。

## 五、地势选择

除高低悬殊，坡度陡峭外，一般地基凹凸不平或梯级台地均可利用建设大鲵养殖场。选场时不应片面追求平坦开阔地而占用良田；尽可能选用贫瘠土地，如山谷、溪旁或库岔来建筑养殖场。这样的地形，虽费时费工，投资较大，但从长远利益衡量，既不占用良田，又利用了荒废的土地，增加了受益面积。另外，选场时要充分利用地势，尽可能做到自流排灌，这样就能收到节约投资，事半功倍之效。例如，河南省卢氏县某养殖场，几十亩大的多个大鲵养殖池，依势建在起伏不平的山坡上，由于充分利用了自然坡度，既发挥了土坎和台地的作用，减少了土方，又节约了开支，且养殖期间节约了大量电费。

选址时，不论在平原还是山区河谷旁，应向当地群众和气象水文部门了解过去50年内最大洪水情况和最高水位线，防洪堤顶最低限度应高出此水位线0.5米，并做好护坡，以防洪水冲刷；水库库区选点时，场址应在安全水位线以上；山区河谷地区选点时，应对场地周围的集洪面积，山洪暴发频率，50年一遇的最大降水量和暴雨力等有关资料做详细调查，以供设计时参考，并做出相应的排洪设施。一个规范化养殖场，投资较大，一般要根据当地的气象、水利资料设计50年一遇最高洪水水位线和水量的防洪工程。对地势低洼和集洪面积过大的场所，若尚无有效避险措施，可暂时放弃，不能勉强选用。

## 六、饵料资源

饵料是大鲵养殖的物质基础，大鲵是肉食性动物，自然环境中，大鲵只捕食活饵，经驯化后也摄食死饵。选址建场时应考虑饲料来源方便，如肉类加工厂附近，可利用禽畜屠宰的下脚料养殖大鲵。这样既可减少饲料采购运输费用，又能较好保证饲料采购质量；或建在水生动物如蟹、虾、鱼、蛙等活饵料资源丰富的地区，这是建场的重要因素之一。

## 七、交通设施及能源

大鲵养殖场每年要有大量养殖物质及产品运进、运出，交通维持着养殖场与供销地区的联系，在生产上起着重要的作用。建场地点应选择在交通便利、能源有保障的地区。

以上各方面的条件，对于选建大鲵养殖场来说，应坚持做到，有些地区可能某几方面条件好，但其余条件不具备，若无充分把握加以改造或弥补，不能迁就选用，以免造成不必要的损失。

综上所述，大鲵适合在气候湿润、水质洁净的流水环境中养殖。选建大鲵养殖场时，可因地制宜，山区可利用山洞或废弃矿洞，或建设地下室，利用山溪水或泉水养殖；平原地带可创建大鲵适宜生长的环境，选择打深井水、建造地下室养殖。

在选定建场地点后，散户养殖，即可就地进行丈量，提出施工方案；如为规模性养殖，面积大，地势复杂，则应进行测量，做出地形图，据以进行设计。

# 第三节　大鲵养殖场的设计与建造



## 一、设计原则

在大鲵养殖场的建设过程中，要坚持生态环保、安全节约的原则。

**（一）布局合理**

以便于生产管理和操作，减轻劳动强度，提高工作效率和保障工人健康。

**（二）做好总体规划**

依据建场规模，明确近期任务，确定长远目标，为开展大鲵健康养殖，搞好综合经营创造条件。

**（三）充分利用地形**

规划要充分利用地形，因地制宜，合理调配，少挖减填，尽可能做到自流排灌，节约建设费用及其建成后的运行成本。

## 二、建场规划

规划时不仅要确定当前的任务和养殖规模，而且还应提出切实可行的远景发展规划。规模大小，应根据生产需要和场地大小而定。在资金和劳力不足的情况下，可分期分批逐步完成。规划范围，应根据当地自然条件,因地制宜,围绕促进大鲵产业发展,兼搞其他副业。

具体规划时,首先安排各类大鲵养殖池的建造面积:一般亲鲵池、成鲵池、幼鲵池、稚鲵池和其他池各占面积的比例为30∶15∶30∶20∶5。其次要做好人员编制及房建面积规划。大鲵各类养殖池的设计见图2-1至图2-4。

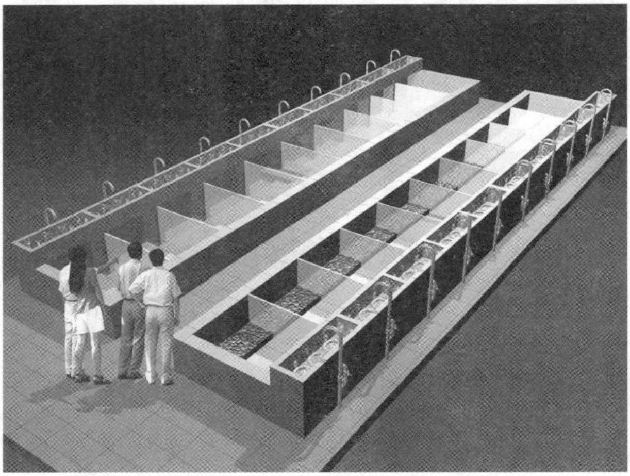

图2-1 双层流水养殖池

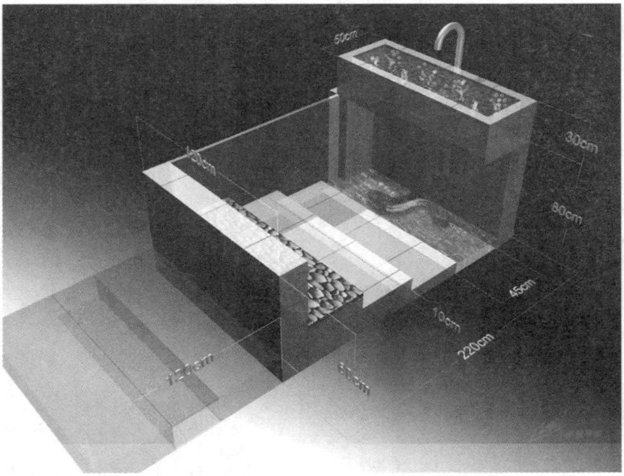


图2-2 双层流水养殖池单元结构

图 2-3　稚鲵室内养殖池设计

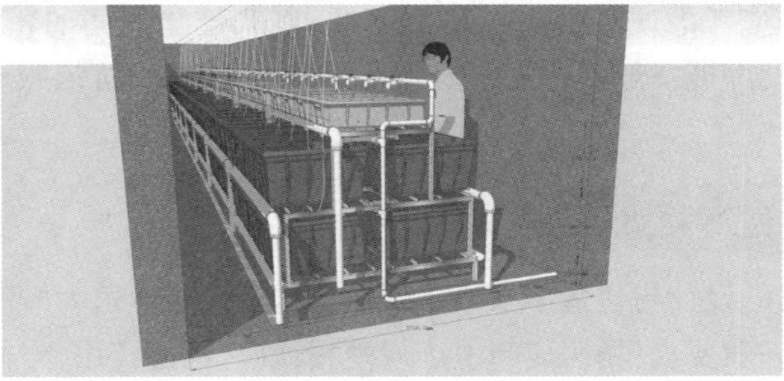

图 2-4　幼鲵室内养殖池设计

## 三、总体布局

总体布局即大鲵养殖场的总平面图设计。主要根据建筑物的相互关系,合理安排建筑物的位置。一个规范化的养殖场,无论采用何种养殖模式,一般均应对办公生活场所和各类养殖池进行规划和布局。但由于大鲵养殖场设计时要求因地制宜,依势而建,因此对大鲵养殖场的总体布局不做统一要求,在此只就一般设施提出应注意的问题。

**(一) 办公、生活场所分布**

主要包括办公室、宿舍、实验室、冷库、仓库、工具室等,应尽可能居中,便于日常管理,办公区域最好有道路直达。有些养殖场,养殖池建在办公区域的地下室,下面养殖,上面办公,更便于集中管理,但应注重人员活动区域与养殖区域的隔离及消毒设施的设计。

**（二）各类养殖池的分布**

各类养殖池包括蓄水池、沉淀池、试验池、隔离池、稚鲵池、幼鲵池、成鲵池、亲鲵池和产卵孵化池等。

蓄水池应建在全场地势的最高位置，最好能使水源自流灌注各池，同时兼顾一般生活用水。试验池一般放在办公室附近，以便观察。隔离池应建在全场地势的最低位置，接近全场的总排水口附近。

亲鲵池是培育亲鲵的场所。亲鲵是大鲵养殖场的生产基础，必须经常照管，精细培养。因此，亲鲵池应建在场房门前屋后，人员最便于管理的位置。孵化设施应靠近亲鲵池，以便繁殖工作开展，同时孵化设施应考虑便于昼夜值班的问题，以利孵化期间的精心管理。稚鲵池、幼鲵池一般多建在室内，而成鲵池的位置则可依照地势科学布局。

## 四、大鲵养殖场场房

场房的设计与建造本书不予叙述。这里仅从养殖大鲵的生产出发，提出一般要求：场房应与生产规模相适应，经济实用，方便生产和生活。渔具、渔药仓库应与饲料仓库和厨房严格分开，不要毗邻相靠，更不要合用，同时，应注意通风向阳，防潮防腐。养殖规模较大时，应配套适当面积的冷库，以便储藏冰鲜饲料。繁殖场应配套建设繁殖车间和孵化车间。

## 五、大鲵养殖场各类养殖池

大鲵的生长发育可分为稚鲵、幼鲵、成鲵和亲鲵等不同的阶段，每阶段其生长速度和培育的重点不同。另外，由于大鲵具有弱肉强食的习性，高密度人工饲养条件下，个体之间生长差异会导致残食现象的发生，而饥饿状态则会加剧个体间的残食现象。因此，在大鲵的养殖过程中，必须依据大鲵的生物学特性和其自然栖息的生态特征，将大鲵按不同的生长阶段和不同的养殖目的分池饲养。

**（一）养殖池的类型**

1. 注、排水池

包括供水池（塔）：容积不易太小，否则开机会过于频繁，起不到储水的作用,供水池(塔)可兼作水温调节池。沉淀池和过滤池:二池可以合二为一,使用地下水时,可以不设沉淀池和过滤池。

2. 养殖池

各类养殖池修建的比例和大小,主要参照养殖场的经营主体确定。繁殖苗种为主的养殖场,可多建稚鲵池和幼鲵池;培育商品鲵为主的养殖场,可多建成鲵池和亲鲵池。大鲵各类养殖池的建造见图2-5和图2-6。

**图2-5　各类大鲵养殖室外池**

图 2－6　各类大鲵养殖室内池

（1）稚鲵池　养殖稚鲵用。因稚鲵幼小、稚嫩，其对生活环境和饲养条件适应能力差，若无适宜的饲养池和科学管理措施，将严重影响养殖成活率。稚鲵池最好建在室内，面积 1～2 米$^2$ 即可。池可用砖混结构，池内壁四周要求光滑，池深 30～50 厘米，水深 5～10 厘米，池底要装排污孔，进、排水系统要搞好。

(2)幼鲵池　一般采用砖混结构，面积 5～10 米$^2$ 为宜，池深 50 厘米，水深 10～15 厘米。池内可用石块或瓦块堆成洞穴，洞穴可随时拆除，便于检查或清扫。洞穴深度比幼鲵全长稍长，宽度可使其自由出入。

(3)成鲵池和亲鲵池　成鲵池与亲鲵池的大小、深浅都相似。池子大多采用水泥、砖混结构，面积 10～20 米$^2$，池深 80～100 厘米，水深 25～35 厘米，池四壁和池底光滑，每个池要设有注水和溢水孔，溢水孔高 35 厘米，进水可以从池顶加入。池底设有洞穴，供大鲵栖息。

3. 辅助池

辅助池包括暂养池、试验池和隔离池。这类池子主要用作隔离暂养和科学研究等。

**(二)养殖池的结构**

各类养殖池可建在室内，也可建在室外，室内建造投入较大，但便于控制和管理，室外建造投入较小，便于扩大生产。

室内型养殖池有水族箱养殖、水泥池养殖、架式塑盆养殖、平面浅水养殖、平面喷雾式干养、人防地下室养殖、涵洞式养殖等。室外型养殖池有自然保护措施型、人工梯塘型和人工平池型。但不论采取哪种设计方式，都应做好进排水设施、排污设施和洞穴隐体设施。以砖、混结构为主的水泥池结构：

1. 池壁结构

大鲵养殖池包括稚鲵池、幼鲵池、成鲵池、亲鲵池和产卵孵化池等，池壁一般用石块、砖或混凝土砌成，水泥嵌缝，池壁内外或至少内壁要用水泥浆抹光或贴上瓷砖，瓷砖颜色选择白色或蓝色均可。池壁要求：不渗漏，不沉陷，有防逃檐，池壁顶端要向池内伸出 10 厘米，以防大鲵逃跑。

2. 池底结构

大鲵池底一般先用石渣夯实，厚度 20～30 厘米，最后用混凝土铺平，池底如果贴瓷砖，瓷砖颜色最好选择蓝色。为了便于排水，池底由四周向中央倾斜，倾斜度为 2% 左右。再由中心向一边角的排水口倾斜,倾斜度为1.5%左右。

3. 进水口

进水口位置与排水口相对设在池角。水口高于池中水面60厘米,且向池内伸出20厘米。进水管可用水泥管、铸铁管或塑料管。进水口须安装控制阀和过滤网。控制阀及管径大小可根据各类养殖池日需要水量及进水压力而定。

4. 出水口

鲵池结构不同,出水口位置也不同。简便的做法是,在池底装一个直径30毫米的管子,作套管之用。再准备一根直径小于30毫米又能插入套管的管子,根据大鲵的大小、需要的水位高低制成不同长短的管子,即管子有多长水就有多深。这样,进水管水量小于出水管量,能保证池中水位恒定,多余的水又能从管子里排出,方便安全。清洗池子时,只要将所插的管子拔出即可,水均可排干。

### 六、养殖机械设备

大鲵养殖场的养殖机械设备有发电机组、水泵、风机、温度调节器、增氧机械、水质净化器和饲料加工机械等,可以根据需要合理配置。

## 第四节　大鲵养殖场配套设施建设

### 一、取水工程

大鲵养殖场因地形和水源不同,取水工程的设计和取水方式也不同。采用水库水、溪流水、地下涌泉水作水源,一般需在大鲵养殖场的上游或地势高处筑坝建立取水点,从取水点通过水渠或水管将水引入养殖场,引水管道可采用水泥管、塑料管、砖混垒砌,引水线路可在地上,但地下最好;利用井水作水源,需经动力泵抽水使用。但无论采取何种方式供水，水源地的水量、水质必须满足选场时对水源的要求，必要时，应首先取得水源地水文资料，分析合适后才可确定实施。

水源地的水引进养殖场后，一般要经过一个或几个蓄水池，以方便净水、调温、改善溶氧等调水处理。蓄水池一般建在养殖场的最高处，方便水处理后自流注入养殖池；不能自流的蓄水池还需配备相应的动力设备抽水。

取水工程以及取水量的大小，要依据大鲵养殖场的用水量计算确定。确定用水量时，作为室外养殖场必须考虑夏季最高温的 7 月和 8 月，是全年用水量最大的两个月，其用水量可占到全年用水总量的 50%，因此，给水设备的配置应参照这两个月的供水量标准进行设计。



## 二、净水工程

大鲵养殖对水源的要求除水量丰足外，还有水质优良，如水质清澈见底，溶氧量常年维持在 5 毫克/升以上，硬度在 0.8 ~ 2.1 毫摩/升，pH 6.0 ~ 7.5，有机耗氧量在 30 毫克/升以下，氨氮在 0.1 毫摩/升以下，硫化氢不允许存在。水温年变化要求在 7.6 ~ 25℃，其中10 ~ 22℃的水温季长在 5 个月以上。水中有毒、有害物质含量符合《无公害食品　淡水养殖用水水质》要求。作为原始的水源地水体，往往不能一次全部满足大鲵养殖对水质的要求，如平时清澈的水源，但在雨季却会有大量的泥沙冲入，从而使水质变混；而对于工矿企业排出的废水或生活污水，往往含有对水生动物尤其是大鲵有害的物质，没有经过特殊的分析和处理，不能作为大鲵养殖用水。诸多因素显示，开展对部分水源水的净化改良显得尤为必要。

大鲵养殖的净水工程，实际包括对水质的净化去杂过程和升温、增氧的调整过程。在建场时，必须根据实际情况，规划建造沉淀池和过滤池，必要的养殖阶段，还需配置净水机械，如孵化初期，对硬度较高的水体，需对水适当软化后方能使用。常用的净水工程设施包括：

### 1. 蓄水池

能够承担储水、曝气、增氧和改善水温的作用。一般为砖混结构，蓄水量依养殖规模而定，一般以养殖场 2 小时的正常排水量为宜。有的蓄水池是封闭的，但大多数则是开放的，其部分水面种植有挺水植物、沉水植物或漂浮植物。

2. 沉淀池

可用水泥池作为沉淀池，四周用水泥板护坡，面积 10 米$^2$ 左右，若养殖规模大，可适当增加面积，水深 2 米左右。

3. 过滤池

沉淀后的水进入过滤池。过滤池与沉淀池面积相当，但在过滤池内常设有过滤系统。常见的是在过滤池一角用块石筑 2 条平行的拱形坝，两坝间距 1.5 ~ 2 米，中间填石砾或粗煤渣，其内侧为过滤池，面积 20 米$^2$，水深 1.8 米。池底为水泥底。

如水源清澈，泥沙及杂质少，可不设沉淀池和过滤池。沉淀池和过滤池内也可以像蓄水池一样种植部分水生植物以净化水质。

过滤水体的机械设备，可根据前面净水的效果及大鲵养殖目的、养殖方式而确定是否添置，避免盲目求全求大，造成投资浪费。

## 三、输水工程

大鲵养殖场的输水工程包括输水管道和输水动力。输水管道按其功能分为注水和排水管道，是将水源地的水或经净化了的水，通过管道输送到各个养鲵池，然后将使用过的水通过管道排出。由于养殖方式的不同，大鲵养殖场输水管道的设计方式各异，但一般养殖场在注水时多采用管道，而排水时则多用明渠。由于注水是输送清水，排水是排出污水，因此，注、排水系统要分别设立，各成体系。在场内布置注、排水系统时，要按水量、水文及地形、养殖方式等进行综合考虑。此外，还要注意水道长度、输水速度等因素。沟渠系统中，依过水能力分为总渠、干渠和支渠三级。支渠最小，直通大鲵池。干渠连接支渠与总渠。总渠直通给水口，是全场总注水、总排水的水道。注、排水渠以平行于大鲵养殖池的短边布置较好。

# 第三章　大鲵的饵料

大鲵的饵料同养殖水源、苗种一样是发展大鲵养殖的重要物质基础。饵料的多少、质量的好坏直接影响着大鲵养殖的效果。为了取得好的养殖效果，养殖者不但要认识大鲵的食性及其营养需求，还应了解各种饵料的营养作用和加工调制方法，并能因地制宜、因时制宜广开饵料源，通过“采（集）、养（殖）、购（买）”等措施，寻求合适的饵料，满足大鲵的营养需求，促进大鲵的健康生长。

# 第一节　饵料的营养成分及其生理功能

## 一、饵料的营养成分

饵料是动物维持生长、发育、繁殖的物质基础。饵料是营养素的载体,含有动物所需要的营养素。动物营养素是指能在动物体内消化吸收、供给能量、构成机体及调节生理机能的物质。动物需要的营养素有蛋白质、脂肪、糖类、维生素、无机盐和水6大类别。

各种饵料中所含的营养成分种类和数量虽然有所不同,但大部分饵料都包含了蛋白质、脂肪、糖类、维生素和无机盐等营养素。前三类为基本能源物质,在动物代谢过程中直接提供能量和修补组织;后两类为辅助能源物质,具有调节组织机能,参与组织修建作用。在无机盐中,部分元素(如铁、铜、碘、锰、钴、锌、钼、硒)被称为微量元素,当部分维生素和微量元素缺乏时,饵料中的基本营养物质就得不到很好的利用,动物的生长将会受到限制。

## 二、营养成分的生理功能

### (一)蛋白质的生理功能

蛋白质是一切生命的基础,生命的基本特征是蛋白质的自我更新,所以没有蛋白质就没有生命。大鲵蛋白质占其个体湿重的12%～15%。大鲵的生长过程,主要是个体蛋白质的数量和种类不断增加的过程。同时,蛋白质还是构成酶和某些激素的主要原料,它们是维持大鲵正常生命活动不可缺少的物质。蛋白质的主要生理功能包括:供给体组织蛋白质更新、修复以及维持体蛋白质现状,用于生长(体蛋白质的增加)、供作部分能量物质,组成机体各种激素和酶类等具有特殊生物学功能的物质。

**（二）糖类的生理功能**

糖类是动物维持各项生理活动能量的主要来源。糖类在消化器官内被酶分解为单糖，从而被动物体吸收利用。糖类的生理功能包括：是体组织细胞的组成成分，是体内能量的主要来源，是合成体脂肪的重要原料，为合成非必需氨基酸提供碳架。

**（三）脂类的生理功能**

大鲵的脂肪主要集中于尾部，称作尾脂肪，亮黄色，大鲵脂肪含量占其个体湿重的 1.5% ~4.3%。脂肪中含有饱和脂肪酸和不饱和脂肪酸。在不饱和脂肪酸中，亚油酸（十八碳二烯酸）、亚麻酸（十八碳三烯酸）和花生四烯酸（二十碳四烯酸）特别重要。这三种不饱和脂肪酸是大鲵生长必需但又不能合成的，称为必需脂肪酸。缺乏时大鲵会生长发育不良，甚至患病。脂类的生理功能可归纳为：是组织细胞的组成成分；氧化分解，提供能量，维持大鲵的发育、生长和繁殖等生理活动；帮助脂溶性维生素吸收和在体内运输；提供大鲵生长必需的脂肪酸，必需脂肪酸缺乏，大鲵皮肤色素细胞减少，皮肤褪色、黯淡无光泽，四肢趾底容易溃烂；可作为某些激素和维生素的合成原料；可节省蛋白质，提高饲料蛋白质的利用率。

**（四）维生素的生理功能**

维生素是维持动物健康、促进动物生长发育所必需的一类低分子有机化合物。这类物质在体内不能由其他物质合成或合成很少，必须经由食物提供。动物体对维生素的需要量常以毫克或微克计。维生素虽不是构成动物体的主要成分，也不能提供能量，但其对维持动物体的代谢过程和生理机能，有着重要且不能替代的作用。

维生素种类很多，化学组成、性质各异，一般按其溶解性分为脂溶性维生素和水溶性维生素两大类。

脂溶性维生素包括维生素 A、维生素 D、维生素 E 和维生素 K。

水溶性维生素包括维生素 $B_1$、维生素 $B_2$、维生素 $B_3$、维生素 $B_5$、维生素 $B_6$、生物素、叶酸、维生素 $B_{12}$ 和维生素 C 等。

1. 脂溶性维生素的生理功能

（1）维生素 A 的生理功能　促进黏多糖合成，维持细胞膜及上皮组织的完整性和正常的通透性；参与构成视觉细胞内的感光物质

（视紫红质），对维持视网膜的感光性有着重要作用。

（2）维生素 D 的生理功能　提高机体对钙、磷的吸收，使血浆钙和血浆磷的水平达到饱和程度；促进生长和骨骼钙化，促进牙齿健全；通过肠壁增加磷的吸收，并通过肾小管增加磷的再吸收；维持血液中柠檬酸盐的正常水平；防止氨基酸通过肾脏损失。

（3）维生素 E 的生理功能　抗不育功用；抗氧化作用，使细胞膜上的不饱和脂肪酸免受氧化，从而保持细胞膜的完整性和正常功能；保护巯基不被氧化，从而保护许多酶的活性；保护红细胞膜，使之增加对溶血性物质的抵抗力；调节组织呼吸和氧化磷酸化过程，促进甲状腺激素（TH）、促肾上腺皮质激素（ACTH）以及性腺激素的产生。

（4）维生素 K 的生理功能　参与凝血作用，促进肝脏合成凝血酶原及凝血因子。

2. 水溶性维生素的生理功能

（1）维生素 $B_1$ 的生理功能　保持循环、消化、神经和肌内正常功能；调整胃肠道的功能；构成脱羧酶的辅酶，参加糖的代谢。

（2）维生素 $B_2$ 的生理功能　是体内许多重要辅酶类的组成成分，这些酶类能在体内物质代谢过程中传递氢；是蛋白质、糖、脂肪酸代谢和能量利用所必需的物质；能促进生长发育，保护眼睛和皮肤健康。

（3）维生素 $B_3$ 的生理功能　维持消化系统健康；增进食欲，维持动物正常生长。

（4）维生素 $B_5$ 的生理功能　抗应激、抗寒冷、抗感染、防止某些抗生素的毒性。

（5）维生素 $B_6$ 的生理功能　在体内与磷酸结合成磷酸吡哆或磷酸吡哆胺，它们是转氨酸的辅酶；为含硫氨基酸及色氨酸正常代谢所必需，色氨酸在转变为烟酸的过程中也需要维生素 $B_6$；能增加氨基酸的吸收速度，提高氨基酸的消化率。

（6）生物素的生理功能　是体内许多羧化酶的辅酶，参与物质代谢过程中的羧化反应。

（7）叶酸的生理功能　在体内经叶酸还原酸催化加氢成为四氢叶酸，是机体一碳基团转移酶的辅酶，而一碳基团的转移与嘌呤、嘧啶的合成及氨基酸代谢关系密切。

(8)维生素 C 的生理功能　是合成胶原和黏多糖等细胞间质的必需物质;能使体内氧化型谷胱甘肽转变为还原型谷胱甘肽,从而起到保护酶的活性巯、解除重金属毒性的作用;作为一种还原剂,参与体内的氧化还原反应;参与体内其他代谢反应,如在叶酸转变为四氢叶酸、酪氨酸代谢及肾上腺皮质激素合成过程中都需要维生素 C 的参与;肠道对铁的吸收也需要维生素 C 的参与。

**(五)无机盐类**

无机盐类是动物机体组织的重要组成成分,是维持机体正常生理机能不可缺少的物质。一般动物体内需要的主要无机盐类有钙、磷、钾、钠、硫、铁、镁等,占体内无机盐总量的 60% ~70% 。另外,还有微量的铁、铜、碘、锰、钴、锌、钼、硒等无机盐类。无机盐的生理作用:在体液中以离子状态存在,与体液 pH 值维持及渗透压的调节有关;是构成机体组织的重要原料,如钙、磷、镁是骨骼等的重要成分,磷、硫是构成蛋白质的成分,铁是血红蛋白及细胞核的重要组成成分;一些无机盐离子,还是酶的构成成分,或对酶的构成有促进作用。



## 第二节　大鲵营养需求及饵料营养价值评定

### 一、大鲵的营养需求

大鲵的营养需求是指大鲵维持机体生长、发育和生理功能所必需的营养素的种类和数量。对大鲵的营养需求研究,国内外开展甚少,但已有学者从宏观上对其开展了初步的研究和分析,取得了初步成果。目前有关营养素之间的关系,酶的定性、定量,氨基酸平衡,必需脂肪酸的作用研究也正在深入进行。

研究表明,大鲵本身结构的物质组成包括水分 81.23% ~83.37% ,蛋白质 12.75% ~15.01% ,脂肪 1.54% ~4.23% ,无氮浸出物0.04%～0.52%，灰分0.68%～0.88%，钙4.92%～9.28%，磷3.17%～6.65%，铁0.11%～0.94%。这是大鲵投喂饵料营养组成的参考基础，也是大鲵营养需求的参考基础。在养殖大鲵的生产中，为了促使大鲵健康生长，需要充分满足大鲵生长对各种营养素的需求。而确定大鲵机体对各营养素的日需求量和确定配合饵料中各营养素的最适含量，这在营养学及大鲵人工配合饲料的生产上都极为重要。值得提醒的是，大鲵对各营养素的需要量和饵料中各营养素的最适含量之间有着密切的关系，但两者概念不同，应区分理解。

投喂大鲵的饵料，无论是天然饵料，还是人工配合饵料，要求都应含有大鲵所需要的一切营养素，通过这些营养素可以满足饲养大鲵生命活动所需要的热能，提供大鲵机体组织细胞生长发育与修复的材料，并维持机体的正常生理功能；其次大鲵所摄入的食物，要易于消化、吸收，并能促进食欲和生长；同时注意，在投喂的饵料中，不能含有对大鲵生长、发育有害的物质及其在大鲵体内积累而对人体产生有害的物质。

**（一）大鲵对蛋白质的营养需求**

1. 大鲵对蛋白质营养需求的确定

蛋白质是大鲵等动物机体的重要组成。其生物学作用表现在：作为结构物质是大鲵体内许多活性物质的主要成分或全部成分；供作机体组织更新修复的原料；用作体内酸碱缓冲物质；合成或转化为其他成分；供作能源物质。大鲵对蛋白质的消化始于胃。在胃蛋白酶、胰蛋白酶、糜蛋白酶等内切酶的作用下，蛋白质被降解为各种多肽，然后，这些肽段在羧基肽酶、氨基肽酶等外切酶作用下进一步降解，经肠道消化吸收而进入大鲵体内的氨基酸可被用于体蛋白合成，也可合成具有特殊作用的活性物质，还可转化为糖和脂等物质。

准确地确定大鲵对蛋白质的需要量，是通过测定出内源性氮（$U_0$）和代谢性氮（$F_0$）的排泄量换算成为蛋白质量而得到的。大鲵对蛋白质的需要量包括维持生存最低需求量和最佳生长需要量，即大鲵机体内蛋白质维持量是维持大鲵体内蛋白质动态平衡的需要量，也是大鲵对蛋白质的最低需要量。其次是满足大鲵最佳生长所需要的蛋白质需要量。

(1)大鲵机体内蛋白质维持量　是大鲵在维持基本生命活动时,为补充内源性氮($U_0$)及代谢性氮($F_0$)的排泄量所需要的蛋白质量。

(2)大鲵机体最佳生长对蛋白质需要量　是满足大鲵的最佳生长(体重增加或体蛋白质增加)时,为补充内源性氮($U_0$)及代谢性氮($F_0$)的排泄量所需要的蛋白质量。

大鲵是变温动物,内源性氮($U_0$)与代谢性氮($F_0$)的排泄量随水温变化而变动,所以体内蛋白质需求量也是随着水温变化而变动。测定出不同温度下内源性氮($U_0$)和代谢性氮($F_0$)的排泄量,换算成为蛋白质量,即相当于体内蛋白质的维持量和最佳生长对蛋白质的需要量。

计算公式为:

$$E_0 = U_0 + F_0$$

大鲵体蛋白质 $= E_0 \times 6.25$

式中:$E_0$ 为排泄总氮量,$U_0$ 为内源性氮,$F_0$ 为代谢性氮。

2. 养殖大鲵用饵料蛋白质最适含量

养殖大鲵用饵料蛋白质最适含量是以其机体蛋白质需要量为基础,结合其他有关环境因子、养殖计划和饵料加工等条件综合考虑后确定的。因而,实用养殖大鲵饵料的蛋白质最适含量,与大鲵对蛋白质的营养需求量可能不尽一致。大鲵饵料最适蛋白质含量受下列因素影响:

(1)鲵体大小　幼鲵对蛋白质需要量比成鲵高。

(2)生理机制　仅仅为满足大鲵维持生存量的饵料,其蛋白质含量可低些;为满足大鲵加速生长,达到高生长率的饵料,其蛋白质含量应高些,以满足大鲵快速生长的需要。

(3)蛋白质的质量　对于符合大鲵最佳生长要求,氨基酸平衡的高质量蛋白质,饵料中蛋白质含量可以低些;相反,氨基酸不平衡的低质量蛋白质的饵料中,蛋白质含量要求高些。

(4)饵料非蛋白质能量　如果提供的饵料中能量不足,蛋白质可作为部分热源供大鲵利用。这就减少了蛋白质供给大鲵生长的需要。因此,要注意饵料中适宜的蛋白质—能量比,如果饵料中配比合适的非蛋白质能量(脂肪、糖),可起到节约蛋白质作为能量消耗,即可降低饵料中蛋白质的含量。

(5)天然饵料　如果大鲵可从饲养环境中摄食到比较丰富的天然饵料,那么所投喂的配合饲料中,其蛋白质含量可降低一些。

3. 大鲵的必需氨基酸

氨基酸是组成蛋白质的基本单位,各种不同蛋白质中含有的氨基酸种类相同,数量和排列顺序也不一样。实践证明,虽然存在200种以上的非蛋白质氨基酸,但蛋白质却是由20~25种不同的氨基酸组成的化合物。氨基酸在构成动物蛋白质时,是以肽键连接的。动物蛋白质转化成氨基酸,是通过肽键酶的水解作用或由非常少的肽键断裂而形成的。

大鲵对氨基酸的需求,可分为非必需氨基酸和必需氨基酸。必需氨基酸是指在体内不能合成的氨基酸,必须从食物中摄取。如摄取量不足,大鲵则不能生长。大鲵必需氨基酸有10种,即精氨酸、组氨酸、异亮氨酸、亮氨酸、赖氨酸、蛋氨酸、苯丙氨酸、苏氨酸、色氨酸和缬氨酸等,是其体内不能合成或合成量很少的,必须从食物中摄取的氨基酸。这与其他野生动物、鱼类对必需氨基酸的需求是一致的。酪氨酸、丙氨酸、天门冬氨酸、甘氨酸、脯氨酸、谷氨酸、丝氨酸和胱氨酸等,是体内能够合成的8种非必需氨基酸。

在人工配合饵料中,满足大鲵对蛋白质量的需要固然重要,但更重要的要满足大鲵对蛋白质品质的需要,即满足大鲵对必需氨基酸的需要。以往测定必需氨基酸的需要量时,一般是以氨基酸混合物来代替饵料中一部分或全都蛋白质,以此饵料来试养大鲵,然后从试验饲料中必需氨基酸的添加量和大鲵生长速度之间的关系,来确定必需氨基酸的需要量。但必须指出,为了保证大鲵合理的营养需要,一方面要充分满足大鲵对必需氨基酸所需要的数量;另一方面还须注意各种必需氨基酸的平衡。因为组成大鲵各种组织细胞的蛋白质的氨基酸有一定的比例,每天从饵料中摄取的各种必需氨基酸,也必须与此种比例相一致,这样才能被大鲵所充分吸收、利用,以满足其机体合成组织细胞蛋白质的需要。

大鲵对蛋氨酸的需要,实际上是对总的含硫氨基酸的需要,这既可以单独从蛋氨酸提供,也可由蛋氨酸加上胱氨酸比例适当的混合物提供。

**(二)大鲵对糖类的营养需求**

糖类是自然界分布最广的有机化合物之一,它广布于生物界,是构成机体的重要成分。植物能利用二氧化碳和水借光合作用合成糖,而大鲵及其他动物则不能在体内合成糖类,大鲵需要的糖类需由食物供给。

大鲵利用糖类的能力较低,其原因:一可能是由于其消化道内的淀粉酶和麦芽糖酶的活性较低,难以消化吸收淀粉质多的饵料,同时,由于饵料淀粉质多,也影响蛋白质的表观消化率;二可被吸收的葡萄糖,难以分解利用。大鲵糖新生酶的活性较高,而糖分解酶的活性则较低。

与禽畜饲料相比,大鲵饵料的特点是蛋白质含量高,糖含量低。大鲵用饵料一般含糖量为10%~30%,而禽畜则为50%。目前研究表明,大鲵饲料中蛋白质和糖含量之间存在着明显的交互作用,当蛋白质含量为40.2%~45.8%、糖含量为9.5%~18.0%时,大鲵生长较快。

**(三)大鲵对脂类的营养需求**

脂类是脂肪和类脂及其衍生物的总称。在营养学上,特别重要的有磷脂和固醇两类化合物。此外,在脂类中,还包括脂蛋白。饵料中的脂质主要在小肠内被消化、吸收。脂类对大鲵的作用主要体现在:作为机体结构物质,供作能源,帮助脂溶性维生素吸收和在体内运输,供给必需脂肪酸,作为固醇类激素合成的原料。

脂肪酸是脂类的组成成分之一。必需脂肪酸是大鲵营养必需但又不能合成的脂肪酸,与类脂质代谢关系密切。胆固醇与必需脂肪酸结合,才能在体内转运,进行正常代谢。必需脂肪酸缺乏时,大鲵会生长发育不良,甚至患病。目前普遍认为亚油酸、亚麻酸和花生四烯酸,是大鲵的必需脂肪酸。

大鲵是肉食性动物,其饵料中脂肪添加量一般占饲料干重的1%~8%,添加的脂肪源多采用鱼油。

**（四）大鲵对维生素的营养需求**

维生素是维持大鲵正常生理功能必需的一类化合物。它们的种类很多，理化性质也不相同。共同特点是，维生素都存在于天然食物之中，它们不能给大鲵提供能量，不是大鲵构造成分，但营养中绝对不可缺少。大鲵需要极少量的维生素，以满足维持正常生理功能的需要。如缺乏维生素时，大鲵可能产生代谢紊乱，出现病理状态。

我国对养殖大鲵用饵料添加维生素的供给量，还没有充分的研究，同时，因受试大鲵的规格、试验条件、饵料组成等客观、人为因素的影响，目前准确鉴别使用维生素的效果，还较困难。

根据维生素的物理性质，分别就脂溶性维生素和水溶性维生素在大鲵饵料中的营养需求情况做一简单介绍。

1. 脂溶性维生素的营养需求

（1）维生素 A　也称抗干眼病维生素，对视力和上皮衍生物的生长，有重大作用。维生素 A 缺乏，会产生一系列体质衰弱的症状。如果食物调配不当，易患维生素 A 缺乏症。维生素 A 不能在植物体内形成，来源于动物体。而 β－胡萝卜素和其他维生素 A 原，均广泛地分布于植物和昆虫体内，通过水解便成为视黄醛或在肝内、肠壁处形成视黄醇（维生素 A）。视黄醛和视黄醇可以相互转化，通过这种相互转化，可以满足机体内的不同需要。视黄醇（维生素 A）能满足体内的许多需要，但却不能对视力和生殖起任何作用。所以，摄食缺乏维生素 A 的食物，如果用视黄醛给以补充，就可使大鲵健康生长，否则就会造成大鲵瞎眼、不育。

大鲵每天每千克体重需要维生素 A 100～500 国际单位。

（2）维生素 D　也称抗佝偻病维生素，被公认为具抗佝偻病作用，是钙吸收和代谢作用不可缺少的物质。维生素 D 迅速地将钙从肠黏膜输送到机体内各部分，进而形成蛋白质。显然，通过简单的扩散仅能从食物中获取少量的钙，但要实现体内钙的平衡，维生素 D 是必不可少的。然而，即使体内维生素 D 很丰富，也克服不了由于过量的磷元素或其他元素的影响，而降低对钙离子的吸收。显然，如果钙一旦被吸收，维生素 D 就不再影响沉积于骨里的钙。因为已沉积于骨内的钙，在正常的和缺乏维生素 D 的幼鲵中是稳定不变的。

但是，由甲状腺激素所诱发的钙的再吸收，是维生素 D 的从属过程。于是，缺乏维生素 D，则表现出钙的代谢不适当或不足。

抗佝偻病维生素，主要以两种形式出现：一种是麦角固醇，又叫维生素 $D_2$；另一种是胆固醇，又叫维生素 $D_3$。大鲵不能有效利用维生素 $D_2$，但能有效利用维生素 $D_3$。这两种形式的维生素 D，各有其特殊的效能，这要由白蛋白的黏合力和输送能力而定。

胆固醇或麦角固醇在钙代谢之前，要求发生几个化学变化，因此，输送机制对维生素 D 至关重要。维生素 D 是唯一通过紫外线照射，自然产生于皮肤表面或皮肤内的甾醇物质而获得的一种维生素。从甾醇物质(7 - 脱氢甾醇)转化为胆钙化甾醇有两步：第一通过紫外线照射产生维生素 $D_3$ 原质，第二以热交换形式转化为维生素 $D_3$。有些种类是肾酶和小肠酶，它们能够将维生素 $D_3$ 转化成 25 - 羟基维生素 $D_3$，这种物质，从生理浓缩上讲，在钙代谢过程中是非速效的。之后的新陈代谢，通过肾在甲状腺激素刺激下，从 25 - 羟基维生素 $D_3$ 转化为 1,25 - 羟基维生素 $D_3$，并使细胞的磷酸盐含量降低，在刺激骨骼和肠对钙的再吸收方面起速效作用。相反，如果食物中钙含量高，就会降低体内 1,25 - 羟基维生素 $D_3$ 的产生，于是维生素 D 的代谢速效性则通过生物反馈机制来调节，从而维持体内钙的平衡。如果在此过程中，任何一个机制出现代谢失调，就会产生功能性维生素 D 及钙的缺乏。

大鲵是昼伏夜出的动物，相应减少了因紫外线照射而产生维生素 $D_3$ 的机会。因此，它所需要的维生素 $D_3$ 就需要从含有维生素 $D_3$ 源的食物中提供。维生素 D 在食物中也不能过量，过量的维生素 D 抑制生长，增加骨的再吸收，骨骼奇形，易骨折，加快细胞衰老和软组织钙化，包括循环系统、尿道和呼吸道的钙化。

大鲵每天每千克体重需要维生素 D 20 ~ 100 国际单位。

(3)维生素 E　主要是通过阻止不饱和脂肪酸类脂肪过氧反应来维持细胞功能和亚细胞膜功能的完整，当然，它还有许多其他功能。因为好几种营养缺乏症，可以用硒或维生素 E 来治疗。所以，它们共同起着保护生物膜的作用。维生素 E 对生殖也起着一定作用。

尽管许多一般性的饲料和食物中都含有维生素 E,但据报道,在投喂以冷冻海洋鱼类的圈养野生动物中,发现大批缺乏维生素 E。相反,活鱼和新鲜鱼,则是维生素 E 的最佳来源。如果投喂冷冻海水鱼而不补充维生素 E,就会造成维生素 E 缺乏。同样,过量地使用鱼肝油或其他含不饱和脂肪酸丰富而维生素含量低的油类,就等于补充了维生素 A 或维生素 D,也会导致维生素 E 的缺乏。

大鲵每天每千克体重需要维生素 E 1 ~5 毫克。

(4)维生素 K　维生素 K 是止血性维生素,在血液凝结过程中,它是肝合成蛋白质不可少的物质,同时对钙代谢、骨生长起作用。维生素 K 分子最重要的部分,是环状结构,这就是因为它和侧链上其他分子生理上最活化的维生素 K 有两种自然产生的形式:一种是从绿色植物中取得的维生素 $K_1$,另一种是从微生物合成和动物组织中取得的维生素 $K_2$。

大鲵每天每千克体重需要维生素 K 0.1 ~0.5 毫克。

2. 水溶性维生素

(1)维生素 $B_1$　也称硫胺素,其功能与糖代谢有关。同野生动物所需要的其他水溶性维生素相比,研究者对维生素 $B_1$ 研究最多。缺乏维生素 $B_1$ 很容易治愈,一般在食物中添加适量的维生素 $B_1$ 或注射盐酸硫胺素也可治好。日常所需要维生素 $B_1$ 的量,应根据食物中维生素 $B_1$ 的速效性,食物消化程度,特别是食物中脂肪含量的多少而定。因为维生素 $B_1$ 是合成脂肪酸不可或缺的物质,所以如吃食含脂肪量多的食物,就不再添加维生素 $B_1$。

大鲵每天每千克体重需要维生素 $B_1$ 0.5 ~1.0 毫克。

(2)其他几种 B 族维生素　除维生素 $B_1$ 外的 B 族维生素主要包括维生素 $B_2$(核黄素)、维生素 $B_3$(泛酸)、维生素 $B_5$(烟酸、尼克酸)、维生素 $B_6$(吡哆醇)、维生素 $B_{11}$(叶酸)、维生素 $B_{12}$等。

大鲵每天每千克体重需要各种维生素的量分别是:维生素 $B_2$ 1 ~3毫克,维生素 $B_3$ 1 ~4 毫克,维生素 $B_5$ 1.5 ~10 毫克,维生素 $B_6$ 1 ~3 毫克,维生素 $B_{11}$ 0.01 ~0.1 毫克,维生素 $B_{12}$ 0.01 ~0.1 毫克。

(3)维生素 C　又称抗坏血酸,在大鲵肾脏中能够合成。然而,即使大鲵能够自身合成维生素 C,在生命周期的关键时刻,也要从食物中补充维生素 C。特别是卵的发育和精巢的发育季节,需要在食物中添加适量的维生素 C,这样有利于大鲵性腺的正常发育。

大鲵每天每千克体重需要维生素 C 1 ~ 10 毫克。

(4)维生素 H、肌醇和胆碱　维生素 H 又称生物素,主要功能为增进食欲,加速生长。肌醇的主要功能是促进生长,提高存活率,防止烂脚病的发生。胆碱的主要功能是参与脂肪代谢和维持机体的正常生长。

大鲵每天每千克体重需要维生素 H、肌醇和胆碱的量分别是:0.005 ~ 0.05 毫克、5 ~ 10 毫克和 50 ~ 70 毫克。

总之,维生素从其功能上来看,既不是能源,亦不是构成机体组织的原料,但维生素在饵料中既不能缺少,也不宜使用过多。当饵料中某种维生素长期缺乏或不足时,可能引起代谢紊乱以及各种病理状态,形成维生素缺乏症。但应当明确,维生素缺乏的原因除食物中含量不足外,还可能由于维生素在体内的吸收障碍或破坏分解增强和生理需要增高等引起。另外,如果使大鲵长期食用大剂量的维生素,可能会引起大鲵中毒,出现维生素过剩症,表现出生长延缓,血色素数量减少等,也应引起注意。



**(五)大鲵对无机盐的营养需求**

无机盐是种类繁多的具有许多基本功能的营养素。它虽然不能供给机体能量,但在正常的生命活动中,具有重要意义。无机盐不仅是构成生物体组织的原料,也是维持正常生理功能所必需的物质。因此,满足大鲵对无机盐的需要极为重要。大鲵体内无机盐的含量和需要量,是随着动物的年龄、性别、季节、成熟期、繁殖和饲养方式、饲养条件的不同而变化。大鲵所需的无机盐主要有钙、磷、镁、钾、钠、铁、碘,其他尚有锰、锌、铜、钴、硒、氯、氟等微量元素。

无机盐可以促进大鲵生长、增生组织,平衡和维持血液的酸碱度,调节渗透压和提高大鲵对营养物质的利用。缺乏无机盐就会产生许多明显的缺乏症。

1. 钙、磷和镁的添加

钙、磷和镁是大鲵骨骼的重要成分,缺乏其中之一,大鲵的骨骼生长不良,出现软骨病。血钙和血镁的不足,会引起痉挛。在一般饵料中，都含有足够的钙，同时大鲵也能在水中直接吸收钙，以满足代谢的需要。但大鲵从水中直接吸收磷就困难得多。因此，要适当在大鲵饵料中补充含钙、磷和镁较多的饵料，如虾、螃蟹等。

2. 铁和碘的添加

铁是血红素的主要原料，缺乏时出现血液变性，血红素下降，引起贫血症。碘是组成甲状腺的重要成分，大鲵缺碘时将会出现甲状腺肿大，一般投喂的饵料鱼中均含有较丰富的碘。

此外，其他众多的微量元素，长期缺乏时均可引起疾病。但通常所需量较少，并且在一般饵料中均已有适当含量，故在添加无机盐时不如上述几种元素重要。

## 二、饵料营养价值评定

**（一）评价饵料应用应关注的几个问题**

1. 饵料的营养价值

饵料营养价值的高低，对大鲵养殖来说，应从生长速度和健康情况两方面加以衡量，对于亲鲵，还要看它对性腺发育的影响如何。好的饵料一方面能使大鲵快速生长，另一方面又能保证大鲵健康和发育正常。同时，大鲵难消化的成分含量不能过多。

2. 饵料的经济效益

影响经济效益的因素有饵料的价格和每生产单位重量大鲵的饵料消耗量。一种好饵料应该价格便宜，生产单位重量大鲵的消耗量又低。

3. 饵料的来源和供应情况

一种好的大鲵饵料来源既广，又能保证供应。如果一种饵料的营养价值很好，价格也便宜，但却不能保证供应，则这种饵料的实用价值不大。

4. 饵料对饲养大鲵品质的影响

饵料对大鲵的体重、肉味、含脂量等都有显著影响，因而会影响到饲养大鲵的品质和商品价格，这在选择和调配饵料时必须予以重视。

5. 饵料的运输和保存

饵料运输和保存的难易也是选择饵料时应考虑的问题之一。耐运输、方便保存的饵料可以优先选择。

**（二）饵料价值评价法**

评价饵料营养的价值高低，可以进行蛋白质营养价值的评定。因为蛋白质是影响动物生长的关键物质，所以饵料蛋白质营养价值高，饵料的质量就好，否则饵料的质量就差。可以采用化学的，生理学的、生物学的、经济学的评价方法进行评定，或几种方法同时进行综合评定。

1. 化学评价法

主要包括能量蛋白质比、必需氨基酸指数和蛋白价。

（1）能量蛋白质比（CPR）　CPR = 每千克饵料蛋白质含量（克）/每千克饲料的总能量（焦）。

蛋白质是大鲵饵料的主要成分。但是蛋白质的消化吸收需要能量，因此饵料中的能量与蛋白质比例恰当，才能最大限度地被利用。若 CPR 过大或过小，要么蛋白质不能被充分利用，要么饵料能量太高，造成浪费，都会影响饲料的营养价值。

（2）必需氨基酸指数（EAAI）　是饵料蛋白质中各个必需氨基酸量与参考蛋白质中相应的氨基酸含量之比的加权平均值。

$$\mathrm{EAAI} = \sqrt[n]{(\frac{a}{A}\times 100)\times(\frac{b}{B}\times 100)\times\cdots\times(\frac{k}{K}\times 100)}$$

式中：$n$—氨基酸数目。

$a,b,\cdots,k$—饲料蛋白质中各个必需氨基酸含量。

$A,B,\cdots,K$—参考蛋白质中各个必需氨基酸含量，参考蛋白质一般用鸡蛋全卵蛋白。

EAAI 也可写成对数形式：

$$\log \mathrm{EAAI} = \frac{1}{n}(\log\frac{100a}{A} + \log\frac{100b}{B} + \cdots + \log\frac{100k}{K})$$

在一定范围内，EAAI 越大，说明饵料营养价值越高，必需氨基酸越平衡。

2. 生理生化评价法

生理生化评价指标包括消化率法、蛋白质效率法、净蛋白质效率法、蛋白质生物评价法等。

(1)消化率

$$消化率(\%)=\frac{摄取饵料量-排出残渣(粪)量}{摄取饵料量}\times 100\%$$

饵料被大鲵摄食后,经过一系列的物理和化学作用,饵料中的营养成分一部分被大鲵消化吸收,一部分被排出到体外。消化率高,说明饵料被吸收利用量大,也就表明这种饵料营养价值高;消化率低,说明饵料营养价值低。

(2)蛋白质效率(PER)

$$PER=\frac{体重净增加量(克)}{蛋白质摄取量(克)}$$

PER 是指以某种饵料饲养大鲵,在饲养期内体重增加量与蛋白质摄取量之比。一般来说 PER 越大,说明营养价值越好。

3. 生物学评价法

生物学评价指标包括相对生长率、平均日增长率、肥满度、饵料系数和饵料效率。

饵料系数是指同时期内总投饲量与大鲵总增重之比。

$$饵料系数=\frac{总投饵量(千克)}{总增重量(千克)}$$

从上面的公式中可以看出:饵料系数愈小,表示饵料的饲养效果越好;反之,饵料系数愈大,表示饵料的饲养效果愈差。

饵料系数是生产上通常用来评定饵料营养价值的依据,它对于养殖生产的计划管理有着很大的实用价值。生产上可根据饵料系数来确定达到计划养殖产量,所需本年度的各种饵料总量,再按季度、月份落实到采购、加工计划,以保证全年需要饵料计划的实施。

4. 经济学评价法

经济学评价法指标一般包括饵料成本和饵料投入产出比。

(1)饵料成本　是单位重量大鲵所需饵料费用。

$$饵料成本=饵料系数\times 饵料价格$$

(2)投入产出比

饵料投入产出比＝投入饵料成本:商品大鲵总价值

评价某种饵料的优劣,我们要尽可能采用以上方法中的几种进行综合评价。这样,评价结果会更客观,更能体现饵料的确切营养价值。

## 三、降低饵料成本的技术要领

饵料是发展大鲵养殖的重要基础之一。我们知道,大鲵自苗种开食就以肉食性饵料为主,饵料成本高,生产中,饵料成本占养殖总成本的很大部分。因此,如何根据大鲵对饵料的需求,有计划地供给多样化饵料,及时驯化摄食,控制投饵量和投饵频率(次数),提高饵料利用率,降低饵料成本,成为大鲵养殖增加效益的关键因素。

### (一)投饵品种要多样化

大鲵为肉食性动物,在野外大鲵主要捕食野生的小鱼、小虾、青蛙、蟾蜍和溪蟹等。人工驯养大鲵的饵料以鲫鱼、鲤鱼、鲢鱼等鱼类的苗种或成鱼切成的鱼块为主,适当搭配投喂一些虾或青蛙等。在保证正常投喂的同时,每月要在饵料中配合投喂些适量维生素,一般每月5~7次。投饵多样化,可以保证营养全面,能够促进大鲵正常生长发育,降低饵料系数。

### (二)放养优质的苗种

优质的苗种食欲旺盛,抢食能力强,对饵料的消化率高,生长速度快,饵料系数低。因此,在放养大鲵时一定要选择性状优良、体表完整、体质健壮的苗种放养。

### (三)选择优质、适口饵料投喂

根据大鲵在不同生长阶段、不同环境中对营养物质需求的不同特点,选用优质、大小适口的饵料投喂,可增加大鲵的摄食量,减少饵料浪费,提高饵料的利用率。

### (四)及时驯化大鲵摄食

大鲵通过驯化摄食后,可以及时摄食饵料,减少饵料的浪费,提高饵料的利用率。具体做法是:

1. 稚鲵养殖驯食方法

先将水丝(蚯)蚓、摇蚊幼虫等撒在池中,让稚鲵自由摄食,然后逐步缩小投饵的范围,将稚鲵吸引到相对固定的位置集中摄食。投喂量根据稚鲵的摄食情况及时调整,一次投喂量以 2 ~3 小时内将饵料吃完为宜,投饵每天下午 6 点进行,1 天 1 次。

2. 幼鲵养殖驯食方法

将活的水蚯蚓(只在原地蠕动,不能爬动)撒在培育池四周的池底,让幼鲵自由摄取。待幼鲵对水蚯蚓形成摄食习惯之后,逐步减少投放点,同时,随幼鲵摄食、活动能力增强,饵料投放点逐步向食场集中,最后形成幼鲵定位摄食。

3. 成鲵养殖驯食方法

刚开始驯食时,用铁丝串好鱼肉块或用长把钳子夹住鱼肉块,在大鲵头、口前摆动,进行诱食,要多进行几次,一般驯化半月到 1 个月后,大鲵会主动摄食,可大大提高一次性摄食率,此种方式对单养的成鲵或亲鲵养殖尤为适用。大鲵昼伏夜出,夜间摄食。夏、秋季投喂时间为每天晚上 8 ~10 点,冬、春季投喂时间为每天下午 4 ~6 点,定点定时,投喂点在巢穴附近的空地处。

**(五)准确掌握投饵量与投饵次数**

饵料投喂不足,会引起大鲵体质消瘦,生长缓慢,产量、效益低下;过量投喂,会导致饵料浪费,水环境污染加重,饵料成本及养殖成本升高。掌握准确的投饵量,是降低饵料成本的关键。投饵率和投饵量是根据水温、大鲵重量确定的,然后根据天气、水质、大鲵的摄食情况,适当调节,灵活掌握。

大鲵的摄食量与摄食频率存在着明显的个体差异和季节性变化,应该按照不同个体加以调整。投喂频率视水温而定,成鲵在适温条件下,消化吸收旺盛,适宜水温(15 ~21℃)范围内,每天投喂 1 次;低于适宜水温(小于 15℃),可 2 ~3 天投喂 1 次;水温低于 5℃,或高于 26℃时,停止投饵。正常生长季节,每次投喂量相当于大鲵体重的 2% ~4%。

**(六)严格执行"四定"投饵法**

采取科学的投饵方法,严格按照"定时、定量、定质、定位"的原则投喂，切忌时饱时饥，使大鲵吃食不匀，影响消化吸收。另外，采取少量多次投喂方法也可节省饵料，个体规格越小，投喂频率越多。在适温范围内，水温越高，投饲量和投饵次数也相应增加。

**（七）创造良好的大鲵生活环境**

良好的水质，可以促进大鲵生长，提高饵料利用率。养殖季节，特别是在大鲵生长旺季，要定期加注新水或使用微流水，做好排污工作，调控好水温与室温。夏秋高温阶段，将水温与室温调整在25℃以下。

**（八）重视疾病预防**

患病大鲵既影响其摄食，也影响饵料的利用率，因此，整个养殖过程，都应重视疾病预防工作，着重做好池子消毒、苗种消毒、水体消毒及水质调节等工作，定期投喂药饵，增强大鲵体质，预防各种疾病发生。



## 第三节　大鲵饵料的种类及活饵料培育

大鲵的饵料种类繁多，根据饵料来源可分为动物性饵料、植物性饵料、矿物性饵料和其他饵料。按饵料营养成分和功能可分为蛋白质饵料、糖类饵料、脂类饵料、维生素饵料、矿物质饵料和添加剂等。

### 一、野生大鲵的饵料组成

野生大鲵的饵料组成与其生活环境中的生物分布关系密切。有学者解剖野生大鲵，观察大鲵的胃内食物，发现大鲵胃内容物中包括：船钉鱼、青蛙、幼鲵和水麝鼩等脊椎动物类饵料，鞘翅目幼虫和成虫、马陆、蝗虫、鳞翅目和蜻蜓目幼虫、螃蟹、铁线虫等无脊椎动物类饵料，树枝、叶片等植物性饵料，沙石等。其中，摄取螃蟹、大鲵幼体的质量分别为144.9克和190.3克，摄入频率分别是13.5%和5%，是大鲵摄入频率较高的两类食物。摄取青蛙和船钉鱼的质量分别是

484.5克和45.4克，取食频率都是4%。摄取水麝鼩的质量是63.4克，取食频率为2%。摄取鞘翅目成虫、马陆、蝗虫、其他昆虫的幼虫及铁线虫等的质量是2.5~27克，取食频率多为1%或2%。而树枝、叶片和沙石是大鲵成体取食时囫囵吞入的被迫性食物。

对大鲵的食物组成分析得出，螃蟹、大鲵幼体是大鲵成体的基本食物；鱼、青蛙和水麝鼩是大鲵成体的次要性食物；鞘翅目成虫、蝗虫等无脊椎动物是大鲵成体的偶然性食物；树枝、叶片和沙石等则属于被迫性食物。可见大鲵的饵料种类包括了动物性饵料、植物性饵料、矿物性饵料和其他饵料等各类别饵料。但从各类别饵料的被取食频率来看，大鲵摄食的饵料主要以动物性饵料为主。

## 二、大鲵养殖饵料筛选原则和常用饵料种类

从野生大鲵的食物组成可见，大鲵摄食的饵料主要以动物性饵料为主。其饵料的特点是饵料中含有大量的蛋白质，而且蛋白质品质好，必需氨基酸齐全，含有丰富的赖氨酸、蛋氨酸和色氨酸等。认识了大鲵的主要食物组成，为了取得好的养殖效果，养殖者可通过“采集、养殖、购买”等方法，寻求合适的饵料，满足大鲵的营养需求，促进大鲵的健康生长。

### （一）大鲵饵料筛选的原则

第一，大鲵的饵料应该含有大鲵所需要的营养素，通过这些营养素可以满足饲养大鲵生命活动所需要的热能，提供大鲵机体组织细胞生长发育与修复的材料，并维持机体的正常生理功能。

第二，饵料大小适口，方便大鲵摄食，所摄入的饵料，应利于大鲵消化、吸收，并能促进其食欲和生长。

第三，饵料中不含对大鲵生长、发育有害的物质及其在大鲵体内积累而对人类有害的物质。

### （二）大鲵养殖常用饵料种类

大鲵养殖生产中常用的动物性饵料，包括动物的直接产品及其副产品（大鲵的部分饵料见图3-1）。可分为：

1. 水蚤

水蚤是指水生枝角类和桡足类，其营养丰富、容易消化，是大鲵

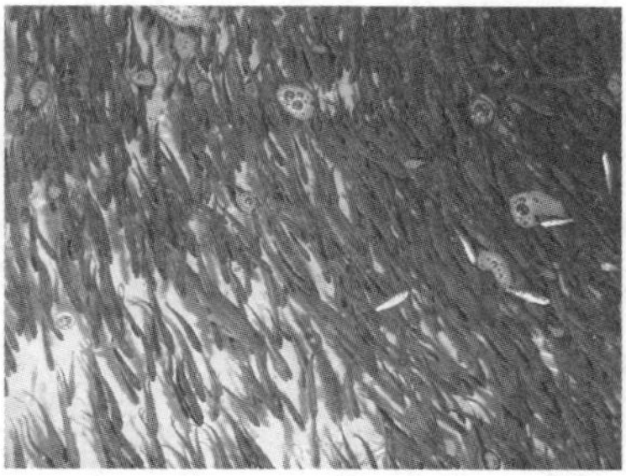

野杂鱼类

虾类

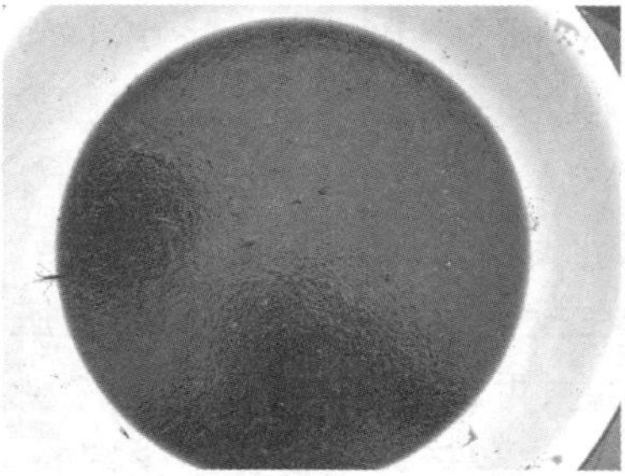

水蚤类

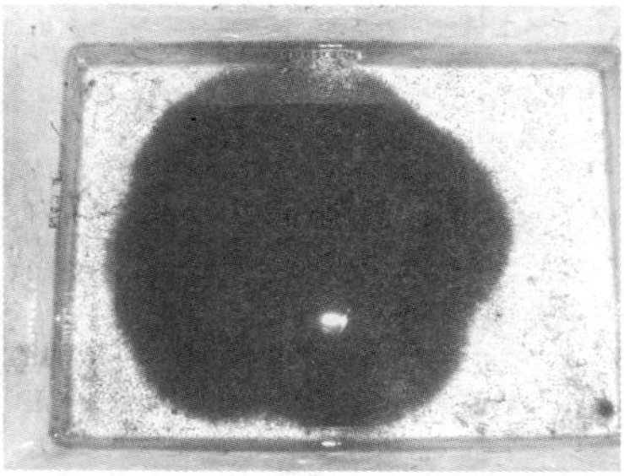

水蚯蚓

赤线虫

新鲜鱼块

**图 3－1　大鲵的部分饵料**

幼苗开口的适口食物。这类饵料可在池塘、沟河中捞取，也可人工培育，目前有冰鲜或干燥好的商品出售。生活在淡水中的水蚤，有 20 多种，但常用的只有 4 种。分别是裸腹蚤、长刺蚤、剑水蚤和薄皮蚤。这 4 种水蚤常生长在江河、湖泊、水库和池塘等水质肥沃的淡水中，分布广、数量大、繁殖力强。其中裸腹蚤常大量浮于水面上，聚集形成一片红棕色，故称为红虫。

2. 环节动物及其昆虫幼虫

(1)水蚯蚓　生活在肥沃的江河淤泥中或流水的阴沟淤泥中，常密集于淤泥表面，一端固定在淤泥中，另一端伸出淤泥在水中颤动，呈红色。水蚯蚓一年四季都能捕捉，长年生活于淤泥之中，因此投喂前要清洗干净，并进行消毒。

(2)赤线虫　又称为红线虫。栖息于江河淤泥上层。因其生活在水质污染的地方，捞取投喂之前，必须要清洗干净，并进行消毒处理。

(3)蚯蚓　蚯蚓是一种繁殖率很强的环节动物。据分析，蚯蚓干物质含蛋白质60%，粗脂肪8%，糖类14%左右；鲜蚯蚓含赖氨酸4.3%(比牛肉高2.9%，比猪肉高8.4%)，还含有多种必需氨基酸和酶。而且蚯蚓适口性好，容易消化，也是大鲵的理想饵料。但是，由于蚯蚓生长在含细菌较多的环境，在投喂时，要先将蚯蚓的内脏去除，然后采用1%食盐溶液浸泡1小时，再用清水漂洗后，方可投喂。

(4)蝇蛆　选择野生的家蝇，在封闭的环境中进行驯化饲养，使家蝇成了一种可以养殖的生物。人工养殖苍蝇的目的，是为了繁殖蝇蛆，作为大鲵幼苗的一种活体饲料。据分析鲜蛆含蛋白质15.62%，干蛆粉含蛋白质59%～63%，粗脂肪10%～20%；氨基酸总含量占干物质重的52.24%；其中赖氨酸含量4.13%，蛋氨酸1.78%，色氨酸0.69%。蝇蛆蛋白质含量高，营养全面，容易消化，可开发成一种大鲵的专门饵料。

(5)黄粉虫　属鞘翅目拟步甲科粉甲虫属，俗称面包虫。黄粉虫在我国北方、南方均有分布。据分析，黄粉虫含蛋白质达47.6%，脂肪28.5%，糖类23.8%，可作为珍贵水产动物的活饵料，效果极为显著。黄粉虫适应性强，培养技术简单，生产成本低，1.5～2千克麦麸可以养成0.5千克黄粉虫，既可小规模培养，也可以进行工厂化生产。

在使用蝇蛆和黄粉虫这些带有角质软皮的饵料投喂大鲵时，由于大鲵对动物的角质软皮不易消化，未消化的角质软皮容易在大鲵胃内绞缠成团，堵塞胃肠通道，从而造成大鲵胀肚。这种现象尤其在稚鲵饲养期间容易发生。出现这种现象后，要及时减少或停喂这类饵料，待症状缓解后再恢复投喂。另外，注意开始投喂蝇蛆和黄粉虫的大鲵规格要适当大些。并且在投喂蝇蛆和黄粉虫前，最好使用热水将活虫烫死，以免活的蝇蛆和黄粉虫危害大鲵的胃壁和肠道。

3. 大型动物产品及其副产品

（1）鱼类及其他水生动物　是大鲵养殖中最常采用的饵料。养殖或野生鲤鱼、鲫鱼、泥鳅、鲢鱼、鳙鱼、鳑鲏及青蛙、蟾蜍等，种类繁多，规格、形态各异，可因地制宜，挑选适合大鲵摄食和生长的鱼类品种，也可将不适口的鱼类通过分割、切块后投喂。鱼类含有可消化蛋白质 10% ~15%，沿海及江河、湖泊、水库、渔场等产鱼的地方，这类饵料来源丰富，为大鲵养殖的主要饵料。以这些鱼类的小规格活体为好，饵料系数一般在 2 左右；利用海水鱼类饲养大鲵，其平均饵料系数为 2. 25。

另外，可将全鱼或去除可食部分的剩余物经过蒸煮、压榨、干燥、粉碎等加工后制成鱼粉，鱼粉是生产配合饵料的主要原料。鱼粉中蛋白质含量高达 28. 0% ~65. 2%，此外，钙含量在 0. 8% ~10. 7%，还富含烟酸、维生素 $B_2$ 和维生素 $B_{12}$。因此，为了提高饵料鱼的利用率，在加工饵料鱼块时，一些饵料鱼的刺、鱼头等都可收集起来。在利用时，可制成香肠形式的饵料，再投喂给大鲵摄食。

（2）肉类　牛、羊、猪、鸡等肉类产品含有与大鲵机体相近的蛋白质。采用这些肉类饲养大鲵，效果较好，这些肉类对大鲵的繁殖、生长发育都有良好作用，可以大量利用，而且消化率高，为大鲵的优质蛋白质饵料。

（3）鸡、鸭胚胎　鸡、鸭胚胎的蛋白质含量一般在 50% ~85%，富含大鲵的各种必需氨基酸，营养价值高，适口性好，为大鲵养殖的理想饵料。

（4）畜禽内脏　畜禽内脏是屠宰下脚料，如猪肺、鸡肠等。这些下脚料蛋白质含量丰富，氨基酸平衡，是优良的大鲵饵料。经过驯食的大鲵，可以较好地摄食畜禽内脏的碎块。

（5）血块　由各种健康家禽、家畜的血液经凝固而成。血粉蛋白质含量高达 80% ~88%，氨基酸含量也较多。血液中含有丰富的 B 族维生素。用血块投喂大鲵，对大鲵的生长发育具有良好的促进作用。

(6)蚌肉　蚌肉的蛋白质含量为6.8%,高于河虾,与猪肠相当。从池塘、河沟处捞取河蚌,去壳取肉,洗净切块即可投喂。

**(三)大鲵其他类别的饵料种类**

其他类别的饵料包括植物性饵料、矿物性饵料等,一般不单独使用投喂大鲵,而是与动物性饵料混合后制成配合饵料饲养大鲵。

1. 植物性饵料

植物性饵料的种类很多,但作为配合饲料原料,用于大鲵养殖的种类有限,主要是部分农产品及其制品,包括玉米、黄豆、小麦及次粉、大豆饼(粕)、花生饼(粕)、菜籽饼(粕)等。这类饲料的特点是纤维素及水分含量少,有较多的可消化营养物质,通过加工配制后,容易被大鲵消化吸收,是大鲵用配合饵料的成分之一。

2. 饵料添加剂

为完善大鲵日粮的生物学价值,提高饲料利用效率,促进生长发育,减少饲料储存期间营养物质的损失,预防疾病,改进饲料适口性和大鲵的品质,在大鲵配合饲料中加入各种微量成分,如氨基酸、维生素、微量元素、抗菌剂、防霉剂、促生长剂、抗氧化剂和酶制剂等,这些添加于日粮中的微量成分,统称为饵料添加剂。

(1)氨基酸添加剂　目前作为饵料添加剂的氨基酸有蛋氨酸、赖氨酸、色氨酸、谷氨酸、甘氨酸和丙氨酸等。由于大鲵饵料主要是动物性蛋白质,因此,实际养殖大鲵投喂时,主要添加赖氨酸和蛋氨酸,其次添加色氨酸和精氨酸。幼鲵养殖阶段,在饵料中添加混合总饵料重量0.1%的赖氨酸、蛋氨酸、色氨酸和精氨酸;为了促进亲鲵和后备种鲵的性腺发育,在饵料中添加色氨酸和精氨酸及更少量的赖氨酸和蛋氨酸等。

(2)维生素添加剂　大鲵养殖过程中,作为补充,常在饵料鱼中加入单一或复合维生素,如维生素A、维生素C、维生素E。具体做法是:亲鲵培育期间,每月定时添加2次,每次每尾4千克以上的大鲵添加一片(粒),小于4千克的大鲵每次投喂半片(粒)。投喂时将维生素片(粒)塞入饵料鱼(块)中,驯化投喂。幼鲵的饵料可制成配合饵料,如在香肠中添加即可。

维生素添加剂多配制成复合型。一般维生素的添加量，不考虑配合饵料中所含的维生素量，但要考虑正常的贮存期间维生素的变质因素，因此，维生素添加通常较实际需要量高些。

(3)无机盐添加剂　大鲵至少需要 7 种主要元素的无机盐，即钙、磷、钾、钠、氯、硫、镁。此外，大鲵还需要如铁、锰、锌、铜、碘、钴、氟等微量元素。配制配合饵料时，一般添加混合无机盐，其添加量为配合饵料的 1% 左右。

(4)防腐添加剂　作为饵料防腐剂应符合下列要求：无毒、无刺激性；溶解度应达到抑菌的有效浓度；可与其他饲料或添加剂配伍；对一切微生物有防腐能力，包括革兰阳性和革兰阴性细菌、霉菌和酵母；性质稳定，不应消失或降低原有的防腐力。

防腐剂的作用是抑制饵料中微生物产生毒素和防止饵料变质。饵料防腐剂主要有苯甲酸和山梨酸、尼泊金类。

## 三、大鲵活饵料的培育

### (一)枝角类的培养

枝角类通称水蚤、红虫，是一类小型甲壳动物，体长平均为 1 毫米，最小的仅 0.2 毫米，最大的可达 2.1 毫米。在浮游动物中，枝角类算是比较大型的种类，通常肉眼能够看到。枝角类是稚鲵开口的优良饵料。

枝角类在我国各地的不同淡水水域中均有分布，常见品种有：隆线蚤，体长 1.3 ~3.7 毫米；长刺蚤，体长 1.0 ~3.1 毫米；蚤状蚤，体长 0.9 ~3.4 毫米；老年低额蚤，体长 1.0 ~1.8 毫米；直额裸腹蚤，体长 0.8 ~1.4 毫米；短尾秀体蚤，体长 0.68 ~1.20 毫米；多刺秀体蚤，体长 0.73 ~0.93 毫米；长额象鼻蚤，体长 0.33 ~0.60 毫米等。

枝角类体型较短，左右侧扁，分节不明显，被两瓣透明的瓣覆盖着。头部具有一对发达的大触角和一个能动的复眼。有 4 ~6 对叶状胸肢，尾呈爪状。发育过程中极少变态。枝角类主要营单性生殖，也称孤雌生殖，只有在环境条件恶劣时，才进行有性生殖。春、夏、秋三季，环境条件适宜时，枝角类一般都进行孤雌生殖，每个个体卵巢内产生的卵子，都能自行孵化发育成为幼体，经 5 ~8 天，幼体成熟，即可繁殖下一代。每个枝角类成虫一生可产卵约10次，每次产卵100粒左右。枝角类繁殖的最适温度为18～25℃。当水温降至5℃左右时，停止产卵，水温上升至10℃时，恢复产卵。最适pH值为7.5～8。其主要食物是单细胞藻类和细菌等。

人工培养时，可在室外建深1米的土池或水泥池，注入约50厘米深的水，加入预先用青草、人畜粪堆积发酵的腐熟肥料，每立方米水体加入1.5千克，使藻类和细菌大量繁殖，然后移入枝角类成虫作为种源。在水温20～25℃时，3～4天即繁生大量的枝角类，1周左右即可捞虫喂养开口期的稚鲵。捞取虫体后，及时添加新水，同时再施追肥1次，如此继续培养陆续捞取。笔者在1990～1991年培养微型裸腹蚤时，曾经获得最高240克/米$^3$的日产量，且高产持续时间达到18天。

在培养过程中，影响枝角类产量的因素很多，主要有水质状况，水温高低，食料丰歉，衰老个体多少等，可以根据情况进行处理。作为接种用的种蚤最好专池培养，以保证接种时有足够的生长良好的健壮个体，使后代生长好，产量高。

**（二）蝇蛆的培育**

1. 家蝇的生活习性

蝇在温度22～32℃，相对湿度60%～80%时，蛹经3天发育破壳出蝇，成蝇白天活动，夜间栖息。3天后性成熟交尾产卵，6～8日龄为产卵高峰期，以后下降。蝇一生28天中能生殖15天，产卵6～10次。蝇卵经过1天左右孵化成蛆，钻入粪料中生活，5天变蛹。温度与粪料养分对蛆的生长发育影响极大，温度和养分高，则蛆生长发育快且肥大。

2. 种蝇饲养

（1）蝇房设计　种蝇应在室内饲养。新建蝇房最好是半地下室，亦可旧房改造。蝇房的饲养室不对外开门，屋内北边设封闭式走道，由工作室后门通向走道进入。门挂多层黑布帘，防止蝇外逃。装纱窗和风扇及加温设备。室温超过35℃时必须设法降温。否则蝇产卵下降，甚至热死。

（2）养殖设备

1）立体饲养架　其规格应根据蝇笼大小及层数来确定，要符合生产需要量和便于操作及节省占地充分利用空间的原则，用木制或金属焊接。

2）蝇笼　用粗铁丝做成高 40～50 厘米，长宽各 60～80 厘米的长方形或正方形笼。外用白塑料纱网罩住，其中一面留个操作孔，口大小应以能方便食盘和产卵盘进出为宜。在孔口缝接约 30 厘米长的黑套袖防止蝇飞出。蝇笼应有三组，每组个数应根据计划日需蛆量来确定。

3）食盘　每笼配有 3～4 个食盘，盘中以纱布垫底，以便蝇舐食饲料。盘中放一垫有海绵的小水杯，方便蝇饮水。

4）产卵盘、羽化盘　用于引诱雌蝇产卵和培养换代时盛快羽化的种蝇蛹。

（3）饲养管理

1）种蝇饲料　取无菌培养的 4 日龄蛆磨浆，加 60% 红糖和 2% 酵母粉及适量水调成稀糊状，另加 0.1% 苯甲酸钠防腐。

2）产卵诱饵　取麸皮加 3 毫克/升碳酸氢铵水拌成。或用新鲜笼养雏鸡粪亦可，据试验，其效果比麸皮强 1 倍。

3）饲养密度　蝇笼每立方米可养 5 万～8 万只，一般每笼养 1 万～1.2 万只。饲养头数除需根据蝇个体大小作增减，还得根据通风设备优劣和降温措施是否得力而决定。若过密则有蝇摄食不足，加之空气不畅，操作不便，易逃亡等问题容易发生，其产量并不一定高。密度过低亦将影响产量。

4）蝇群结构　蝇群结构即不同日龄种蝇在整个蝇群中的比例。种蝇群结构是否合理，直接影响到产卵稳定性和生声连续性及日产鲜蛆量的高低：为了保证合理的蝇群结构，一般采取每隔 5 天进一组新种蝇。例如，每月 1 号在第一组笼肉放入待羽化成蝇的蛹，6 号则在第二组内放入快羽化的蛹。以此按班周转生产，使鲜蛆产量曲线平稳，蝇群就能保持相对稳定。有时为了保持高生产力和节约饲料成本，也用“全出全进”办法除旧换新，即将淘汰的种蝇在 15 天停料绝水后放烈日下晒死。然后将笼罩网用 5% 来苏儿溶液浸泡消毒，再用清水洗净晾干装迎新蝇。

5)管理方法　日常操作每天清早取出食盘和水杯洗净换新料，洗盘水有蝇卵不得乱倒，应将其杀灭或用于稀释育蛆料。天冷时可隔天换料一次，发现新种蝇雌雄交配后2天就放入卵盘，盘中的诱饵要均匀疏松摊开，厚度1～2厘米。种蝇一般每天上午8点至下午3点产卵最多，故取卵时间要适宜。

(4)越冬保种　越冬保种是蝇蛆养殖中重要环节之一。若在严冬用炉加热增温成本高，宜采用室内自然越冬办法，即蝇蛹保存在有适当温度和疏松粪土的容器内，放室内盖上稻草保温。如在室外越冬效果较差。

3. 接种育蛆

(1)育蛆房　与种蝇房形式基本相同，而育蛆房内四周应设小水沟以防蚂蚁和调节湿度。室温超过35℃应大力降温，否则蛆会骚动和外逃。

(2)立体育蛆架与育蛆盆　亦可参考种蝇笼适当调整，但盆的高度以10～15厘米，装料5～8厘米为宜。

(3)养育料　鸡粪50%～60%，麸皮35%～45%，粗糠5%，加水配成含水量65%，pH值为6.5～7即可使用。

(4)接种孵化　每千克养育料接种蝇卵1克，均匀撒在育蛆盆养育料面上培养，8～12小时后，卵就孵化成蛆。孵化过程中，若料干，应撒些水，但料中不能积水，否则蛆会窒息。到了孵化后期(接种后的第三天)，就应逐渐降低养育料湿度，以内湿外干为好。

4. 分离收集

蛆经5天后变黄色时就可收集。方法是利用蛆怕光的特性，将育蛆盆置于强光照下，用粪扒不断扒动料表层，促使蛆向下钻，取出表层料再扒动，如此反复扒动去料，直至蛆全钻底层。将剩余蛆料倒在10～16目孔筛内，筛放在大缸上，强光逼蛆钻孔落入缸中，取出漂洗干净，若再用0.01%高锰酸钾溶液消毒更好。

**(三)蚯蚓的培育技术**

人工培育蚯蚓，可作为成鲵的适口饵料。蚯蚓干粉的蛋白质含量高，与进口鱼粉相当，其中精氨酸含量比鱼粉高2～3倍，色氨酸含量是牛肝的7倍,还含有较多的胡萝卜素和多种维生素及微量元素。一般每6千克鲜蚯蚓可加工成1千克蚯蚓粉。蚯蚓消化道中有10多种蛋白水解酶和纤溶酶等,利用这些酶水解体蛋白,使之变成可溶性的活性肽和氨基酸,作为添加剂可以被其他动物体完整地吸收,发挥其抗病促生长作用。

1. 饲养场地的选择

蚯蚓饲养场地应选择在背阴、潮湿和安静的地方。要求饲养场所便于防暑、保温、排水良好、通风避光、环境安静,无农药和其他毒物污染,并能防止鼠、蛇、蚂蚁等的危害。养殖可用旧木箱、瓦盆、水泥池等在室内进行,也可在室外的废地边进行。

建饲养池时,四周可用砖砌墙,水泥抹缝,底面稍倾斜,较低一侧墙脚设排水孔。饲养池高40~60厘米,面积3~5米$^2$为宜;养殖床四周设宽30厘米,深50厘米的水沟,即可排水,又可作防护沟。

2. 培养基料的制备

培养基料是供给蚯蚓营养的基础料。一般有粪料和草料堆制而成,粪料占基料的70%,包括牛、马、猪、羊、兔、鸡等粪便,亦可用食品下脚料、烂菜、瓜果等;草料占30%,包括各种无毒的杂草及树叶等。

堆制方法是:一层粪料、一层草料,边堆料、边分层浇水,下层少浇,上层多浇。堆制后第二天堆温开始上升,4~5天后堆温上升到75~80℃,以后下降,当降到60℃时进行翻堆,重新堆制,以后再堆几次,翻堆时适当洒水,并控制最后培养基料的pH值在6.8~7.6。堆制的时间一般为30天左右。

3. 添加料的制备

饲养蚯蚓的添加料包括粮油下脚料、麦麸、米糠、牲畜粪便等蛋白质含量高的成分以及烂水果、植物茎叶等纤维素含量高的成分。添加料也可直接用牛、马、猪、鸡等粪便堆制发酵;或用粪肥70%、作物秸秆或青草20%、麦麸10%等堆制发酵。

无论哪种添加料、必须像制备基料一样进行充分发酵,达到料体松散、不黏滞,无恶臭,颜色呈现咖啡色。发酵的时间可适当掌握。

4. 饲养密度

在适宜的条件下，饲养密度为每平方米 5 000 条左右，饲养的前期幼蚓个体小、活动弱，饲养密度每平方米 1 万条，后期幼蚓个体长大，活动增强，应稀疏饲养密度至每平方米 5 000 条左右。

人工养殖蚯蚓约 50 天成熟，成熟的蚯蚓 2 ~5 天可产卵泡 1 个，每个卵泡含有 1 ~7 个受精卵。在气温 25 ~35℃时，卵经 11 ~22 天孵化出小蚯蚓。幼蚓到成蚓（每条成蚓约 0.5 克）需生长 50 ~90 天，一年中可养三批成蚓。

5. 投喂方法

当养殖床表层的饲料已粪化，将新饲料撒在原饲料上面，5 ~10 厘米厚。或在原饲料床两侧平行设置新饲料床，经 2 ~3 昼夜或稍长时间后，成蚓自行进入新饲料床。

蚯蚓每天吃食的饲料量约等于自身的体重，例如，1 万条的成蚓重约 4 千克，每天投喂料时，加入 4 千克重的饲料即可。

6. 管理与收集

在蚯蚓的生活环境中，必须有足够新鲜空气。如在室内养殖应常开门窗，增加空气的流通，以确保蚯蚓新陈代谢旺盛。蚯蚓爱吃细、烂、湿的饲料，加之蚯蚓本身是依靠皮肤进行呼吸的，因而水分的供应特别重要。饲料的含水率以 70% 为宜。夏季每天早晚要分别浇水 1 次，冬天 3 ~5 天浇水 1 次，并在饲料面上加盖稻草保温保湿。

平时要注意防毒、防害、定期清除蚓粪。清理蚓粪的目的是减少养殖床的堆积物并收获产品。清理时要使蚓体与蚓粪分离，对早期幼蚓可利用其喜食高湿度鲜饲料的习性，以新鲜饲料诱集幼蚓；对后期幼蚓、成蚓和繁殖蚓可用机械和光照及逐层刮取法分离，即用铁爪扒松饲料，辅以光照，蚯蚓往下钻，再逐层刮取残剩饲料及蚓粪，将底部聚集成团的蚯蚓取出，经消毒处理后即可投喂大鲵。

**（四）黄粉虫的培养**

黄粉虫全年都可以生长繁殖，从卵—幼虫—蛹直至羽化为成虫的生育周期为 100 天左右。黄粉虫在 0℃以上可以安全越冬，10℃以上可以活动吃食。在特别干燥的情况下，黄粉虫尤其是成虫有互相残食的习性。黄粉虫幼虫和成虫昼夜均能活动摄食，但以黑夜较为活跃。成虫虽有翅,但绝大多数不能飞跃,即使个别的飞跃,也飞不远。成虫羽化后 4 ~5 天开始交配产卵。一生中多次交配,多次产卵,每次产卵6 ~15 粒,每只雌成虫一生可产卵 30 ~350 粒,卵粘于容器的底部或饲料上,成虫的寿命 3 ~4 个月。卵的孵化时间随温度高低差异很大,在 10 ~20℃时需 20 ~25 天可孵出,25 ~30℃时只需 4 ~7 天便可孵出。幼虫以蜕皮的形式进行生长,蜕第一次皮前呈现白色,第一次蜕皮后变为黄褐色,以后不定期进行蜕皮,幼虫期共蜕皮 6 次,经 50 ~75 天的饲养,一般体长达到 30 毫米,体粗达到 8 毫米。幼虫活动的适宜温度为 13 ~32℃,最适温度为 25 ~29℃,低于 10℃极少活动,低于 0℃或高于 35℃时有被冻死或热死的危险。幼虫很耐干旱,最适相对湿度为 80% ~85%。幼虫化蛹时将头部倒立在饲料中,左右移动摩擦头部进行化蛹。蛹期较短,温度在 10 ~20℃时 15 ~20 天可羽化,25 ~30℃时 6 ~8 天可羽化。

1. 养殖设备

(1)网筛盒　供成虫产卵用;又是分离虫卵、虫体及饵料的工具。可用木盒框装上塑料纱网,网孔 3 毫米。

(2)容器　有木架、箱、池、盒等。网箱规格大小,依虫量多少而定,一般以 60 厘米 ×45 厘米 ×15 厘米为宜。容器内壁四周要求光滑,上面用纱网作盖,避免黄粉虫爬出和防止蜘蛛、壁虎、蟑螂等虫危害。

家庭培育黄粉虫时,可用面盆、纸箱、瓦盆等容器放在阳台上或床下养殖。容器表面太粗糙的,在内壁贴裱蜡光纸即可使用。

工厂化养殖须建饲养室,饲养室的门窗要装上纱窗,防止敌害进入。房内安放若干排木架,每只架分 3 ~4 层,每层间隔 50 厘米,每层放置若干个养殖箱,箱的规格要与架子相适应。

2. 饲料及投喂法

人工养殖黄粉虫的饲料分两大类,一类是精饲料,包括麦麸、米糠等;一类是青料,包括各种瓜果皮、青菜、树叶、野菜等。目前,有些单位在培养黄粉虫时,使用配合饲料,生产效果更好。配合饲料的比例是:麦麸 45%,米糠 45%,鱼粉 10%,或以麦麸为主,喂时添加少量的维生素 C、维生素 B 等。

投喂时,新鲜麦麸可直接使用,时间长的麸、糠要经日晒消毒后才能使用。青料要洗去泥土,晾干再喂。投料时,不要把过多的水分带进饲养箱,以防饲料霉变,造成黄粉虫死亡。

3. 饲养管理

在饲养黄粉虫时要注意3个关键:一是要熟悉黄粉虫的生活习性。二是按不同日龄的卵、幼虫、蛹、成虫分别饲养,避免相互竞食及成虫相互残杀。三是保暖,夏季气温高,水分易蒸发,可在地面上洒水,降低温度,增加湿度;雨季湿度过大,饲料易发霉,应开窗通风;冬季天气寒冷,应关闭门窗在室内加温。

在饲养过程中,幼虫因生长速度的差异,经一段时间的养殖,会出现大小不一的现象,这时要按大小不同进行及时分拣饲养。一箱可养幼虫1万~1.5万只,老龄幼虫6 000~8 000只。当幼虫化蛹时要多投青料,并加喂鱼粉,这样有利于化蛹的一致及蛹后的羽化。每天要及时把蛹分拣到另外的饲养箱,单独让其羽化,以免幼虫咬伤蛹。

另外,蚂蚁、老鼠都是黄粉虫的大敌,平时要注意消灭。

4. 黄粉虫的收集

黄粉虫除留种外,无论幼虫、蛹还是成虫均可作为活饵料和干饲料。幼虫从孵出到化蛹需要3个月左右,此间幼虫的个体由几毫米长到30毫米,均可直接投喂大鲵。生产过剩的可以烘干保存,以供生产配合饲料时使用。

总之,大鲵的饵料培育方法有多种,养殖户可以根据自身的情况,做好饵料的培育工作,以节约养殖成本,增加养殖效益。

## 第四节　大鲵配合饵料

随着大鲵养殖规模的不断扩大,大鲵养殖需要的活饵料越来越紧张,因此,寻求养殖大鲵用饵料的新途径十分必要。而加工、配制配合饵料养殖大鲵，也就成为养殖者经常探索拓宽养殖大鲵用饵料的方法之一。

配合饵料不仅可以在养殖环境方面减小水质恶化程度，还可以根据大鲵在不同生长阶段对营养物质的需求和消化系统发育过程的特点配制不同蛋白质含量的饵料，促进大鲵的生长。同时，配合饵料在加工过程中添加诱食剂、防病药物、必需氨基酸、维生素、矿物质等成分，形成营养全面、配方科学的饵料，有利于大鲵的摄食、消化和吸收，并增强对疾病的抵抗力，弥补天然饵料的不足，对养殖生产极为有利。

然而，由于大鲵特殊的摄食习性，对其配合饵料的规模化生产一直未有突破性的进展。比如，配合饵料的配方设计、加工形态、沉水性质等都有待深入探讨。在此，仅就一般配合饵料的配制原则和大鲵配合饵料制作的简单情况做一介绍。

## 一、配制配合饵料的基本原则



### （一）必须以大鲵的营养标准为依据

设计配合饲料配方，首先要满足大鲵的营养需求，而大鲵营养要求则集中反映在大鲵营养标准上。大鲵营养需要的标准，概括地提出了大鲵饵料中应该含有的各种营养成分的数量，因而它是设计配方的主要依据。

### （二）设计配方必须营养结构合理平衡

饵料配合的结构合理性首先是营养结构的合理。饵料的配合不是各种原料简单的混合，而是根据养殖对象不同生长阶段营养所需和饲料原料的各种特性合理组成的有机结合。在设计配方时，不但要考虑各种营养成分，而且含量一定要检测准确，因为饵料的营养成分与含量是设计和应用效果好坏的关键。

### （三）选用原料要多样化

各种原料都各有特点，营养价值也极不相同，若将多种饵料按一定比例混合制成配合饵料，营养物质就可互相取长补短，从而提高养殖效果。实践经验也证明，饵料配合多样可发挥不同饵料之间的营养互补作用，从而提高饵料的利用率，使配方更趋科学合理。但饵料的组成一定要保持相对稳定性,一般不经常对主要原料进行替换,更换过频会影响饵料的养殖效率。

**(四)选用原料应考虑经济价值**

选用原料时应尽量选择营养丰富而价格低廉的进行配合,以降低养殖饵料的费用,因此,应当因地制宜地选用原料。

**(五)所选用的原料应当无毒无害**

设计配方时,所选用的原料应当对大鲵及其产品没有毒副作用。

**(六)应当分清各项指标的主次关系**

设计配方时,应重点考虑能量及蛋白质,同时兼顾其他指标,而且还需考虑维生素和无机盐等。

**(七)应考虑饵料成品适口性及机械加工对营养成分的影响**

饵料对养殖生产中的适口性分两方面:一是制成的饵料性状是否符合养殖生产中不同生长阶段的口径,二是饵料的气味是否符合养殖对象的喜好。水产动物主要靠嗅觉和味觉觅食,其嗅囊上皮能接受水体中挥发性物质的刺激,味蕾可感受饵料中溶出的化学成分,所以即使营养最好的饵料如果影响水产动物正常摄食,同样会影响养殖效果。在制定精确配方时,大鲵对营养和机械加工的一些特殊要求应事先考虑。如矿物质和油脂的添加量要事先确定,因为这些成分不含蛋白质;油脂不可通过膨化机械,以免被破坏。

**(八)成本最低原则**

在确定饵料原料后,可以设计出符合饵料标准的多个配方,应经过成本核算,尽可能采用成本最低的配方。

**(九)必须根据实际情况,随时进行配方设计的改进**

配方设计是饲料厂、养殖单位和饲料研究部门的经常性工作,必须根据实际水平、饵料原料和某些特殊情况,运用大鲵的养殖技术及最新研究成果,机动灵活地改进配方设计。

## 二、大鲵配合饵料配方

**(一)幼鲵配合饵料配方**

配方一:鱼粉(蛋白质含量60%以上)50%,黄粉虫干粉15%,发酵血粉8%,膨化玉米15%,啤酒酵母粉10%,维生素添加剂1%,

矿物质添加剂 1%。

配方二：鱼粉（蛋白质含量 60% 以上）50%，牛肝粉 10%，膨化豆粕 25%，膨化玉米 8%，维生素添加剂 1%，矿物质添加剂 1%。

**（二）成鲵配合饵料配方**

配方一：鱼粉（蛋白质含量 60% 以上）40%，蚕蛹 10%，发酵血粉 10%，膨化大豆 10%，膨化玉米 10%，小麦特粉 8%，酵母 1%，微量元素添加剂 1%，鱼用复合维生素每 50 千克饲料 5 克。

配方二：鱼粉 40%，牛肝粉 20%，酵母 5%，骨粉 10%，膨化大豆 5%，血块 5%，抗生素添加剂 0.05%，无机盐添加剂 1%，α－淀粉 10%，维生素添加剂 0.05%，中草药添加剂 0.05%，氨基酸添加剂 0.1%，蚕蛹粉 3.75%。

**（三）制作法**

把上述原料搅拌混匀，其中的膨化玉米和 α－淀粉都具有很强的黏性，加入适量冷水后，搅拌成团，根据大鲵个体的大小，做成香肠形状或膨化成颗粒状，选择投喂幼鲵和成鲵。

# 第四章　大鲵的人工繁殖

人工繁殖是与自然繁殖相比较而言的一个概念。自然繁殖是指野生状况下物种的自然繁衍；而人工繁殖是在人为条件下，促使物种繁衍后代的技术方法。专家认为，目前野生大鲵资源除人迹罕至的深山涵洞或深潭会有部分残存量外，其他地方几近灭绝，每年由野生亲体繁殖的苗种数量非常有限，依靠自然苗种开展大鲵产业化养殖的可能性很小。但随着大鲵产业的快速进展，养殖业对大鲵苗种的需求量越来越大，人们总希望在集中的时间内能够得到批量的大鲵苗种，于是“实现大鲵繁殖人工化”的想法就孕育而生了。

人工繁殖大鲵的技术方法有多种，依据其技术特点，可分为全人工繁殖大鲵技术、工厂化繁殖大鲵技术、仿生态繁殖大鲵技术等，其共同特点均表现为人的参与。在此，仅就人工繁殖大鲵的一般过程做一介绍。

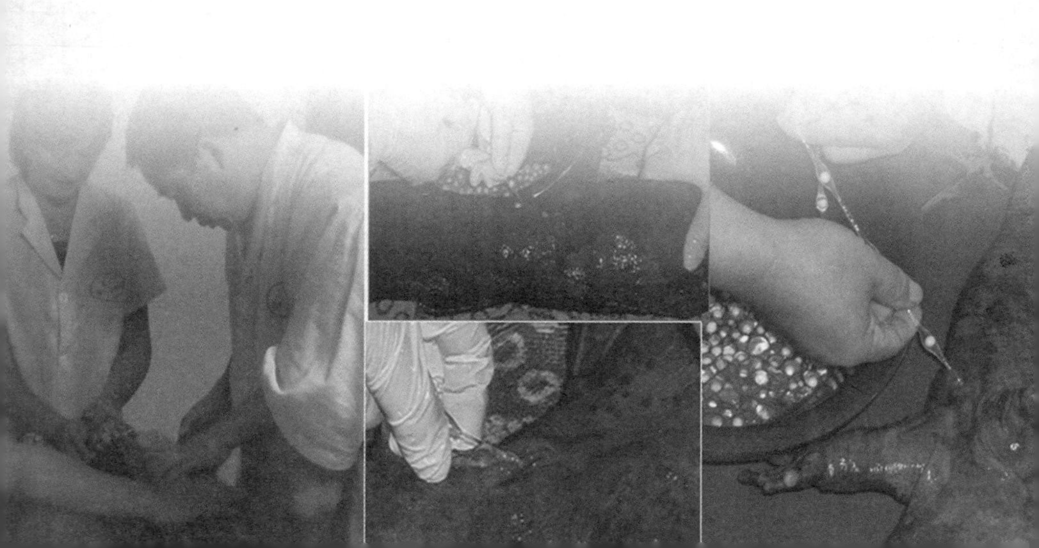

# 第一节 大鲵人工繁殖概况

## 一、大鲵人工繁殖的基本状况

阳爱生等自1979年首次报道“对野外捕获的成熟大鲵，人工催产，成功孵出大鲵幼体”后，我国开始了大鲵人工繁殖的相关研究。近些年来，我国科学工作者在大鲵的繁殖生物学及其人工繁殖技术的研究方面取得了很大成就。目前为止，我国科学工作者研究了大鲵卵细胞的发育成熟、排卵机制、受精细胞学和胚胎发育，并通过不断的生产实践和摸索，有效地掌握了亲鲵的阶段培育，催情剂的注射剂量和方式，产卵设备及孵化设备的设计等综合技术措施。国内参与大鲵繁养的企业明显增多，大鲵繁殖的技术模式也在不断创新和完善。但就当前大鲵繁殖技术的整体水平来看，各地参差不齐，大鲵繁殖效果不稳定，人工化、规模化大鲵繁育技术有待提高。

## 二、问题及展望

我国学者对中国大鲵繁殖生物学及其人工繁殖技术进行了大量研究，取得了很大成就，但由于各种因素的影响，国内至今没有形成稳定、批量生产大鲵苗种的基地，人工批量获得大鲵苗种的偶然性仍十分大，从每年大鲵人工繁育的苗种数量来看，规模化大鲵繁育技术仍不成熟，我们仍需加强对中国大鲵繁殖生物学及其人工繁殖技术的研究。

### （一）加强中国大鲵繁殖生态研究，提高对其繁殖行为认识

目前中国大鲵人工繁殖都是通过人工催产方式进行的，而人工饲养的情况下，尚未发现中国大鲵能自然交配产卵。虽然周定刚（1997）、卞伟（1997）、王文林（2000）等都曾撰文对中国大鲵的繁殖行为进行描述，但各位学者所记述的内容相差较大，彼此说法不一。

野生中国大鲵繁殖生态学的研究尚需加强，自然状态下中国大鲵是如何产卵和排精的，一直难以为人工繁育中国大鲵提供科学的参考。因此，加强对中国大鲵繁殖生态的研究，搞清野生状态下中国大鲵的繁殖情形及其生态要求，对规模化中国大鲵的人工繁殖至关重要。

张红星等(2003)采用回归自然创建生态繁育工程的方法，在中国大鲵主产地的秦岭山区，寻找中国大鲵近期产苗的地点，设池防逃，精心喂养亲鲵，连续6年成功使亲鲵自然交配、产卵受精、孵化出苗，每组获苗量140～940尾。在中国大鲵人工繁殖还不能实现规模化之前，这一生态催产的方法，对于恢复和增加中国大鲵资源应是切实可行的。

**(二)加强亲鲵培育，提高催产率和受精率**

亲鲵培育是大鲵人工繁殖中的重要环节(金立成，2003；刘鉴毅，1999)，研究者虽然认识到了亲鲵培育在人工繁殖中的重要性，但实践中由于大鲵资源的缺乏，往往具有技术的人员得不到亲鲵，而拥有亲鲵的单位却又缺乏技术，实践中真正经过系统培育的亲鲵很少用于繁殖，结果往往是催而不产。另外，中国大鲵人工繁殖过程中，卵子受精率低一直是制约中国大鲵规模化繁殖的一个难题。其原因多数研究者认为是由于雄性大鲵性腺发育较差所致。针对上述问题建议：第一，进一步加强对大鲵雌、雄性腺发育规律的研究；第二，依据大鲵雌、雄性腺发育的变化规律，采取生态、生理、营养相结合的方法，强化亲鲵的培育；第三，集中大鲵资源，扩大亲鲵的数量，避免不培育催产、小群体催产和无技术催产。

**(三)加强环境因子对精子影响的研究，提高精子活力**

大鲵行体外受精进行繁殖，受精效果与环境条件密切相关。对大鲵精子来说，水温、酸碱度、渗透压、无机盐和有机物等都可能不同程度地影响其活力。据观察，大鲵精子在不同温度、光照和保存液中的存活状况有显著差异，实验表明：15℃条件下体外保存大鲵精子原液，有光照时精子存活5小时，无光照时存活10小时；相同温度下精子原液经0.9%生理盐水、鱼用任氏液、蒸馏水、山泉水稀释后，精子在鱼用任氏液中存活时间最长，但与原液中保存精子的存活时间相比较有明显的缩短(乔志刚等，2004)；通过对大鲵精子活力级别的判定，认为大鲵精子在水温 20～25℃时受精能力最强（乔志刚等，2004）。大鲵精子的运动时间、速度与离子浓度有关，在无离子水中运动寿命极短，几乎不出现快速运动状态，当溶液中氯化钠含量达 0.01%～0.05%时，能显著促进精子运动。在 0.20%～0.35%的氯化钠溶液中，游动精子的比例最高，精子快速运动时间最长。但当氯化钠浓度达到 0.65%以上时，精子几乎不游动（王海文，2002）。因此，研究外界环境因素对精子的影响，也是提高大鲵精子活力的有效措施之一。

**（四）加强正常与异常精子分离方法研究，提高活力精子的纯度**

大鲵精液中往往包含了正常精子与异常精子，其精液的黏稠度、精子密度、正常精子与异常精子的比率等都直接影响着大鲵精液的质量，因此加强大鲵精液中的正常精子与异常精子分离方法的研究，有望提高活力精子的纯度，近而提高人工授精过程中大鲵卵子的受精率。



# 第二节　大鲵繁殖的生物学基础

大鲵繁殖成败主要决定于其性腺发育状况，同其他事物发展具有一定的规律一样，大鲵性腺发育的整个过程也具有一定的规律性，这种规律又通过性腺发育的各个阶段的特殊形态结构和生理特点显示出来。实践中只有掌握了这些规律，进而才能根据这些规律的变化特点，采取相应的措施服务于生产。

## 一、大鲵的自然繁殖习性

**（一）繁殖场所及环境**

大鲵常年栖息于流水的自然环境中，其天然繁殖场所多在深山峡谷、溪河、岩石穴洞之中，或在暗泉、阴河穴洞之内。气候特点：温凉湿润，日照少，云雾多，雨量充沛，年均气温 12～17℃，年均水温

8.1～20.3℃。地质特点：石灰岩层广布，河川深邃，岩溶地貌普遍，河床多石底，沙砾遍布。水环境特点：地下多阴河，山泉伏流甚多，河水清凉，透明度高，径流量小，流水哗哗作响，水位变幅大，水的矿物元素丰富，但硬度小。大鲵一般将卵产在洞穴的水中或平坦浅水处。产卵一般夜晚进行，产卵水温14～20℃，繁殖场所一般人烟稀少，无污染，光线暗弱。

**（二）繁殖季节**

大鲵为卵生，体外受精，属一年一次产卵。自然繁殖季节在每年的5～10月，旺盛期在每年的8～9月。但因大鲵栖息区域不同，因此，繁殖季节也不相同。如湖南为5～9月，四川为5～8月，湖北为8～9月，安徽为7～8月。从各地资源调查情况分析，大鲵的繁殖季节是在夏末和秋初。阳爱生等（1979）研究了大鲵性腺发育的组织学，认为5～10月卵巢均有成熟卵，但主要成熟季节是夏季，繁殖的盛期是夏末秋初。陕西省太白县鲵鱼研究所（1978）通过野外调查、解剖观察、催情试验也证实了6月底到8月底的两个多月时间是大鲵的生殖季节。随后阳爱生等（1981）通过制作大鲵性腺发育的组织学切片发现，卵巢春末有31%进入Ⅳ期初，夏季有41%进入Ⅳ期，秋季仅有4%进入Ⅳ期；而精巢在春季有17%进入Ⅳ期，夏季有5%进入Ⅳ期，18%进入Ⅴ期，秋季有26%进入Ⅴ期，5%进入Ⅳ期。这说明夏季是卵巢的主要成熟季节，春、秋两季也有成熟者；而精巢达到Ⅴ期，产生成熟精子，只有夏、秋两季，秋季为高。葛荫榕等（1994）则认为，大鲵产卵主要在初秋（8月中上旬）。王文林等（2000）在河南卢氏县调查，在大鲵自然生活区，5～9月均可见到卵带，但以8月居多，5月次之，6～7月最少。杨焱清等（2003）认为，越接近产卵季节，性腺的发育越快。4月初经过彩色多普勒仪扫描可见卵巢轮廓，绝大多数个体不能分辨卵粒，少数个体的卵径接近2.0毫米；2个月后的6月测定：雌鲵的卵径为2.8～3.2毫米，平均3.0毫米，此间卵径平均每周增长0.13毫米；3个月后的7月测定：雌鲵卵径为3.9～4.5毫米，平均4.2毫米，同时还测得最大卵径为5.5毫米，此间卵径平均每周增大0.30毫米。

**（三）性成熟年龄**

湖北宜昌地区水产技术推广站 1980 年最先报道，大鲵孵化出后在自然环境中生长 5 年，体长达 400 毫米左右，体重在 360 克以上，性腺基本成熟。宋鸣涛（1990）解剖雌性大鲵观察，体长在 260 毫米以上的个体，卵径在 4 毫米以上，性已成熟参加繁殖；解剖两尾雄性，体长分别为 250 毫米和 265 毫米，睾丸米黄色，睾丸系膜上端输精小管可见。认为体长在 260 毫米以上的个体，性腺发育基本成熟，卵细胞能够受精。王文林等（1999）报道，野外见到的亲鲵最小生殖个体，体重为 350 克，体长 40 厘米，同时看到的雄性个体 330 克，年龄为 4 龄。最大产卵亲鲵为 3.5 千克。未见更大的亲鲵原因之一可能是近几年野生超过 3.5 千克的大鲵已经很少，且随着个体长大，常居住在靠近下游的较深的潭中，故此难以见到。但不能排除随着个体增大，活动能力弱，生殖能力下降的因素。李峰等（1998）认为：确定大鲵的性成熟应从体长及体重两方面综合考虑，根据他们的研究结果看，体长在 320 毫米以上，体重在 300 克以上的大鲵性腺基本成熟，能够产生成熟的卵子和精子。但据笔者研究观察，大鲵的自然成熟年龄至少应在 7 龄以上，而其成熟时的体重则不确定。

**（四）产卵行为**



大鲵产卵前为独居，产卵时雌、雄大鲵同居一个洞穴。产卵前雄性大鲵选择水深 1 米左右的隧道状洞穴，清水可从洞口流入其中。雄性大鲵进入穴洞用足、尾及头部将洞内清理干净、光滑，然后出洞。在产卵时，雄性大鲵的前肢爬在雌性背的后部，雌、雄同时产卵、排精，卵呈念珠状。产卵在夜晚进行。雌性大鲵产完卵后离开洞穴，产下的卵由雄性大鲵缠绕在身上，直至孵化出蝌蚪。王文林等（1999）报道，在野外曾数次见到大鲵产卵前的发情行为。两条亲鲵头对头，口咬口在一起，雄鲵咬住雌鲵的上唇，雌鲵咬住雄鲵的下唇，两鲵身体大致成一直线，不停地左右摆动，摆动频率为 35 ~ 41 次/分，即使用手电光照射亦不分开。声响或振动使其分开后，会立即咬上，此时会激烈地扭动身体（一方主动，而另一方被动，作者详细观察的 1 例为雄性主动）。咬住后又放缓扭动，可维持 3 ~ 4 小时才松开。松开后唇上并未见伤痕，可排除争斗的可能，应为产卵前性行为。

李峰等(1998)报道,产卵时,雌鲵选择一有大岩石的缓流处,将卵带的前端黏在岩石上,然后边爬边产卵,有的雌鲵则选择水深1米左右,具有回旋水且较为隐秘的洞穴,用足、尾、头部将洞穴内搞得清洁光滑,然后雌鲵便将卵产于洞穴内。雄鲵待雌鲵产出一定的卵带后,用尾部将卵带团成一堆,然后排精;一次产卵数枚至数十枚,产程视个体而定,有的历时数小时,有的历时4~5天,产程的长短与卵子的质量有一定关系。

**(五)产卵、护卵及孵化**

成鲵非繁殖期多独居,洞穴较深,可达0.6~1米,常在大石块下,仅在靠水端有一个洞口,流水常淹没洞口的一部分,洞内宽敞,常向上成斜坡状,洞后不被水淹没,凉爽湿润。产卵时另觅较浅的新洞,洞后常有水草或树根着生。雌鲵在洞中产卵后,卵带即黏附在洞口树根上或水草上,不致被水冲走。数百枚卵一次产完。雄鲵在洞中护卵,遇到敌害即出来攻击,比平时警惕凶恶许多。野外曾见到1千克左右的亲鲵攻击比它大1倍的个体。护卵期间若用诱饵(青蛙或小鱼)向外钓拉,大鲵立即松口而不会被拉出洞外,这和非繁殖期截然不同。非繁殖期大鲵咬饵后不会松口,常拉出洞外被捉。另一亲鲵在产卵附近洞中居住,有时也有护卵行为。

大鲵在野生环境下,整个夏季、秋季均有成熟个体,这是成熟个体的差异还是属于多次产卵的问题,仍有争论。有学者认为是分批产卵的,每次产10~100枚(刘宝和,1990)。李贵禄等(1983)报道曾捕获一待产雌鲵,其产程约30分,产出卵652枚;产后解剖观察发现,该鲵输卵管中尚有20枚卵未产出;同时卵巢内还有近200枚已成熟卵。太白县鲵鱼研究所(1978)进行人工催产实验时,7月1日催产2.1千克的雌鲵,7月7日产卵171枚,7月9日产卵34枚;7月28日催产体重2.5千克的雌鲵,8月7日产卵15枚,8日产卵77枚,10日产卵65枚。阳爱生等(1981)在生殖季节对大鲵卵巢进行组织学观察,结果表明:卵细胞是分期分批成熟的,即卵的成熟过程是异步性的,根据是在刚产完卵的卵巢中,同时存在着Ⅳ、Ⅴ、Ⅵ3个时相的卵细胞;另外成熟卵巢中也见到有Ⅳ时相、Ⅲ时相的卵细胞。由此认为大鲵的产卵类型应是分期分批产卵的;而另一些学者则认为,大鲵是一次产卵类型（阳爱生等，1979；宋鸣涛，1982）。王文林等（2000）报道，1997 年 7 月西峡县桑坪镇一村民从野外捉到一大鲵，重 2.85 千克，放入水缸暂养，5 天后发现已产卵，有 1 000 多枚。因此，认为成熟大鲵每年仅产 1 次卵，野外见到的分散的卵带为产出后断开所致。而肖汉兵等（1993）解剖了人工养殖的 29 尾雌鲵，发现它们产后卵巢成萎缩状，数枚未产出的 6～7 毫米的Ⅳ期卵已迅速退化成Ⅵ期，大部分卵是早期的无卵黄的卵母细胞，输卵管粗大，弹性较差。未催产的卵巢内卵粒在达到 7 毫米左右后不再继续增大，而走向自我退化吸收。他们认为大鲵卵巢中虽然在一年之内的大多数时期，同时存在着不同时期的卵母细胞，但成熟前，部分细胞继续发育，其他细胞发育停滞，成熟产卵后，卵巢经过退化过程而后恢复形成冬季卵巢形状。另外，精巢精子形成后，精巢内几乎不存在其他精母细胞。因此，他们认为大鲵属于 1 年 1 次产卵类型。李峰等（1998）认为，人工催产卵巢中存在Ⅳ、Ⅵ时相卵母细胞，这可能是由于在繁殖季节的早期，Ⅳ时相的卵母细胞发育不一致，Ⅳ时相初的卵母细胞未被排出，继续生长发育至Ⅳ末期的结果。这些卵的归宿往往是吸水膨胀，卵黄液化，重新被机体吸收为营养物质，可称为“养生卵”。另外采集标本的地点很杂，大鲵长年生活的地方，大多处于高山山溪冷水性地带，长年水温偏低，并且天然饵料丰歉无常，这势必会影响到卵母细胞的发育，导致卵母细胞发育不整齐。而人工养殖状态下，外界条件基本相同，因此卵母细胞发育基本上步调一致，因此可以认为大鲵是 1 年 1 次产卵型。

## 二、大鲵性腺发育规律

### （一）性腺分期及精子、卵子的发生

为了观察、鉴别大鲵性腺生长、发育和成熟程度，把性腺生长发育过程划分为若干阶段，称为性腺的分期。根据性腺的外观和组织学切片观察，可将大鲵的性腺发育分为 6 个时期。精子和卵子为大鲵生殖细胞，是一种特殊分化的细胞，个体发生的基础。大鲵生殖细胞都要经过增殖期、生长期和成熟期 3 个阶段。在增殖期，精原或卵原细胞经过多次有丝分裂不断增加细胞数量；生长期，部分精原或卵

原细胞开始生长，成为初级精母或初级卵母细胞，在初级卵母细胞期间，卵子开始合成和积累大量胚胎发育所需要的各类营养物质和信息；成熟期主要是经过两次成熟分裂，其中一次是减数分裂，形成次级精母或次级卵母细胞，最后成为单倍体的精子和卵子。

1. 精巢分期及精子的发生

（1）精巢发育的组织学分期　借助显微镜，参照鱼类精巢发育的组织学标准，将大鲵精巢发育划分为6个时期，各期组织学特征如下：

Ⅰ期：系原始期，精原细胞与精囊细胞混合分布。精细管未形成。精原细胞体积相当大，直径为100微米左右，细胞质为弱嗜碱性，精原细胞分散分布。

Ⅱ期：精原细胞经过频繁分裂，数量不断增加，细胞排列成群，并被结缔组织细胞所分隔，精细管形成，但为实心的精细管阶段。

Ⅲ期：精细管中央出现空腔，精细管周边由一层至多层的初级精母细胞所包裹。此时精母细胞同型，没有成熟等级分化，外围被扁平的精细胞所包围。

Ⅳ期：精细管包含有初级精母细胞、次级精母细胞与精子细胞的集合体，精细胞越向前发育，体积越小，嗜碱性越强，细胞质越来越少。发育至第Ⅳ期末，精子细胞核开始变形，即由圆形变为尖辣椒状。

Ⅴ期：精细管中充满精子，其头部如尖辣椒状，尾部是长细丝状，在Ⅴ期初精子头并头，排列成一束一束，并可见少量的精子细胞，此时精子是无活力的。到Ⅴ期末，精细管内的精子不再成束排列，而形成一个一个的单个精子。

Ⅵ期：系已排精后的精巢。精细管只剩下结缔组织，管内呈空泡状，有少数的初级精母细胞和少数精子残留体。

（2）精子的发生　精子的发生，是在雄性精巢的生精细管中进行的。精子发生要经过增殖期、生长期、成熟期和形成期的发育过程，才能形成具有特殊形态且具有功能意义的精子。

精原细胞的增殖，使生精细管中既能维持一定数量的干细胞，以利于大量成熟精子的生成，又能保持一定数量的储备细胞，使干细胞不断地得到更新,使精子发生能够持续地进行。

初级精母细胞经两次成熟分裂,形成精子细胞。每一次成熟分裂形成 2 个次级精母细胞,此后,即进行第二次成熟分裂。两次成熟分裂后,形成了精子细胞,成熟期即告结束。

精子的发生,受激素的调节。大鲵的脑垂体能够产生两种激素,即黄体生成素(LH)和促卵泡激素(FSH)。这两种激素均能对精子的发生进行调节。黄体生成素能促使位于生精细管间隙中的间质细胞生成固醇激素,即睾酮的雄性激素。精子发生过程,必须在较高水平的睾酮作用下才能完成,睾酮还是精子成熟的必要因子。促卵泡激素能直接启动精原细胞的有丝分裂和刺激初级精母细胞的发育。间质细胞正常功能的维持,又受垂体、下丘脑和高级神经中枢的调节。这是因为下丘脑的视上核和弓状核能够合成和释放黄体生成素释放激素(LRH),通过垂体系统输送至垂体前叶,促使垂体前叶的嗜碱性细胞合成和分泌黄体生成素。另外,下丘脑上方的杏仁核则可抑制黄体生成素的分泌。睾丸与垂体、垂体与丘脑之间存在着一系列反馈性调节,当血浆中的睾酮含量达到一定水平后,即可通过体液反馈到垂体及下丘脑,抑制其合成或分泌黄体生成素和黄体生成素释放激素,以协调精子发生的正常进行。

精子发生中,由初级精母细胞经过两次成熟分裂,而形成精子细胞,精子细胞经过一系列的分化形成单个精子。

(3)精巢的季节变化

1)冬季(11 月至翌年 1 月)　鲵精巢为浅黄色,细带状,宽 3 ~ 5 毫米。其内侧可见细微纵沟,巢处于Ⅱ期或Ⅲ期,输精管呈细线状。精小叶内精细管形成,腔面较小,精小叶之间的结缔组织嗜碱性。初级精母细胞 1 ~ 3 层,紧密排列于精细管周围,细胞椭圆形,核位于细胞中央。

2)春季(2 ~ 5 月)　呈橘黄色,宽 8 ~ 15 毫米,杆状,形态饱满,两端钝圆,纵沟变深,精巢处于Ⅲ期至Ⅳ期初。输精管增粗,弯曲,乳白色,精小叶内精细管腔面增大,精小叶之间的结缔组织嗜酸性。细胞主要是次级精母细胞,细胞体积变小,圆形,强嗜碱性,细胞之间松散排列。

3)夏季(产前,5～8月)　米黄色,更粗大饱满,呈香蕉形,处于Ⅳ期至Ⅴ期。两侧精巢大小不一,左侧略长。输精管前段弯曲,后段直索状,其上有色素沉积,注射激素后,可在输精管内检出成熟精子。早期精小叶内的细胞是圆形的次级精母细胞和部分杆状精子细胞,后期精小叶内侧由完成了变态的精子所充满,精子头部强嗜碱性,尾部弱嗜酸性,紧实有序平行排列,此时精子无活性,用水不能激活。

4)秋季(产后,9～11月)　呈肉红色,为Ⅵ期。精巢充血,其内可见液化的组织块,输精管萎缩,逐渐变直,为退化吸收阶段。未注射激素的大鲵精巢,10月以后,亦自行退化,只是过程较慢。

2. 卵巢分期及卵子的发生

(1)卵巢发育的组织学分期　结合大鲵卵巢的形态特征,从细胞学特征及细胞发育的不同程度,大鲵的卵巢发育划分为6个时相:

Ⅰ时相:卵巢呈细线状,半透明,肉眼不能分辨出雌、雄。此时卵细胞系卵原细胞,卵的直径为94～150微米,胞核占整个细胞的2/3,核径为20～90微米。核仁和染色质呈粗条状,苏木精染色后,细胞质着色很浅,细胞呈卵圆形。卵原细胞从卵巢膜生殖上皮分化而来,最初以卵索的形式进行频繁的细胞分裂,此时卵原细胞旁边往往伴随着一些分散的滤泡细胞,并未形成滤泡膜。

Ⅱ时相:卵巢为半透明或肉红色,呈窄扁带状。此期的卵原细胞停止分裂,细胞质与细胞核逐渐增长,变为多角的圆形,卵径为150～190微米,核膜明显,细胞核直径为106～200微米。核仍占很大的比例,核仁数目增多,分布于细胞核的周边,细胞质与细胞核均具有强的嗜碱性。此时,即为初级卵母细胞的小生长阶段。Ⅱ时相的初级卵母细胞膜,已被单层的滤泡细胞所包围。早期,在Ⅱ时相的卵母细胞中,核附近有不规则块状结构出现,称为旁核或卵黄核。

Ⅲ时相:卵巢为半扁带状,卵粒肉眼清晰可见,卵黄开始积累。此时期属初级卵母细胞的大生长期。其卵母细胞的特点是:卵母细胞外开始被二层滤泡细胞所包围;细胞进一步增大,卵径为325～3 000微米;细胞质变成弱嗜碱性的疏松网状;细胞质中出现嗜碱性分散的小块状结构,这些小块即由卵黄核块分散而成,是卵黄形成前有关的形态结构。此时相卵母细胞中并未发现液泡，而只是分散的嗜碱性的小粒块结构。

Ⅳ时相：卵巢呈浅黄色，卵球呈葡萄状，卵粒饱满。输卵管粗而弯曲，表面呈灰黑色，临近成熟阶段。此时相属初级卵母细胞的大生长期，卵的直径为 3 000 ~7 000 微米，大鲵生长成熟的卵母细胞大，这在两栖类动物中是突出的。同时，大生长期卵母细胞也是卵黄形成与充塞整个卵的时期。根据其卵黄形成与细胞核的状态，还可细分为Ⅳ时相初和Ⅳ时相末两个阶段。Ⅳ时相初，卵径 3 000 ~4 000 微米，细胞质中靠卵的四周出现小颗粒嗜碱性的卵黄颗粒，大部分细胞质为弱嗜碱性的网状结构，其卵的滤泡膜下出现一层辐射膜，细胞核位于卵的中央，核膜呈波浪状，核仁分布于核的四周。嗜碱性的卵黄颗粒四周逐渐向细胞核方向发展。越向里面卵黄颗粒越大，此时大颗粒直径为 30 微米左右，小颗粒直径为 4 ~5 微米。Ⅳ时相末，卵细胞进一步增大，卵径 4 000 ~7 000 微米，卵黄颗粒充塞整个卵母细胞，为嗜酸性，细胞核偏位，核仁大部分集中于核的中央，亦有少数位于核边缘。

Ⅴ时相：卵巢充满大而圆的卵球，呈黄色，卵径为 6 ~8 毫米。此期卵已成熟，卵细胞已从卵巢内排出或进入输卵管，甚至产出体外。这时的卵细胞，是初级卵母细胞经过第一次成熟分裂，向次级卵母细胞过渡的阶段，卵黄与原生质开始两极化，排出第一极体，处于第二次成熟分裂中期。卵球为游离状态，一旦排出体外，即等待精子进入。Ⅴ时相的卵，其细胞质已趋向集中于动物极。

Ⅵ时相：此期卵巢内卵球大小不等，卵球外形不圆整，卵巢微血管明显充血，呈紫红色，其输卵管渐近萎缩，且变为细直。此期属已产卵的卵巢，或有大卵而未产出转入退化吸收阶段的卵巢。Ⅳ时相的卵细胞如果未及时排出，仍然滞留于卵巢内，则会发生自然退化。大鲵退化的卵，早期即可与正常Ⅵ时相区分，主要表现在滤泡细胞增大增多，且离开滤胞膜侵入卵内，吞噬卵黄，使卵细胞的周边出现空泡化。此时，辐射膜消失，还可见血管进入了卵内。Ⅵ时相晚期，可见退化卵的卵黄已基本被吸收，核也破裂消失，卵内基本为空泡和分散的滤泡细胞。

卵巢中各时相的卵细胞组成与卵巢组织学分期关系见表 4－1。

**表 4－1　卵巢中各时相的卵细胞组成与卵巢组织学分期关系**

| 分期 | 卵巢中卵母细胞 | | | | | | | 周期性变化关系 |
|---|---|---|---|---|---|---|---|---|
| | | Ⅰ | Ⅱ | Ⅲ | Ⅳ | Ⅴ | Ⅵ | |
| Ⅰ期 | | Ⅰ | | | | | | 只见稚鲵出现一次 |
| Ⅱ期 | | Ⅰ | Ⅱ | | | | | 由Ⅰ期发育而成 |
| Ⅲ期 | 初 | Ⅰ | Ⅱ | Ⅲ | | | | 由Ⅱ期发育而成 |
| | 末 | Ⅰ | Ⅱ | Ⅲ | Ⅳ | | | 由Ⅲ期发育而成 |
| Ⅳ期 | | Ⅰ | Ⅱ | Ⅲ | Ⅳ | | | 由Ⅳ期发育而成 |
| Ⅴ期 | 初 | Ⅰ | Ⅱ | | | Ⅴ | | 由Ⅳ期转化而成（人工催产或异性刺激交尾） |
| | 末 | Ⅰ | Ⅱ | | | | Ⅵ | 由Ⅳ期转化而成或刚产后的卵巢 |
| Ⅵ期 | | Ⅰ | Ⅱ | | | | Ⅵ | 由Ⅳ期初发育而成 |

注：引自金立成等，大鲵生物学与养殖实用技术，1997。

（2）卵子的发生　卵子发生与精子发生的过程很相似，都要经过增殖期、生长期和成熟期。但又有各自不同的特点。卵子发生过程时，初级卵母细胞经 2 次成熟分裂，每次分裂均生成大小不等的 2 个细胞，小的称为极体，实际上每个初级卵母细胞只生成一个卵子。

卵子的发生，是在卵巢中进行的。卵子发生的初期与精子发生的初期相同，具有同步性。由于分裂迅速，卵原细胞之间也未完全隔开，彼此间存在细胞间桥。此时，卵原细胞呈合胞状态。这种合胞体进入生长期后即消失，而在精子发生过程中，合胞体状态，持续到精子形成阶段。

卵子的发生，在个体生活史中所占的时间很长。大鲵卵子发生需要 6～7 年，以后每年产卵 1 次。大鲵由稚鲵发育成幼鲵后，卵原细胞于每年都产生新的卵母细胞，因此卵巢中包含 1～7 年不同大小的卵母细胞，直到不能产卵为止。

卵子不仅包含一个单倍体的核，而且包含形成胚胎所需要的物质和能量来源。

卵子发生过程中还有一个特点，就是在卵原细胞停止分裂、进入生长期时，尤其是卵黄的积累，细胞体积增大很多，这个时期，主要是营养物质（卵黄）的堆积。

在卵子发生过程中，不仅积累胚胎发育所需要的营养物质，而且许多重要大分子也在此时合成。这些物质，对于后期胚胎的形态形成，有着重要的作用。

1）卵子发生的简要过程　卵子发生的简要过程可概括为3个阶段：

增殖阶段：一旦原生殖细胞从生殖上皮进入雌性发育过程，就变成卵原细胞。它们迅速进入一个增殖期，细胞数目显著增加。卵原细胞没有卵黄物质，很透明。分裂停止后，次级卵原细胞即转化为卵母细胞。

生长阶段：卵原细胞停止分裂后，开始长大成为卵母细胞。其生长期可分为两个阶段，即小生长期和大生长期。在小生长期，由于原生质的增加包括细胞核体积的增大，使初级卵母细胞体积增大，这个时期又称为卵黄发生前期。最后卵母细胞进入迅速生长期，即大生长期。卵内积聚大量卵黄物质，卵子的体积有明显增大，称为卵黄发生期。

成熟阶段：卵母细胞完成生长期后，进行成熟分裂，即减数分裂。卵母细胞第一次成熟分裂和第二次成熟分裂的前期，都在体内进行。卵母细胞自卵巢跌至腹腔时，处于第一次成熟分裂前期末；卵母细胞由雌鲵产出时，处于第二次成熟分裂中期；受精后完成第二次成熟分裂，排出第二极体。

2）卵子发生的激素调节　在卵子发生期，首要功能为卵黄的堆积。季节性卵母细胞的增大，是由于环境因素，特别是水温和光照刺激所激发，使下丘脑分泌垂体释放因子到垂体前叶，使其分泌促性腺激素（GTH）。促性腺激素被血液带到卵巢，引起滤泡细胞合成雌激素。雌激素通过血液刺激肝脏，合成卵黄蛋白原。卵黄蛋白原被血液带到卵巢，由于促性腺激素的促进作用而被卵母细胞所吸收，然后形成卵黄小板，促性腺激素也促进卵母细胞进行成熟分裂和排卵。

3）卵子成熟与排卵的调节机制　大鲵的卵子成熟和排卵，可以用激素诱导，用促性腺激素注射具有成熟卵巢的雌性腹腔或肌肉，诱导排卵。促性腺激素先作用于滤泡上皮，引起滤泡细胞释放溶解物质，使上皮破裂。促性腺激素作用于滤泡细胞，使滤泡细胞产生黄体酮，黄体酮再作用于卵细胞的表面。实验证明：$Ca^{2+}$对于卵母细胞的成熟，起着重要作用。卵母细胞经黄体酮处理后，其胞质$Ca^{2+}$在短时间内增加，以后又减少。卵子的成熟，是由一种与$Ca^{2+}$结合的蛋白质，称为钙调节素，来推动卵母细胞成熟的。如果将钙调节素注射到卵母细胞质中，钙调节素将与$Ca^{2+}$结合成"$Ca^{2+}$－钙调节素"，该因子就会启动卵子成熟的功能。如果只有钙调节素而缺少$Ca^{2+}$，启动卵子成熟的功能不会生效。表明黄体酮作用于细胞表面，使$Ca^{2+}$渗透到细胞质中，再与钙调节素结合，推动了卵母细胞成熟。

（3）卵巢的季节变化　大鲵雌性成熟后，随着每年春、夏、秋、冬季节的周期变化，其性腺发育因季节变化而发生相应的周期变化。

1）冬季（11月至翌年1月）　卵巢处于Ⅰ期，卵巢浅白色，波浪形扁带状，宽4～8毫米，输卵管直线状，乳白色。卵巢内卵粒灰白色，细小，主要为Ⅱ时相卵母细胞，另有少量第Ⅲ时相卵母细胞。卵母细胞互相挤压排列，呈不规则圆形，卵径不足1毫米，核占细胞较大比例，核膜明显，核仁排于核膜边缘，滤泡细胞单层。

2）春季（2～4月）　随着水温上升，大鲵性腺开始发育，仍为扁形囊状，宽10～20毫米，输卵管白色，索状，卵巢中卵粒清晰可辨，卵径2～3毫米，主要是Ⅲ时相卵母细胞，也有部分Ⅱ时相卵母细胞，少数个体已发育至Ⅳ时相初期。卵粒中有卵黄沉积，细胞质弱嗜碱性，卵膜增厚，滤泡细胞双层。

3）夏季（产前，6～8月）　是卵巢体积增长最快的时期，卵巢发育至Ⅳ期，黄色，卵巢腔内充满卵粒，卵巢占据腹腔后部较大空间，雌鲵外形可见后腹部向两侧及腹面膨胀，输卵管变粗，前段乳白色，弯曲，后段呈囊状，在Ⅳ期末其上有灰褐色素块不规则沉积。卵巢中卵粒主要是Ⅳ时相卵母细胞，细胞大小均匀，其间仍夹有众多的仍处于Ⅱ和Ⅲ时相卵母细胞。随着时间的推移，Ⅳ时相卵母细胞同步增长。而那些Ⅱ时相和Ⅲ时相卵母细胞几乎停滞不再增长。卵径3～6毫米，在Ⅳ时相早期，众多的嗜碱性微小颗粒分布于细胞质外缘，此就是小的卵黄颗粒，卵黄膜增厚。在Ⅳ时相后期，细胞质转为嗜酸性，卵黄颗粒明显，呈放射状排列。核开始发生偏移，当卵母细胞达到6～7毫米时，注射外源激素，可以诱导排卵。卵子脱离滤泡，排入体腔和输卵管，完成成熟分裂。

4）秋季（产后，9～10月）　催产以后的卵巢，绝大部分成熟卵已排出体外，卵巢呈萎缩状，其中有许多皱的空滤泡，也有未产出的6～7毫米Ⅳ时相卵粒，迅速退化为Ⅵ时相，但卵巢上大部分是早期的卵母细胞。输卵管粗大，弹性较差，后段褐色素加深，刚产后的卵巢及输卵管充血，呈深红色。

未予催产的大鲵卵巢，卵巢内卵粒在达到7毫米后不再继续增长，进而退化吸收。卵膜周围滤泡细胞数量增多，圆形卵黄颗粒液化，卵膜失去弹性，周围形成空泡，最后被机体慢慢吸收，恢复至冬季卵巢形态。

**（二）性周期**

性周期是指大鲵性成熟第一次产卵之后，性腺所出现的定期的、按季节周期性变化的现象。性周期是大鲵在历史发展过程中，所固定下来的一种适应性。

大鲵卵巢内的卵子，在一年大多数时期的发育中，虽然同时存在不同时相的卵母细胞，但在性腺成熟前只是部分卵母细胞继续发育，其余卵母细胞发育停滞。产卵后，卵巢经过退化，而后恢复，形成冬季卵巢形态。大鲵在达到性成熟之后，这种周期变化一般一年重复出现一次。

影响大鲵性周期变化的主要因素是大鲵所处的环境条件（主要是水温、营养等）。环境条件不同，大鲵性腺发育的周期必然不同。例如人工温流水培育的大鲵与野生大鲵相比较，温流水培育的大鲵，其性成熟年龄会缩短1～2年，且每年性周期中各时期的出现会提前1个月。

大鲵的性腺发育成熟需要有一个冬眠期，即冬眠有促进生殖细胞成熟的效能。陕西汉中地区的大鲵繁殖中，冬季最低水温在0℃以下，洞穴中的水温度在1℃左右，持续时间大约半个月。在人工繁殖过程中，冬季要采取自然或者人工制冷降低水温的措施促使大鲵性腺发育。当然，大鲵性腺发育的关键仍需保障5～7个月的适宜高温(水温 15～22℃)期,只有适宜高温期得到保障,性腺才能继续发育成熟。

**(三)繁殖力**

繁殖力是指大鲵繁殖后代的能力。大鲵的繁殖力随着年龄、体重、体长的变化及营养条件的差异而有所不同。表示繁殖力的常用指标是成熟系数和怀卵量。

1. 成熟系数

成熟系数是指一年之间性腺相对重量的消长情况。它用性腺重量占除去内脏的空体壳重的百分比来表示。即:

$$成熟系数(\%)=空体壳重/性腺重\times 100\%$$

1)大鲵成熟系数的季节性变化　雄性大鲵成熟后,其成熟系数表现出明显的季节变化。从 3 月底开始,当水温从 12℃开始上升时,大鲵精巢开始发育,精巢由Ⅲ期迅速向Ⅳ期发展,成熟系数逐步升高,7 月达到高峰,之后出现回落,冬季和春季一直处于成熟系数的低谷状态。但成熟系数与个体大小有关,体重越大,其成熟系数则会偏低。大鲵精巢成熟系数各季节变化的平均值是:春季 0.3%,夏季 0.2%,秋季 0.5%,冬季 0.08%。

雌性大鲵成熟后,其成熟系数表现出明显的季节变化。从 3 月底开始,当水温从 10℃开始上升时,大鲵卵巢开始发育,卵巢由Ⅲ期迅速向Ⅳ期发展,成熟系数逐步升高,7 月达到高峰,产后出现回落,至全年最低值。但成熟系数与个体大小有关,体重越大,其成熟系数则会偏低。大鲵卵巢成熟系数各季节变化的平均值是:春季 0.71%,夏季 1.2%,秋季 2.02%,冬季 0.4%。大鲵成熟系数周年变化的月平均值见表 4－2。

**表 4－2　大鲵成熟系数周年变化的月平均值(%)**

| 月份 | 1 | 2 | 3 | 4 | 5 | 6 | 7 | 8 | 9 | 10 | 11 | 12 |
|---|---|---|---|---|---|---|---|---|---|---|---|---|
| 雌鲵 | 2.25 | 2.32 | 4.31 | 4.86 | 5.20 | 5.89 | 7.28 | 0.62 | 1.08 | 1.90 | 2.00 | 2.20 |
| 雄鲵 | 0.19 | 0.18 | 0.19 | 0.20 | 0.50 | 1.37 | 2.01 | 0.94 | 0.58 | 0.21 | 0.12 | 0.16 |

注:引自谢忠明等,大鲵鳄龟养殖技术,2002。

2)成熟系数变化与性周期性的关系　成熟系数与性腺发育的周期性有着密切的关系。河南地区人工养殖的大鲵,卵巢成熟系数在10月底到翌年3月底最低，4～6月上升，7～8月成熟系数达到高峰，9月以后成熟系数下降。人工养殖的大鲵，雄鲵成熟系数在7～8月为最高峰，9月以后下降，第二年4～6月又上升。

2. 怀卵量

怀卵量常用于表示繁殖力的大小。一般鱼类以整个卵巢中Ⅲ、Ⅳ时相卵母细胞的数目为绝对怀卵量。但由于大鲵的特殊性，大鲵的绝对怀卵量都是以当年大鲵实际产出的卵子计数的。而怀卵量在一定范围内随着体重增加而增加，所以多采用相对怀卵量表示大鲵的繁殖力：

相对怀卵量＝体重（千克）/绝对怀卵量（粒）

怀卵量一般随年龄、体长与体重的增加而增加，但达到适龄后就保持在一定的水平，以后则有下降的可能。另外，怀卵量与地区之间的差异关系不大，但与饲养管理（主要是营养条件）关系较为密切。天然水域中生长的雌性大鲵，每千克体重平均产卵量一般在200枚左右，最高产卵量达261枚。天然水域中大鲵的怀卵量见表4－3。

**表4－3　天然水域中大鲵的怀卵量**

| 年、月、日 | 体重（千克） | 绝对怀卵量（枚） | 相对怀卵量（枚/千克） |
|---|---|---|---|
| 1978.9.6 | 3 | 741 | 247 |
| 1979.8.9 | 1.2 | 249 | 138 |
| 1979.8.7 | 5.4 | 1 201 | 222.4 |
| 1979.8.10 | 2.1 | 548 | 261 |
| 1980.8.2 | 5.5 | 1 065 | 193.6 |
| 1980.8.5 | 2.5 | 276 | 110.4 |
| 1980.9.12 | 1.4 | 186 | 132.9 |
| 1980.9.13 | 1.5 | 341 | 227.3 |

注：引自湖南省桑植县娃娃鱼研究所，1980。

**（四）生殖群体和性别比**

1. 大鲵生殖群体

据湖南省桑植县娃娃鱼研究所对大鲵资源的调查统计，当年进行生殖的群体中，雌鲵个体体长53.5～91.3厘米，体重1.8～3.9千克，年龄为5～7龄；雄鲵个体体长59～93.2厘米，体重1.7～4.2千克,年龄为4~7龄。从调查统计结果可见,无论年龄还是体长、体重,雌、雄大鲵生殖群体的平均值均相差不大,但大鲵性腺发育的成熟程度、成熟的最小个体与环境条件、饵料丰歉有密切的关系。

2. 大鲵的性别比

自然状况下,大鲵的雌、雄性别比接近于1∶1。这对于野生资源的自然繁殖是有利的,对开展大鲵人工繁殖时的雌、雄选配也是有利的。大鲵雌、雄性比例见表4-4。

**表4-4 大鲵雌、雄性别比例**

| 月份 | 标本数 | 雌 | 雄 | 体长范围 | 体重范围 | 性别比(♀∶♂) |
|---|---|---|---|---|---|---|
| 1 | 17 | 8 | 9 | 11.5~87 | 0.011~2.8 | 8∶9 |
| 2 | 7 | 4 | 3 | 28~90 | 0.15~5 | 4∶3 |
| 3 | 10 | 4 | 6 | 41~93 | 0.75~5.25 | 4∶6 |
| 4 | 16 | 9 | 7 | 26~97 | 0.1~5.4 | 9∶7 |
| 5 | 20 | 8 | 12 | 46~100 | 0.6~6.65 | 8∶12 |
| 6 | 8 | 3 | 5 | 52~110 | 0.8~6.6 | 8∶3 |
| 7 | 12 | 5 | 7 | 56~99 | 0.95~5.5 | 12∶5 |
| 8 | 34 | 14 | 20 | 12~112 | 0.013~6.7 | 34∶14 |
| 9 | 32 | 20 | 12 | 53~100 | 0.75~6.35 | 32∶20 |
| 10 | 17 | 10 | 7 | 34~102 | 0.4~7.25 | 17∶10 |
| 11 | 8 | 4 | 4 | 54~83 | 0.7~3 | 8∶4 |
| 12 | 10 | 5 | 5 | 50~93 | 0.7~5.45 | 10∶5 |
| 合计 | 191 | 94 | 97 | 11.5~112 | 0.011~7.25 | 94∶97 |

注:引自金立成等,大鲵生物学与养殖实用技术,1997。

## 三、中枢神经系统和内分泌系统在大鲵繁殖中的作用

大鲵的自然繁殖与其生存的自然生态条件,如水流、水温、异性刺激等密切相关。而这些综合生态条件主要是通过大鲵的感受器——视觉、触觉等器官而影响大鲵的生殖活动。这是个复杂的过程,需要中枢神经和内分泌系统的综合调节。整个生殖活动的完成,需要"下丘脑—脑垂体—性腺"轴的相互协调,分泌一些生物化学物质发生作用,使生殖生理活动协调一致,有规律、有节奏地进行。

### （一）中枢神经系统在大鲵繁殖中的作用

1. 中枢神经系统的作用原理

中枢神经系统通过分泌神经激素，来启动相应的内分泌腺分泌各种激素，使大鲵完成繁殖活动。外部感受器接受环境刺激（水流、水温等）后，作用于中枢神经系统，由其分泌神经介质（如多巴胺、羟色胺等）作用于下丘脑，并启动下丘脑分泌一种多肽激素——促性腺激素释放激素，转而触发脑垂体间叶分泌促性腺激素。促性腺激素作用的靶器官是性腺（精巢或卵巢），使其分泌相应的雄激素或雌激素，促使亲鲵的精子或卵子成熟及相应的生殖活动。

2. 中枢神经系统产生的激素及作用

大鲵下丘脑分泌的神经激素有两大类：一类是释放激素或释放因子，具有兴奋作用，能促使脑垂体分泌激素；另一类是抑制激素或抑制因子，具有抑制作用，能影响脑垂体激素的分泌。目前对大鲵神经系统所分泌的这两类激素（或因子）的构造尚未见详细报道。

### （二）内分泌系统在大鲵繁殖中的作用

大鲵的内分泌系统包括许多组织和器官，如脑垂体、肾上腺、胸腺、胰岛腺、性腺等。与其他脊椎动物一样，这些组织和器官，各依靠不同的通道（神经的或体液的）与神经系统一起，对大鲵体内的各种生理机能发挥着全面的调节和控制作用。与大鲵繁殖关系最为密切的内分泌腺主要是脑垂体和性腺。二者均能分泌相应的激素使卵母细胞或精原细胞发育成熟。

1. 大鲵脑垂体及其分泌的激素

大鲵脑下垂体分泌物（即激素）的种类很多，可以影响到大鲵的生长、体色、控制性腺、甲状腺和肾上腺的发育等，常被称为“百腺之皇”。脑垂体分泌的激素种类虽然很多，但在这些激素之中，对大鲵生殖腺有重要作用的激素只有两类，即促卵泡激素和黄体生成素。二者统称为促性腺激素。

促性腺激素对生殖细胞发育成熟的调节主要是通过性甾体激素而间接起作用。促性腺激素作用于雌鲵卵巢促进卵母细胞发育成熟，进一步诱导排卵。对雄鲵也具有类同雌鲵的生物活性，直接作用于精巢小叶，促进精子的形成，更作用于精巢的间质细胞而刺激雄激素的合成和释放。

2. 大鲵性腺及其分泌的激素

性腺是一种与大鲵繁殖密切相关的内分泌腺。卵巢和精巢分别能分泌雌性激素和雄性激素。大鲵性激素对大鲵的影响是多方面的,它既能影响原始生殖细胞的雌雄性分化,也能对性腺的发育、生殖行为产生影响。

**(四)调节与影响大鲵性成熟和性周期的生态因素**

大鲵生长的外界环境因素很多,但最经常和最多次地作用于大鲵的环境因素主要包括营养、温度、光照、水流、溶氧量等。

1. 营养

调查发现,人工培育的大鲵通常在卵子未积贮卵黄之前(即卵巢发育的Ⅱ、Ⅲ期)过冬。而卵子的大生长、大积黄的时期,应在3~6月。期间,雌鲵不仅要依靠日常摄取的食物维持自身生理的要求,而且还需要有更多的物质以供积累卵黄之用。因此,在此期间,亲鲵所需要的食物,在数量和质量上都远远超出其他季节。如果平时大鲵的生活环境优良,食物充足,亲鲵可在夏、秋两季大量进食,多储脂肪,身体肥胖过冬。待到春季一到,亲鲵一面大量吸收外界的食物,一面动用原有的脂肪储备,迅速促进卵子的生长。这样就比较容易达到生殖的目的。假如前一年的生活环境不良,营养不足,鲵体消瘦过冬,春季又无特别充实的食物,那么,这样的亲鲵即使体重和年龄都符合产卵的要求,产卵也是无望的。但是,应特别指出的是:如单纯地给予丰富的营养,而忽视其他生态条件,则亲鲵可长得很肥,可是其性腺发育却受到抑制,将给亲鲵的繁殖带来困难。可见,营养条件是性腺发育的重要因素,但不是决定因素,必须与其他条件密切配合,才能使性腺发育成熟。

2. 温度

大鲵是变温动物,水温度高低可以改变大鲵的代谢强度,加速或抑制性腺的发育和成熟的过程。在适当的温度范围内,温度愈高,大鲵的活动力愈大,食欲增进,生长和发育也愈快捷。

温度是影响大鲵成熟和产卵的重要因素。大鲵卵成熟,与水温密切相关。水温低于10℃时,卵在卵巢中停止发育;当水温上升至

12℃时，卵继续发育。研究证实，卵发育的适宜水温为16～23℃，最佳水温为18～21℃。

大鲵繁殖季节的迟早和繁殖力等与水温有直接的关系，大鲵产卵受水温的影响非常明显。决定大鲵产卵期的主要外界条件是水温和使大鲵达到性成熟的热总量，即有效积温。大鲵在我国北方需要6～7龄才能达到性成熟，而在我国南方只需要5～6龄。大鲵卵的孵化，当水温14～18℃时，经33～45天即可孵化出幼苗；当水温在18～22℃时，只需要28天即可孵化出苗。温度与大鲵产卵、排卵的关系尤为密切。即使大鲵的性腺已经发育成熟，但如温度达不到产卵或排精阈值，也不能完成生殖活动。自然状况下，大鲵每年开始产卵的温度是一定的，产卵温度的到来，是产卵行为发生的有力信号。

3. 光照

光对大鲵性腺发育的影响非常复杂。光是通过大脑和眼睛影响到脑下垂体的机能，刺激其前叶分泌促性腺激素，从而使性腺生长发育。大鲵喜静怕噪，有畏光性，大鲵生活在无光带，性腺才会发育成熟。对光产生负反应，即背光运动。大鲵性腺发育适宜光照为100～500勒。

4. 流水

大鲵一般生活在水浅流急、水位涨落幅度明显的溪流中。流水是大鲵自然选择的生态环境条件之一，流水对大鲵性腺的发育成熟极为重要。实验观察：大鲵性腺发育到Ⅳ期时，流水刺激可以促使下丘脑生殖激素的合成和释放，从而触发垂体分泌促性腺激素，进而诱导大鲵性腺发育并产卵。大鲵之所以不能在静水中产卵，这与静止的、不流动的池塘小环境不无一定的关系。

大鲵在性腺发育的不同阶段要求不同的生态条件。Ⅱ至Ⅳ期卵巢，营养和水质等条件是主要的，流水刺激不是主要因素。因此，栖息在静水或饲养在小池内的大鲵性腺能够发育到Ⅳ期。但栖息在天然条件下的大鲵如果缺乏水流刺激，或饲养在小池里的大鲵不经人工催产，性腺就不能发育到Ⅴ期，也不能产卵。

# 第三节　大鲵的人工繁殖技术

大鲵人工繁殖技术一直是众多学者研究的重点和难点，也是目前制约大鲵人工养殖的最关键因素。自从1979年阳爱生等首次报道对野外捕获的成熟大鲵人工催产，成功孵出大鲵幼体后，我国不少单位都相继开展了大鲵人工繁殖的研究。各类大鲵繁殖模式的出现，对我国大鲵产业的发展起到了积极的推动作用。

## 一、亲鲵培育

大鲵人工繁殖能否成功与许多因素有关，其中亲鲵培育是人工繁殖的重要环节之一，如果没有充分发育的大鲵卵巢和精巢，其他的一切繁殖措施都将落空。在大鲵的人工繁殖过程中，如何创造条件，使亲鲵的性腺发育成熟，是大鲵人工繁殖的关键。

### （一）亲鲵的来源、选择和运输

1. 亲鲵来源

亲鲵来源有不同途径，可自行培育，也可别处引进。

（1）自行培育　利用自行培育的大鲵选留亲本时，除须注意体质、体形等一般条件外，最好不用近亲繁殖产生的后代，因为同一亲本产生的子代再进行交配，其子二代会有明显的退化现象，一般表现为生长慢，性腺成熟早，抗病力降低等。留选预备亲本，最好培育来自不同适生区的野生鲵苗；或采集不同适生区雄亲鲵的精液，与本场雌亲鲵成熟的卵进行人工授精，这样产生的后代留作预备亲鲵，会在遗传性状上产生良好性状。

（2）引种　引种是大鲵人工繁殖亲本的重要来源。根据条件的不同，引种时可引进受精卵、幼鲵或成鲵。但由于大鲵的性成熟年龄比较长，且大鲵受精卵的孵化及仔鲵、稚鲵的养殖相对比较困难，因此，作为亲本引种时，最好选择成鲵引进，这样可以比较快地使其繁殖而较早应用于生产。

引种时，要调查清楚准备引种的大鲵是野生的还是人工养殖的子一代或子二代大鲵，避免同批引进同一亲本繁殖的后代；引种一般在秋末或初春，水温在12℃左右时进行，此时温度适宜，大鲵不易受伤，也便于运输。

2. 亲鲵选择

作为繁殖用的亲鲵，一般要求体质健壮、体形好、生长快，无病、无伤、无残的优良成鲵。除此，还应注意以下问题：

(1)雌、雄配比　在亲鲵培育和催情产卵时，须掌握合适的雌、雄搭配比例，因此需要正确地鉴别亲鲵的雌、雄。但大鲵性别在非生殖季节的识别一直是一个公认的难题，目前主要采取如下方法进行鉴别。

1)生殖季节由大鲵生殖孔的形态鉴别　雄性的生殖孔椭圆形，泄殖孔长，左右各有一椭圆形的橘瓣状肌肉隆起，为其皮下的泄殖腔腺。泄殖孔的纵轴长于横轴，生殖孔内缘两侧有白色米粒状细小突起。雌性生殖孔多为圆形，泄殖孔略小，无泄殖腔腺，生殖孔周围无隆起，外缘平滑，内缘亦无白色米粒状颗粒，孔内缘两侧可见皮层形成的向腔面突出的皱褶。此种方法判别大鲵雌雄相对准确，但受季节影响的局限性大。雌亲鲵和雄亲鲵泄殖孔的特征见图4－1、图4－2、图4－3。

鉴别雌、雄时应注意，少数个体虽已性腺成熟，但副性征表现不明显。如雄性生殖孔内缘不一定出现白色米粒状突起，而部分雌鲵则有白色米粒状突起出现，不同的是雄性有明显的触感，雌鲵则无触感，这时要结合生殖孔的形状、大小及生殖孔周围肌肉的隆起情况综合鉴定。用生殖孔外形来判断大鲵性别的准确度较高，但这种鉴别方法受季节的影响较大。

2)非生殖季节从大鲵外观上鉴别　从外观区分大鲵性别，我国许多学者也做了探讨。有人指出：雌、雄亲鲵个体各部分的长、宽以及它们之间的比例，没有明显的差异，不能作为鉴别的依据。雌、雄亲鲵部分外形性状的比较见表4－5。

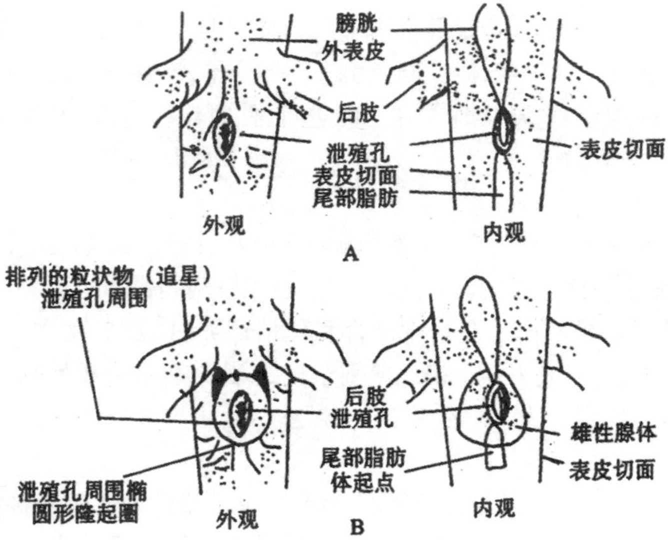


图 4－1　雌亲鲵和雄亲鲵泄殖孔的特征

A. 雌性泄殖孔　B. 雄性泄殖孔

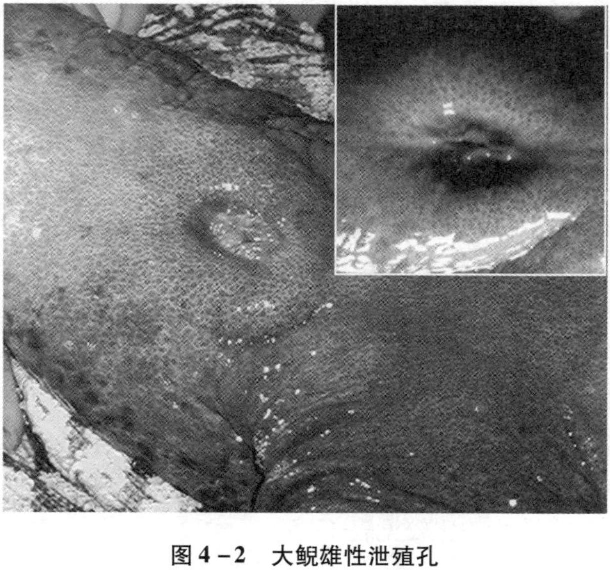

图 4－2　大鲵雄性泄殖孔

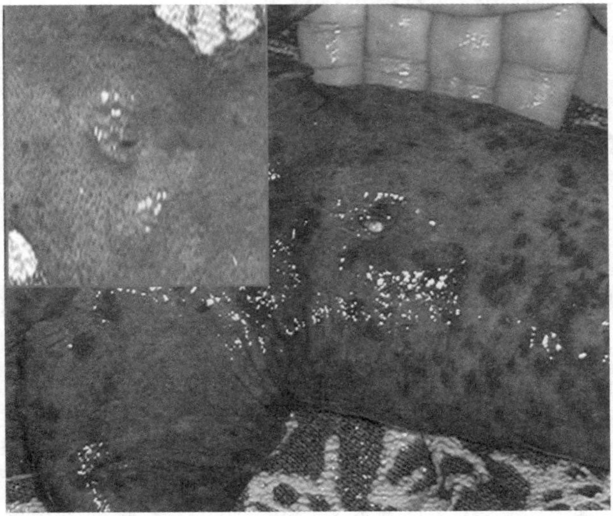

图 4-3　大鲵雌性泄殖孔

表 4-5　雌、雄亲鲵部分外形性状的比较

| 标本数（尾） | 雌亲鲵 | | 雄亲鲵 | | |
| --- | --- | --- | --- | --- | --- |
| | 30 | 19 | 22 | 21 | 6 |
| 全长（厘米） | 25.0～46.0 | 53.5～91 | 26.9～55.5 | 59.0～93.2 | 105.5～125.0 |
| 体宽（厘米） | 3.5～7.4 | 6.0～7.8 | 4.1～8.1 | 7.6～16.0 | 19.5～26.0 |
| 头宽（厘米） | 3.0～7.0 | 7.1～14.0 | 3.6～7.5 | 8.0～14.6 | 19.6～22.0 |
| 尾长（厘米） | 6.0～16.5 | 19.7～32.0 | 9.3～20.0 | 19.0～33.0 | 31.0～47.0 |
| 尾高（厘米） | 2.0～4.5 | 4.9～12.0 | 2.9～5.5 | 5.4～9.1 | 11.0～15.0 |
| 头宽/体宽 | 0.86～0.91 | 0.91～0.88 | 0.86～0.93 | 1.05～0.91 | 1.00～0.85 |
| 全长/体宽 | 7.14～6.21 | 6.86～5.96 | 6.56～6.84 | 7.76～5.83 | 5.41～4.76 |
| 尾长/尾高 | 3.00～3.63 | 4.03～2.60 | 3.21～3.63 | 3.52～3.62 | 3.55～3.95 |

注：引自谢忠明等，大鲵鳄龟养殖技术，2002。

从外观区分大鲵性别虽有难度，但也不是无据可寻，大致可以综合头宽和体宽的比例及头部外形来确定。在相同规格中，头部较大的多是雄性，特别是头宽大于体宽的，一般是雄性；相反，头宽明显小于体宽的，多是雌性。雄性大鲵的头部类似人脸的位置有一个明显的突出，并且在眼后有一对像颧骨一样的隆起；而雌性大鲵整个头部的线条比较柔和，没有明显的突起与隆起。

总之，不管在哪个阶段、使用哪种方法，区分大鲵性别始终有一定的难度，无论是从生殖孔外形，还是从头部及其他身体外观，这种肉眼观察的方法都达不到100%的准确率。因此，在没有条件借助器材判断大鲵性别的驯养繁殖单位，借助多种方法识别，并经人工繁殖验证，做好记录，建立档案，是准确把握大鲵性别及其他基本情况的有效途径。

3）借助B超机或激素检测鉴别　这两种方法虽然鉴别结果准确，但实际操作中有难度，且对大鲵的影响较大，因此，日常生产中多采用前两种方法鉴定大鲵性别。

（2）亲鲵的年龄和体重　作为繁殖用的亲鲵，要有合适的年龄和体重，否则将会影响生产繁殖。如有些亲鲵年龄过大，产卵量很低，且卵的质量差，生产上应给予淘汰。相反，有些亲鲵年龄过小，性腺发育不成熟，同样不能用于生产。

从重量上来考虑，选择亲鲵时也不能偏向两个极端，如果亲鲵个体过大，操作困难，不利于生产。但亲鲵个体过小，产卵量会偏低，也不利于生产。

所以，选择亲鲵时，要做调查研究，了解所要引进亲鲵的年龄与体重的关系。对年龄已到，而体重、体长过小的亲鲵，应给予淘汰。一般对成熟雌鲵的要求是年龄6龄以上，体重3～5千克；成熟雄鲵的要求是5龄以上，体重4～6千克。

3. 亲鲵运输

由于大鲵成鲵和幼鲵对水的依赖性不同，因此，不同规格（或阶段）大鲵的运输方法也不相同，为便于比较，此处一并介绍。

（1）成（亲）鲵运输　由于大鲵成鲵用肺呼吸，且皮肤具有较强的辅助呼吸作用，能在潮湿空气中长时间存活，利用大鲵的这种生理特性，可采用无水湿法运输。即运输时，大鲵不需盛放在水中，只要维持潮湿的环境，使大鲵的皮肤保持润湿便可。

方法：用一大小合适的塑料箱或泡沫箱，内衬透气的布袋或编织袋等，袋上留些透气孔，如果装运商品大鲵（不用于生产），一箱可装运多尾；装运繁殖用亲鲵，一般一箱只装运1尾或2尾，然后盖上箱盖，箱盖上打孔，再用胶带或包装带捆扎牢固。气温在18℃以上时，箱内要加冰块（可预先用矿泉水瓶冻制）降温。汽车、火车或飞机运输均可，但如果运输时间超过12小时，中途需淋水1次，以保持大鲵体表湿润。

（2）受精卵、稚鲵和幼鲵运输　受精卵、稚鲵（未脱鳃）和幼鲵（15～30厘米）可采用聚乙烯袋充氧装箱运输。氧气袋和包装箱的规格没有特殊要求，常见的氧气袋规格为50厘米×60厘米；运输箱规格为60厘米×40厘米×30厘米的塑料箱或泡沫箱。装运时每袋加1/3～1/2袋容积的水，放入受精卵、稚鲵或幼鲵，充足氧气。每袋装运密度：受精卵200粒；或稚鲵（未脱鳃）200尾；或幼鲵（15～30厘米）100尾。运输路程超过24小时，应重新换水充氧一次，或只充氧不换水。运输受精卵时，充氧要轻缓，以免将受精卵冲破。引种材料运输到目的地后，不要急于放养，应先用温度计测量水温，待袋中水温与袋外水温相差不超过2℃时，将受精卵或大鲵放于新环境中暂养。

（3）大鲵运输中的注意事项

1）运前准备　由于大鲵属于国家二类野生保护动物，不能像其他普通水生动物随意买卖，因此，引种运输大鲵必须要有合法手续。包括引种前要办理驯养繁殖许可证、运输证；要到有资质的正规单位进行引种，并进行严格检疫；由于大鲵资源紧缺，数量小，价值高，购买不易，所以为保证运输成功，运输前要制订周密的运输计划，对运输工作、消毒药物、充氧设备等都要做好仔细检查。如需中途换水，则必须预先联系和商定地点。

2）运前控食　如果大鲵摄食不久，或摄食过多，运输过程中，大鲵会出现呕吐现象，造成运输用水污染而影响运输效果。稚鲵和幼鲵如果饱食运输，容易诱发肠炎病和腹水病，造成损失。因此，大鲵运输前应控制其摄食，一般提前停食4天即可。

3）运输用水　运输用水可采用井水、泉水、溪水或河水等。水质要求清洁、溶氧量高、中性或弱碱性、不含或很少含有机质。由于大鲵排便、呕吐等易使水质污染，运输途中要勤换水，保持水质清新。

4）运输时间　稚鲵、幼鲵、成鲵（亲鲵）的运输时间一般在秋末或初春，水温在12℃左右时进行，此时温度适宜，大鲵不易受伤，也便于运输。运输水温偏高时，可加冰块或井水。如白天气温高，可安排在清晨或晚间运输。受精卵的运输多在夏末秋初水温比较高的季节，因此更应该注意降温。夏季高温运输商品大鲵（不用于生产）时，要用泡沫箱加冰做降温处理，且运输时间不宜过长。否则，大鲵容易因温度过高而死亡。

5）运输防疫　运输防疫包括运前检疫和运后隔离、消毒。运前检疫的主要内容包括调查引种地的养殖环境，养殖规范程度，大鲵疾病流行情况。要求引种地养殖环境，未遭受致病病原体以及其他对人体有害的物理或化学物质的污染，养殖水质符合淡水养殖用水水质标准，连续2年以上未检测到重大疫病发生。启运之前，在输出单位指定的场地进行不少于15天的隔离养殖。隔离检疫期间，不得与其他野生或养殖的大鲵接触，大鲵不得出现任何传染病和寄生虫病的临床症状。运输到目的地后，可根据水温、大鲵规格用高锰酸钾溶液或氯化钠溶液浸洗消毒。然后放入水质清爽、溶氧量高的水体中（微流水更好）隔离养殖30天，稳定后再移入专门水体中培育。

**（二）亲鲵培育池的基本要求和准备**

1. 亲鲵培育池的基本要求

亲鲵培育池与成鲵养殖池相比，二者虽无太大差别，但由于成鲵养殖与亲鲵培育的目的截然不同，成鲵养殖主要是促使大鲵快速生长，提高单位面积的养殖产量；而亲鲵培育对个体重量的增加要求不高，其主要目的是为了获得性腺发育成熟、能够用于繁殖的亲鲵。大鲵性腺发育的生态要求是流水、弱光和相对低温（18℃ ±2℃）等。因此，人工建造流水、阴暗并能控温的亲鲵培育池，是培育成熟大鲵的关键因素之一。

亲鲵培育池的一般要求：环境幽静，避光；用水清澈、凉爽；培育池面积因地制宜，但最小单池不应小2 米$^2$；池底设置洞穴；池底硬化或沙砾铺垫。

培育池可因地制宜建在室外或室内。为了促使亲鲵性腺发育，亲鲵池要添置流水或滴水设施，水源充足时，使水长流；水源短缺时，可安装导流设备，在池内造成流水以模拟山溪或阴河的流水条件。

(1)室外亲鲵培育池　室外亲鲵培育池要依地形而建。培育池一般设计为长方形、圆形或椭圆形,水泥、砖混结构,面积为10~100米$^2$,池深1.2米。注、排水系统分别设置。进水管一般置于池顶,进水管道口安装“鸭嘴”(可用白铁皮加工成梯形,宽边为出水口,厚约1厘米,宽约20厘米),根据培育池面积的大小,确定安装“鸭嘴”的数量,这样既可减少外来杂物,又能增大进水水面的宽度,促进池内水体的循环;排水管的安装紧靠池底,便于清除沉积的污物。池底硬化、水泥抹面或粘贴瓷砖,池壁用水泥抹面,尽量保持平整光滑。池底搭建人工洞穴若干个,穴内铺垫20厘米厚的沙卵石(卵石与河沙比例为5:1)。亲鲵室外培育池见图4-4。

**图4-4　亲鲵室外培育池**

(2)室内亲鲵培育池　室内亲鲵培育池可建在人防工程、地下室和各类适宜的山洞等处。培育池大多采用水泥、砖混结构,池底硬化,池壁及池底水泥抹面或粘贴瓷砖,面积2~10米$^2$,池深0.8~1.0米,水深25~35厘米,每池注、排水系统分别设置。进水管一般置于池顶,排水管的安装紧靠池底,便于清除沉积的污物。池底设有洞穴,供大鲵栖息。亲鲵室内培育池见图4-5。

2. 亲鲵培育池的准备

(1)新池除碱　亲鲵培育池建成后,不能马上注水饲养大鲵。

**图4－5　亲鲵室内培育池**

需将池水注满，浸泡50～60天（期间反复将水排干3～4次），待池内壁开始有藻类附生，池壁浸泡后的水体pH值小于8.5，方可将种鲵放入饲养。采用新建的水泥池饲养大鲵，放养前，大鲵池去除碱性是一项不可忽视的工作。无论放养亲鲵，还是其他规格的大鲵，包括受精卵，放养时，都要提前将池子浸泡50～60天，确保去除池壁中的碱性，以免危害致死大鲵。

（2）老池清整　对以往使用过的老池，注意检查池壁、池底有无渗漏，注、排水系统是否畅通，发现问题及时修复；清理打扫池底赃物；维修洞穴，铺整洞底石沙，为亲鲵创造一个良好的环境条件，有利于亲鲵的生长和性腺发育。

（3）药物消毒　老池清整后，用2～3毫克/升二氧化氯（8%含量）溶液或10～20毫克/升高锰酸钾溶液泼洒消毒，范围包括池壁内外，注、排水管（渠）道，人行走道等。6小时后，用清水冲洗池内，将消毒液排干放净，即可注入新水放养大鲵。

另外，为确保亲鲵培育中活饵料的供给，条件允许时，应在亲鲵池旁就近建造饵料池，以方便大鲵活饵料（如罗非鱼、鲫鱼、麦穗鱼、小蝌蚪、蛙、蟾蜍、蚌等）的暂养。

**（三）亲鲵放养**

亲鲵放养要根据培育池条件、亲鲵个体大小、繁殖模式、繁殖规模及生产上的其他需求而确定。一般应注意以下问题：

1. 严格消毒

为防止亲鲵将病原微生物带入培育池内，亲鲵放养前可用下列方法之一消毒：

（1）水温（12 ±2）℃　5 ~ 10 毫克/升高锰酸钾溶液，浸浴大鲵 5 ~ 10 分。

（2）水温（12 ±2）℃　1% 氯化钠溶液，浸浴大鲵 15 ~ 30 分。

（3）水温（12 ±2）℃　0.5 ~ 1 毫克/升二氧化氯（8% 含量）溶液，浸浴大鲵 10 ~ 15 分。

亲鲵放养及培育要分级，实行雌、雄亲鲵配组放养；也可进行雌、雄亲鲵单独放养，在催产前，再进行配组放养，以便催产时使用，并按发育好坏依次催产。

2. 分级放养

当年用作繁殖的亲鲵和后备（当年不用作繁殖）亲鲵要分池放养，这样方便突出重点，有针对性地开展饲养管理。

3. 配比适宜

为便于催产时雌、雄配组，放养亲鲵时就应按催产配组要求把雌、雄亲鲵搭配适当。人工催产时，一般雌、雄配比是 1∶1，但实际生产当中，养殖户为了增加产卵量，提高生产效率，一般多放雌鱼。但实践中发现，同批催产的雄鲵，虽都能得到含有精子的精液，但其中产存活精子的雄鲵比例相对较低，也就是说，有些雄性大鲵，虽能产精，但却无受精能力。因此，进行雌、雄配组时，应考虑只产死精的雄鲵比例，建议为保障卵子的受精率，在繁殖群体相对较小的情况下，提高雄鲵比例。

4. 单养或配组饲养

大鲵具有相互攻击行为（大鲵互残现象见图 4 －6），饥饿时表现明显；繁殖季节雌、雄具有追逐现象。为避免大鲵咬伤，条件许可时，可将亲鲵单独放养一个池内，或雌、雄各 1 尾配组放养一个池内，这样更便于催产时分组，并可按亲鲵发育的好坏依次催产。

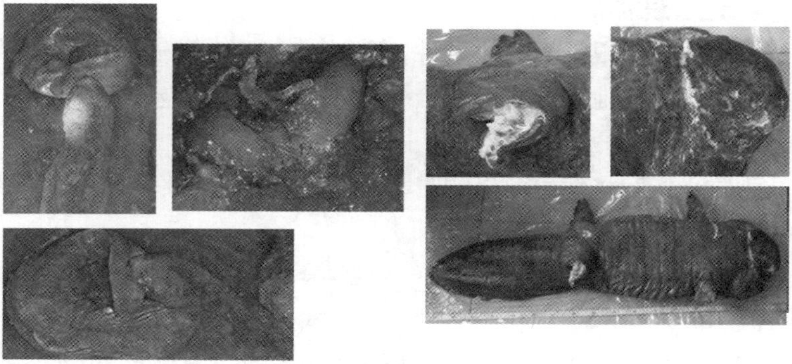

**图4-6 大鲵互残现象**

5. 群养密度要适中

群体放养亲鲵的密度一般不超过2尾/米²。为减少相互攻击造成的致死致残，放养最好从后备亲鲵开始，以增加大鲵群居的适应性，同时，饲养过程中注意提供充足的饵料，避免因饥饿引发攻击。

**（四）饲养管理**

亲鲵饲养管理，是人工繁殖工作中一项全年性的重要工作，必须固定专人负责。与成鲵养殖相比，虽其主要工作不外乎是投饵、调水、清洁和防病等，但两者的目的却不完全一样。亲鲵培育的目的是促进亲鲵性腺的正常发育，直至达到理想的催产标准。我们知道，影响性腺发育的主要生态条件是营养、温度、光照、水流、溶氧量等，一切培育措施都应为创造这些条件，完成培育的目的而进行。培育期间的具体管理措施与成鲵养殖基本相似，在此仅就亲鲵培育期间的特点，提出尤应注意的问题。

1. 根据水温变化调整投饵量

大鲵是变温动物，水温控制着大鲵的摄食强度及代谢活动的强弱。大鲵适宜生长的水温范围为10～25℃。水温低于10℃或高于25℃时，大鲵食欲减退，甚至“闭口”进入冬眠和夏眠状态。值得注意的是，水温0～9℃时，大鲵虽然出现冬眠，但冬眠程度不深，仍能观察到亲鲵少量摄食；而水温达到26℃时，亲鲵出现夏眠，夏眠使亲鲵出现禁食，影响其性腺发育。夏眠的出现，如果处理不当，对当年的人工催产影响是严重的。

因此，在亲鲵培育过程中，为促使性腺健康发育，应特别注意大鲵开食和停食的温限，春季早投饵、冬季晚停食，尽量延长大鲵的摄食时间。水温 18 ~ 22℃时，按大鲵体重的 6% ~ 8% 投饵；水温 10 ~ 16℃时，按大鲵体重的 2% ~ 4% 投饵。做到按温供饵，即极限温度（适宜最低温和适宜最高温）停止投饵，适宜温度正常投饵，最适温度加强投饵（强化培育）。

2. 根据培育阶段决定培育的重点方面

自然界中，达到性成熟的亲鲵 1 年繁殖 1 次，其性腺发育表现为 1 年 1 次的周期性变化。即每年 3 ~ 4 月开始发育，7 ~ 10 月成熟。亲鲵培育过程中，只有认识大鲵性腺的发育规律，在不同的培育阶段采取重点不同的培育措施，满足亲鲵各阶段性腺发育的主要生理、生态要求，才能获得高的大鲵性腺发育成熟率。根据亲鲵性腺的发育特点，1 个性周期（1 年）中，亲鲵培育过程大致分为秋季培育、冬季培育和春、夏季培育 4 个阶段。

（1）秋季培育（8 ~ 11 月）　秋季培育前期的 8 ~ 9 月，正处于大鲵产卵和产后恢复期，由于催产过程的人为操作，大鲵或多或少要有损伤，加之产卵、排精，此时大鲵体质相对虚弱。因此产后亲鲵在给予良好培育条件的同时，要注意防病和护理。

为使亲鲵尽快恢复体质，繁殖结束后亲鲵要专塘放养；加大水量，增强水的流动性；维持水温（17 ± 2）℃；雄鲵取精的当天，雌鲵产卵结束后的第二天即可投喂，投喂量控制在亲鲵体重 5% 左右，投喂的饵料要新鲜、适口。为了防止水霉和皮肤溃烂，可用药物涂擦伤口，常用的药物有高锰酸钾溶液、5% 氯化钠溶液和金霉素油膏等。如果亲鲵受伤较重，还须注射消炎或抗生素等药物，如体重 5 ~ 8 千克的亲鲵，注射 10% 磺胺噻唑钠 1 毫升或青霉素 5 万 ~10 万国际单位。

进入 10 月，亲鲵体质基本恢复正常，此时，亲鲵进入摄食旺盛阶段。该阶段亲鲵所获得的养料除维持自身的基础代谢外，大部分养料以脂肪形式贮存在体内，为越冬和第二年开春后性腺迅速发育提供物质基础。此时可将大鲵的投喂量由占亲鲵体重的 5% 提高到 8% 左右。

（2）冬季培育（12 月至翌年 3 月） 随着季节变化，温度降低，大鲵的摄食强度逐渐下降，当水温降至 9℃以下时，亲鱼进入冬眠状态，大鲵性腺的生理过程基本停止，但本着“冬季晚停食、春季早投饵，尽量延长大鲵摄食时间”的投饵策略，如果条件允许，每年的 12 月及翌年的 2 月、3 月，水温达到 10℃以上时，应保持对亲鲵投饵，投饵量控制在大鲵体重的 2% 以内，投饵频率按 5 天 1 次，这对大鲵越冬后的恢复十分有利。另外，这一时期要重点关注低温影响，防范封冻缺氧，造成亲鲵死亡，尤其在山区低温地域，更要预防亲鲵缺氧窒息。

实践观察完全没有经历冬眠的亲鲵，第二年人工催产，也能顺利产卵、受精。因此，关于“越冬是大鲵性腺成熟发育所必需的”观点有待商榷。

（3）春、夏季培育（4 ~7 月） 春、夏季培育，是亲鲵生长和性腺发育的重要阶段，此期包括了性腺开始发育阶段、快速生长阶段及成熟阶段。每年 4 月初，养殖水温上升至 12℃以上时，大鲵摄食量开始增加，机体新陈代谢逐渐旺盛，其性腺也有静止期开始向Ⅲ期发育；进入 6 ~7 月后，养殖水温达到全年最高峰（25℃左右），亲鲵性腺发育进一步加快，性成熟系数不断提高，性腺内的生殖细胞也不断由成长向成熟转变。因此，从 4 月初至大鲵催产前，要逐渐增加投饵量，投饵比例可从 4 月初占亲鲵体重的 3% 逐渐提高到 8% 左右，投饵频率可增加至 2 天 1 次。

春、夏季培育期间除提高投饵量外，还应做好调控水温，调节光照，调节水质及采用生态和生理结合的方法促进大鲵性腺发育的工作。

调控水温是指初春水温（12℃）偏低，夏季水温（25℃）偏高时，通过人为调控的方法将水温控制在 15 ~22℃，保证亲鲵摄食，促进其性腺健康发育。常见调控水温的措施有：初春水温偏低时，通过水体加温、空间加温或直接添加温度较高的水体等提高水温；夏季水温偏高时，可通过添加凉水降低水温。

调节光照是指将亲鲵培育置于黑暗环境中进行，一般亲鲵培育环境中的光照强度调控在 300 勒左右比较适宜。

调节水质是指将亲鲵池内的水体调整至常流状态，模拟出自然生态环境中的哗哗流水声，且水质清新，水中溶氧大于5毫克/升，有机物耗氧量小于4毫克/升，氨态氮及亚硝态氮均小于0.1毫克/升。

3. 生态和生理相结合的方法培育亲鲵

生态和生理相结合的方法培育亲鲵，是促进亲鲵性腺发育，提高大鲵成熟率、产卵率、产卵量乃至受精率的一条重要成功经验。该方法是指在亲鲵培育过程中，为提高亲鲵的成熟率，采用生态学措施和生理学措施共同促进亲鲵的性腺发育。

（1）生态学措施　常年或产前1个月，创造近似于自然环境条件下大鲵性腺发育的外界环境条件，如通过人为方式将养殖环境的水温控制在18～21℃；调控亲鲵培育环境中的光照强度在300勒；模拟自然生境中的“哗哗”流水声；同时投喂新鲜的泥鳅、鲫鱼、青蛙等活饵料，并及时补充多种维生素和矿物质元素，促进亲鲵性腺的发育。

（2）生理学措施　结合生态学措施，在亲鲵培育过程中，给亲鲵投喂或注射部分“催熟剂”，能够促进亲鲵的性腺成熟发育。然而，“催熟剂”的使用目前多处于试验阶段，大部分“催熟剂”的配方组成、使用方法及使用效果仍需生产验证。不过实践证明，无论何种“催熟剂”，与生态催产措施结合使用时效果更明显。生理方法促进亲鲵性腺成熟发育的措施见表4－6。

**表4－6　生理方法促进亲鲵性腺成熟发育的措施**

| 配方组成 | 使用方法及效果 | 发明人 |
| --- | --- | --- |
| 党参12克、黄芪9克、白术12克、茯苓9克、远志9克、牡蛎12克、杜仲9克、苁蓉12克、枸杞9克、菟丝子9克、淫羊藿12克、肉桂9克 | 煎汁后，用25千克猪肺或者牛肺切成大鲵的适口大小，然后浸泡30分后，待药物浸入到猪肺后，再分别投喂，一般1个月用2次，连用4次可取得满意的效果 | 陈云祥 |

续表

| 配方组成 | 使用方法及效果 | 发明人 |
| --- | --- | --- |
| 鲤鱼脑垂体（获得方法见小知识）1个 | 每个月在饵料中加入鲤鱼脑垂体1个，可直接作用于亲鲵的性腺，从而加速其性腺成熟 | 陈云祥 |
| 高效催产剂（内含多巴胺、垂体、促黄体素释放激素类似物）10国际单位 | 雌鲵、雄鲵肌内注射 | 金立成、汪建国 |
| 维生素B、维生素C、维生素E | 雌鲵、雄鲵肌内注射 | |
| 熟地黄、淫羊藿、山茱萸、牡蛎、山药、茯苓、泽泻、黄芪、枸杞、牡丹皮 | 各1/10，焙干粉碎制丸，大鲵越冬开食后，每天每尾亲鲵3克，连喂10天，每月1轮，至繁殖前 | |
| 促黄体素释放激素类似物 | 繁殖前的3个月，每个月1日，每尾大鲵注射2微克，对亲鲵有明显催熟作用 | 乔志刚 |
| 投喂复合维生素 | 每千克重亲鲵投喂：维生素A 1 000国际单位＋维生素D 100单位＋维生素E 1毫克＋维生素B 1毫克，每10天1次，至催产前10天投喂结束 | |

## 小知识

### 鲤鱼脑垂体的获得方法

用于取脑垂体的鱼通常是达到性成熟的新鲜鲤鱼。摘取的时间最好是在鲤鱼产卵之前，此时垂体中促性腺激素的含量最高。摘取方法有两种，一种是从鳃盖的侧面摘取，即先将鱼的鳃盖掀起，用自制摘取刀（将一段8号铁丝一端锤扁略弯曲成铲形）剥去鳃后，插入蝶骨缝内，将蝶骨挑起，便可露出乳白色的垂体，用摘取刀轻轻挑出完整无损的垂体。此法取垂体容易，速度快。另一种是用刀剖开鱼两眼上缘的颅顶骨，除去脂肪，露出鱼脑，在其前下方可见一小白点即为脑垂体，用镊子将垂体轻轻挑出，垂体应完好无损。如要较长时间保存，可将摘取的垂体除去血污和脂肪等组织，放入体积为垂体20倍的丙酮(或无水乙醇)中，脱脂，脱水，浸泡8～12小时后换1次丙酮，连续处理2～3次。将垂体取出，放在干净的白纸上，经20～30分晾干后立即装入干燥、清洁的小瓶中，用蜡封存放在阴凉处。也可在换过一次丙酮后，连同浸液一起密封保存。鲤脑垂体外观及其挖取示意图见图4－7。

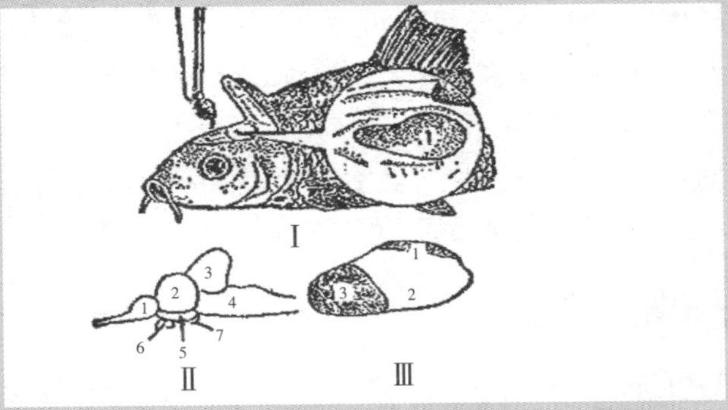


**图4－2　鲤脑垂体外观及其挖取示意图**

Ⅰ. 鲤脑垂体挖取示意图　Ⅱ. 鲤脑及垂体侧面示意图：1. 大脑　2. 中脑　3. 小脑　4. 延脑　5. 间脑　6. 脑垂体　7. 丘脑　Ⅲ. 鲤脑垂体侧面观，示三个部分：1. 前叶　2. 间叶　3. 过渡带

(引自刘健康等，中国淡水鱼类养殖学，1992)

4. 饲养管理总结

亲鲵培育过程的一切措施只有通过管理工作才能实现，前述所涉及的诸多方面是亲鲵培育过程中的关键性措施，这些措施都是在巡池、投饵、控光、调水和防病的过程中实施的，现总结如下：

(1)巡池　每天早、晚各1次。着重观察环境卫生、亲鲵摄食状况、注排水状况及亲鲵活动状况等，以便及时发现问题，解决问题。

(2)投饵　投饵做到定时、定位、保质、保量。做到按温供饵，按亲鲵性腺的发育状况供饵，避免亲鲵脂肪积累过多。亲鲵的摄食量很大，但在亲鲵培育过程中，一般应控制亲鲵适当摄食，否则亲鲵体内脂肪积累过多，会抑制亲鲵的性腺发育，从而影响人工催产的效果。据研究证明：一个性周期（1 年）内，亲鲵增重在 0～0.5 千克范围内，产卵、产精效果稳定。如果亲鲵增重过快，生长过肥，当年繁殖必定会受到不利影响。

（3）控光　避免强光照射，尤其要避免长时间的强光照射，使亲鲵生活的光照环境接近自然光照环境。

（4）调水　根据养殖的供水模式，净水养殖要及时加注新水，或更换部分池水，及时清除残饵和污物，保持水质清新；流水养殖要保持注、排水畅通，水温恒定。但无论何种供水方式，调水过程都要注意保持水温基本稳定。

（5）防病　要以预防为主，防治结合，常年进行，特别是在夏、秋高温季节更应重视。发现疾病，及时对症治疗。

## 二、人工催产

### （一）催产池

催产池一般建在室内或遮阳棚下，砖混结构，内贴瓷砖，底铺鹅卵石块并搭建人工洞穴，面积 2～10 米$^2$，池深 0.8～1.0 米，水深 25～35 厘米，每池注、排水系统分别设置，方便注、排水，水质清澈，池水微流，池内光线暗弱。

须要指出的是催产池并非产卵亲鲵要求的特定条件，只是提供催产亲鲵进行产卵活动的必要场所，其形状、大小和结构，可根据生产规模，因地制宜地建造。尤其在人工拉卵、人工授精的情况下，催产池可以单独建造，亦可使用亲鲵培育池替代。

### （二）催产用激素的种类

激素是一类高效而有生物活性的物质，通常只需要毫微克和微克激素水平量就能对机体的生命活动（如生长发育、生殖等）起到重要的调节作用。目前，应用于大鲵人工催产中的激素种类很多，有从生物组织中直接提取的，也有人工合成的，主要包括：

1. 鲤鱼脑垂体促性腺激素

（1）结构　鲤鱼脑垂体促性腺激素，包括两类物质，即促卵泡激素和黄体生成素，这两类物质都是相当分子量为 30 000 左右的糖蛋白，具有 α－亚基及 β－亚基所组成的 2 条氨基酸链，但 2 条链中的氨基酸种类和排列顺序不同。

虽然由于种类差异，构成脑垂体促性腺激素的氨基酸组成及其排列顺序不尽相同，这种结构上的差异，可能会导致脑垂体促性腺激素的特异性变化，但实践证明使用鲤鱼脑垂体促性腺激素催产大鲵完全是有效的。另外，加之大鲵资源数量少，采集大鲵脑垂体的代价高，所以，大鲵人工繁殖催产中，广泛应用的是鲤科鱼类如鲤鱼、鲫鱼的脑垂体而非大鲵脑垂体。

（2）生理功能　垂体促性腺激素主要是促进精子、卵子的发育及排精、排卵和控制性腺分泌性激素，并引起副性征的出现。

2. 人绒毛膜促性腺激素（HCG）

（1）结构　人绒毛膜促性腺激素是由 2 个亚基、239 个氨基酸组成的糖蛋白，相对分子量 36 000，该激素大量存在于哺乳动物胎盘中，是由胎盘滋养层细胞产生的，可从孕妇尿中提取，成品为白色泡沫状固体，易溶于水，遇热易失效，应存放在 20℃ 以下的阴凉干燥处。现在国内外生产的激素有两种包装：一是用国际单位标明的包装，每瓶内装 500 国际单位、1 000 国际单位、5 000 国际单位、10 000 国际单位；另一种每瓶装 1 克。

（2）生理功能　人绒毛膜促性腺激素的生理功能与促卵泡激素及黄体生成素的生理功能很近似，尤其是与黄体生成素的活性更类似，具有促进性腺发育，促使产卵、排精，促使雌、雄性激素分泌的作用。

3. 黄体生成素释放激素及其类似物（LRH－A）

（1）结构　黄体生成素释放激素最初是从羊下丘脑材料中经分离提纯得到的，目前不但能够人工合成与天然结构功能完全一样的黄体生成素释放激素，而且能够合成出比促黄体生成素释放激素活性高出 10 倍乃至上百倍的黄体生成素释放激素的类似物，因此黄体生成素释放激素类似物在生产上深受欢迎。

经化学鉴定：黄体生成素释放激素是一个包含 6 个功能团氨基酸的十肽，相对分子量为 1 182，而黄体生成素释放激素类似物则是一个九肽,分子量为 1 167。

(2)生理功能

1)刺激垂体释放促卵泡激素及黄体生成素(已经合成,等待释放) 实验证明:黄体生成素释放激素及其类似物对人及各种动物(大白鼠、鸡、猴、牛、羊、水貂、蟾蜍、鱼等)都有反应,微克量的外源黄体生成素释放激素,在 60 秒内就能引起人类的反应,一般在注射 15 分后,血液中黄体生成素升至高峰,30 分后血液中促卵泡激素升至高峰,血液中黄体生成素及促卵泡激素的水平增高可达注射前的 15 ~20 倍。

2)诱导垂体合成促卵泡激素及黄体生成素(没有合成,等待合成) 有人以组织培养的动物垂体为材料,加入微克量的黄体生成素释放激素就能观察到促卵泡激素及黄体生成素的释放量明显增加,垂体组织及其培养液中的总量超过了对照组。另外,用电子显微镜观察,在黄体生成素释放激素作用下,大白鼠垂体促性腺激素分泌细胞的分泌颗粒增加,也表明了它的诱导合成作用。

3)刺激排卵 当天然的或人工合成的黄体生成素释放激素及其类似物给予各种动物,都有明显的诱导排卵作用。

4)催熟作用 应用黄体生成素释放激素及其类似物对催产大鲵的试验证明,给予低剂量的黄体生成素释放激素及其类似物后,能激发垂体合成和释放促性腺激素,促使性腺进一步发育成熟。因此,在大鲵人工繁殖过程中,对性腺发育尚差的个体用极低量的黄体生成素释放激素及其类似物打预备针,具有良好的催熟作用,雌鲵卵子不断趋向成熟,雄鲵则精液量增加。

4. 马来酸地欧酮(DOM)

马来酸地欧酮是一类辅助催产剂,油状或白色粉末状,为多巴胺拮抗物,能阻断多巴胺对促性腺激素释放的抑制作用,促进促性腺激素释放;与黄体生成素释放激素及其类似物共同使用,可取代脑垂体,适用于大鲵人工繁殖。

催情剂的种类不同,其在生物体内的作用机制也不一样。注射促卵泡激素及黄体生成素和人绒毛促性腺激素,直接作用于性腺。注射人工合成的黄体生成素释放激素及其类似物则是作用于垂体,诱导亲鲵本身与垂体分泌促性腺激素再作用于性腺。

**（三）催产用品**

1. 器具类

催产用器具类很多，分改善环境用的、捕捉亲鲵用的和人工授精用的，主要包括：

（1）抄网　捕捉亲鲵用，要求轻便、柔软、滤水性好，网兜宽松，不伤亲鲵。水浅捕捉亲鲵时可不用抄网，直接双手捕捉即可。

（2）亲鲵夹　在大鲵人工繁殖时，短距离搬运亲鲵用，或注射催情药物和人工拉卵等操作时暂放亲鲵用。亲鲵布兜夹（见图4－8）要求轻巧、柔软、光滑不伤亲鲵。其长宽根据亲鲵的体长和体宽而定，一般长0.8～1米，宽35厘米左右，布兜用白细布或维尼龙布做成，提柄用直径3厘米左右的竹竿或木杆做成。

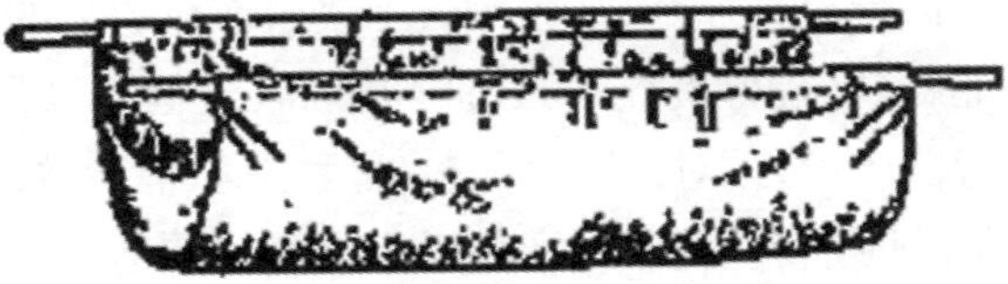

**图4－8　亲鲵布兜夹示意图**

（3）注射工具　主要是医用注射器，规格有2.5毫米、5毫米、10毫米、20毫米4种，生产中常用5毫米注射器；由于大鲵的皮肤较坚韧，加之亲鲵不易稳定，受惊后皮肤收缩变紧，易使针头折弯变形，催产用的针头，过去曾报道多采用9号、7号等较粗针头。但通过反复实践认为，采用市售1毫升或2.5毫升一次性针管上所带的小号针头最佳，只要操作熟练，既可容易地完成注射，又对亲鲵的损伤较小。但在采用脑垂体或马来酸地欧酮等药物催产时，为避免堵塞针头也可采用大号针头注射。

（4）显微镜　普通光学显微镜即可，主要用于检查大鲵精子的活力状况。

（5）其他催产用具　量杯或量筒（50毫升或100毫升）——采集大鲵精子，消毒盆——接卵和人工授精用，温度计——测量水温，玻璃吸管——吸取精液和药物等，玻璃研钵——研磨垂体和药物等，杆秤或台秤——称量亲鲵重量等，毛巾——人工授精用，盖玻片和载玻片——观察大鲵精子用，冰箱——放置催产药品、消毒药品及制冰，空调——调节操作间的环境温度和降低高温中卵子和精子的死亡率，消毒柜——消毒和存放采卵、采精、注射用工具。

2. 药品

催产用药品分两大类，一类是催产药物，前面已分别介绍；另一类是消毒药物。为防止人工繁殖过程中，因操作致使亲鲵受伤出现的感染，产卵结束后要及时给亲鲵消毒。消毒药物的种类有：

1）涂擦类药物　高锰酸钾溶液、青霉素药膏、红霉素药膏、金霉素药膏、磺胺药膏等。

2）注射类药物　10%磺胺噻唑钠、兽用青霉素等。

**（四）催产季节**

催产季节是指大鲵人工繁殖当年所能延续的时间。一般认为在最适宜的季节进行人工催产，是大鲵人工繁殖取得成功的关键之一。在最适期内催产，可获得最佳效果，产卵率高，受精率高。如果在这一时期前进行催产，亲鲵对催产激素敏感度不高，催产效果不佳。相反如果过了最佳时期进行催产，亲鲵得不到繁殖的适宜条件，性腺就会逐渐退化，催产效果也不好。因此进行大鲵人工繁殖时，必须从客观条件出发，掌握适宜的成熟期进行催产。

杨焱清等（2003）认为大鲵的产卵季节在7月中旬至8月初，并且7月中下旬为大鲵的产卵高峰，此时水温达到19.5～23.5℃，雌鲵卵径达到3.9～4.5毫米时，为最理想的催产时机，此时期进行人工催产，催产率可以达到63.6%～68%；受精率也比较高，达到80%～90%，最高可达98%。

生产中决定大鲵催产日期的依据是：人工饲养已经用于生产的适龄亲鲵（即不是第一年用于催产的亲鲵）和春、夏、秋各季都培育得好的亲鲵，性腺成熟早，在初秋（8月初）催产，相反初产亲鲵或春、夏、秋各季都培育得差的亲鲵在晚秋季节（8月底至9月初）催产。多年来对大鲵人工繁殖的实践证明，在豫西伏牛山区以8月催产较为合适。

### （五）亲鲵配组

1. 催产亲鲵的要求

作为催产用亲鲵必须无病无伤、体质健壮、副性征明显、性腺发育良好；亲鲵年龄 6 ~ 10 龄，体重 3 ~ 8 千克为宜。另外，在催产配组时，注意同一批催产的雌、雄亲鲵，个体重量应大致相同，以保证自然繁殖时，亲鲵繁殖动作协调。同时配组时要力求避免近亲交配。

2. 雌、雄鉴别

从外部识别大鲵的雌雄差异比较困难，尤其是在幼体阶段和成体的非繁殖期鉴别雌雄更加困难。但在繁殖时期性成熟的大鲵副性征明显，可通过生殖孔的形态差异鉴别雌、雄。繁殖季节大鲵雌、雄鉴别方法见本节“亲鲵培育”部分。

3. 雌、雄搭配

人工繁殖大鲵过程中，发现同批催产的雄鲵，虽然都能得到含有大量精子的精液，但其中有存活精子的雄鲵比例却相对较低（人工催产雄性大鲵产精记录见表 4 - 7）。因此，在进行雌、雄配组时，应考虑这部分只产含死精的雄鲵比例，建议为保障卵子的受精率，在繁殖群体相对较小的情况下，提高雄鲵比例。一般自然产卵和受精时雌∶雄 = 1∶2，雄鲵在比例中最小不能低于 1.5；人工授精时雌∶雄 = 1∶1，雌鲵在比例中最大不应超过 2。根据多年经验，为提高卵子受精率，按照催产群体的大小，对人工催产大鲵的雌、雄比例提出了建议（人工催产大鲵雌、雄配组建议见表 4 -8），以供参考。

开展人工繁殖生产时，同一繁殖场的亲鲵数量如果小于 50 尾，宜在同一时间内催产，而不宜分组进行。其主要原因是因为：分组催产容易造成雄鲵个体的缺乏，有时催产中会遇到个别雄鲵发育良好，其所产的精子活力强，但由于分批催产而不能被次批催产时所使用；有时即使对精子实施了冷冻保存，但保存效果往往较差。

表 4-7　人工催产雄性大鲵产精记录表

| 时间（年/月） | 水温（℃） | 雄鲵数（尾） | 催产剂量（每千克大鲵） | 产精雄鲵数（尾） | 含活力精子雄鲵数（尾） | 含活力精子雄鲵比例（%） |
|---|---|---|---|---|---|---|
| 00.07 | 22～24 | 16 | H 2000 + L 25 * | 16 | 6 | 37.5 |
| 01.07 | 22～24 | 20 | D 10 + L 30 * * | 20 | 8 | 40.0 |
| 02.07 | 22～24 | 22 | D 10 + L 30 | 22 | 9 | 40.9 |

注：*：H 2000 + L 25 - 指 HCG 2 000 国际单位 + LRH - A 25 微克；* *：D 10 + L 30—指 DOM 10 毫克 + LRH - A 30 微克。

表 4-8　人工催产大鲵雌、雄配组建议表

| 一次催产的种群数量（尾） | 雌：雄 |
|---|---|
| 10～20 | 1∶3 |
| 20 - 50 | 1∶2 |
| 50 - 100 | 1∶1 |
| >100 | 2∶1 |

### （六）亲鲵成熟度的鉴别

性成熟的亲鲵是进行人工繁殖的物质基础，亲鲵性成熟与否，决定着人工繁殖的成败，因而成熟性亲鲵的选择极为重要。

亲鲵性成熟是指亲鲵的性腺已经发育成熟，达到了可以催产的程度，在外源激素的作用下，能够正常排卵和产精。亲鲵性成熟度的鉴别是一项重要的工作，繁殖期内，亲鲵可否催产，或哪一尾可以注射，哪一尾需要延迟注射，都有赖于成熟度的鉴别；鉴别准确，催产效果好，否则，即使是生长很好的亲鲵，也会催而不产。

鉴别亲鲵性成熟的方法：雌性亲鲵腹部膨大而柔软，用手轻摸腹部，有饱满松软且富有弹性之感。将亲鲵托起，如观察腹部卵巢有前后位移的现象，可选作催产用；如腹部膨大，但手感较硬，则宜推迟催产或低剂量催熟后再进行催产。雄性亲鲵泄殖孔内周边有一圈突出的小白点，周围橘瓣状隆起，内周边红肿，明显可见充血现象。在催产前后，可挤取精液进行镜检。成熟精子，必须数目多，呈单个游离，稍加水滴就能游动，这种精子才有活力；若镜检时精子未能单个游动，游动无力，这种精子不能使卵受精。亲鲵性成熟度的鉴别方法见表 4-9。

**表 4－9　亲鲵成熟度的鉴别**

| 性别 | 雄鲵 | 雌鲵 |
|---|---|---|
| 成熟特征 | 将雄鲵腹部向上，可见泄殖孔外周明显的橘瓣状隆起，检查性泄殖孔内缘，可见有一圈不规则的白色米粒状突起 | 将雌鲵腹部向上，可见雌鲵腹部膨大而柔软，倾斜或将亲鲵托起，体内卵巢有前后位移现象 |
| | 轻刮泄殖孔外部，能带起少量透明的丝壮黏液，显微镜下检查该透明液，偶尔可见单个精子存在，此时催产成功率可达 90% 以上 | 轻摸腹部，饱满松软且富有弹性；如腹部膨大，但手感较硬，则宜推迟催产或低剂量催熟 |

在鉴别亲鲵成熟度时，应注意的几个问题：

第一，在检查雌鲵的成熟度时不能仅以雌鲵腹部膨大为标准，因为腹部膨大实际上只是反映了雌鲵怀卵的多少，而并非成熟的标准，选这样的雌鲵催产，常常不能顺产。

第二，对于初次检查成熟度较差的亲鲵，可采用低剂量（每尾 5 千克重亲鲵注射黄体生成素释放激素类似物 1 微克）的催产剂催熟，7～15 天内再行检查，只有确保亲鲵成熟后，才能注射催产剂量的药物。

第三，在检查成熟度时，亲鲵受到刺激后，腹部膨大变硬，背部出现很多白色分泌物，此时不应轻易放弃检查，可将亲鲵腹部向上，一手托住亲鲵背部轻摇其尾，另一手轻拍亲鲵腹部，使其放松后再行检查。

第四，通过彩色多普勒仪可以测定大鲵卵巢内卵径的大小，是催产前对雌性大鲵体外检测的有效方法之一。对选择最佳的催产时间有很大的帮助，可以大大提高人工繁殖大鲵过程中的催产率和受精率。但必须注意，进入产卵季节后，由于大鲵存在个体差异，其卵径差别很大。有些个体的卵子卵径可以达到 4.6～5.0 毫米或者更大，而有些卵径偏小，只有 3.2～3.8 毫米。对于卵径较小的雌鲵，应该把催产时间推迟 1～2 周，当卵径达到 3.8～4.5 毫米时再行催产，其催产率、受精率均可达到理想效果；对于卵径超过 5.0 毫米的大鲵，其卵巢可能处于过熟或退化吸收阶段，如没有十分把握，最好不要进行人工催产，否则有可能造成产后亲本的死亡。

### （七）催产

1. 注射次数

注射次数分一次注射、二次注射和多次注射：一次注射是指将催产剂量一次注入体内，使亲鲵发情繁殖；二次注射是将催产剂量分两次注入亲鲵体内，首次注射全量的1/10～1/6，24小时后再增注到全剂量；多次注射是指对亲鲵催产注射前，进行1～2次的催熟注射。催熟注射剂量一般较低（按尾计，每尾亲鲵注射黄体生成素释放激素类似物1微克），注射频率每月不超过1次。

经试验比较，二次注射和多次注射比一次注射效果稳定，催产率高。不同注射次数对亲鲵催产情况的影响见表4－10。

**表4－10　不同注射次数对亲鲵催产情况的影响**

| 注射次数 | 一次注射 | 二次注射 | 多次注射 |
|---|---|---|---|
| 池号 | 成功率（%） | 成功率（%） | 成功率（%） |
| 1号池 | 79.8 | 100 | 86 |
| 2号池 | 93.5 | 89.2 | 100 |
| 3号池 | 78.5 | 81 | 92.1 |
| 4号池 | 88.4 | 83.5 | 88.5 |
| 平均值 | 85.1 | 88.4 | 91.7 |

多年研究证明，生产中是采用一次注射、二次注射还是多次注射，主要视亲鲵性腺发育的成熟度、计划催产季节而定，主要应注意的问题：在夏初催产，水温偏低或亲鲵成熟稍差时，采用二次和多次注射时，低剂量的黄体生成素释放激素类似物对亲鲵具有催熟作用；采用二次和多次注射时，亲鲵效应时间更为稳定，且能增加雌、雄亲鲵繁殖的同步性；采用二次和多次注射时，有利于提高产卵率和产出精子的成活率；采用二次和多次注射时，可使亲鲵具有一适应的生理反应过程，避免因生理应急，对亲鲵造成的伤害。

另外，采用二次和多次注射时，必须控制催熟的剂量，特别是对于成熟较好的亲鲵，更要严格控制，否则容易造成亲鲵早产，而且产卵情况不好。

为了保证雌、雄亲鲵繁殖的同步进行，在进行催熟处理时，可视雌、雄发育状况分别催熟，一般可适当增加对雄性亲鲵的催熟次数，并在催产前 7 ~ 10 天，对雄鲵做最后一次催熟处理。

2. 注射剂量

准确掌握合适的催情剂量，既能使亲鲵顺利产卵和排精，又能促使性腺发育较差的亲鲵在较短时间内发育成熟。为探索大鲵人工催产时催产药物的合理用量，采用人绒毛膜促性腺激素、促黄体释放激素类似物、马来酸地欧酮、多巴胺抑制剂（RES）等催产药物不同剂量相互组合（HCG 4000、LRH－A 50 微克、HCG 2 000 国际单位 + LRH－A 25微克、RES 10 毫克 + LRH－A 30 微克、DOM 10 毫克 + LRH－A 30 微克），对大鲵进行了催产效果的比较试验，不同催产剂组合对大鲵催产效果比较见表 4－11。

结果表明：催产中采用药物的 5 种组合方式都能使大鲵产卵，但从每组的催产情况看，以 DOM 10 毫克 + LRH－A 30 微克催产率最高，3 种温度下使用该剂量催产大鲵的催产率分别为 100%、100% 和 67%，其他组合催产大鲵的产卵率相对较低；催产过程中，每批均见到注射 HCG 4 000 国际单位组的大鲵脊椎有弯曲现象，推测与剂量过高及绒毛膜促性腺激素在大鲵体内作用的靶器官有关。因此，建议催产大鲵时，如果单独使用绒毛膜促性腺激素，其剂量最好控制在每千克体重 4 000 国际单位以下。

但实践发现通过加强亲鲵培育，包括加强营养投喂（如饲料中添加复合维生素等）、强化流水刺激、肌内注射催熟剂等措施，只使用人绒毛膜促性腺激素和促黄体释放激素类似物催产大鲵，也可促使其产卵。常用剂量为每千克亲鲵体重注射 HCG 2 000国际单位和 LRH 20 微克，催产成功率稳定在 85% 以上，最高批次可达到 100%；但如果在 8 月 15 日以后催产，催产剂量需下调，为每千克亲鲵体重注射 HCG 1 000 国际单位 + LRH 10 微克即可。

在确定催产剂量时应掌握如下原则：夏初催产，水温低，注射剂量可比常量高出 1/4；检查成熟程度好的亲鲵，注射剂量可少些；如成熟程度较差，注射剂量可适当加大；同一时期催产，雄鲵的注射剂量同雌鲵的注射剂量应基本相同，而非像鱼类繁殖时，雄性注射剂量减半。

表4-11 不同催产剂组合对大鲵催产效果比较

| 水温（℃） | 雌鲵数（尾） | 催产剂量（/千克） | 效应时间（时） | 产卵亲鲵（尾数） | 备注 |
|---|---|---|---|---|---|
| 26~27 | 3 | H 4 000 | 96 | 2 | 注射H 4 000,亲鲵脊柱有弯曲,产出的卵子动物极明显,卵带混浊、弹性差 |
| | 3 | L 50 | 150 | 1 | |
| | 3 | H 2 000 + L 25 | 124 | 1 | |
| | 3 | R 10 + L 30 | 120 | 1 | |
| | 3 | D 10 + L 30 | 90 | 3 | |
| 21~23 | 3 | H 4 000 | 108 | 3 | 注射H 4 000,亲鲵脊椎有扭曲,卵子发育正常,卵带透亮、弹性好 |
| | 3 | L 50 | 162 | 2 | |
| | 3 | H 2 000 + L 25 | 137 | 2 | |
| | 3 | R 10 + L 30 | 135 | 2 | |
| | 3 | D 10 + L 30 | 98 | 3 | |
| 16~19 | 3 | H 4 000 | 137 | 1 | 注射H 4 000,亲鲵脊椎有扭曲,卵带透亮但较细,空卵壳占总卵数的85% |
| | 3 | L 50 | – | 0 | |
| | 3 | H 2 000 + L 25 | – | 0 | |
| | 3 | R 10 + L 30 | –1 | 0 | |
| | 3 | D 10 + L 30 | 07 | 2 | |

注：H 4 000为HCG 4 000国际单位，L 50为LRH－A 50微克，H 2 000 + L 25为HCG 2 000国际单位+LRH－A 25微克，R 10 + L 30为RES 10毫克+LRH－A 30微克，D 10 + L 30为DOM 10毫克+LRH－A 30微克。

3. 催产药物的配制

配制催产药物时，催产药物浓度不能过高或过低。浓度过高，注射时稍有浪费会造成剂量不足；浓度过稀，大量的水分进入大鲵体内，对大鲵健康不利。一般配制的药物浓度应掌握在每尾亲鲵注射2~3毫升的液体就能达到要求的剂量即可。亲鲵个体小时，注射量还应适当减少。大鲵催产药物配制见图4-9。

配制人绒毛膜促性腺激素和促黄体释放激素类似物时，将其直接溶于生理盐水（0.9%氯化钠溶液）或蒸馏水中即可使用。

配制马来酸地欧酮和多巴胺抑制剂时，由于这两种药物不易溶于水，因此同其他药物混合使用时，抽取前必须充分摇匀。

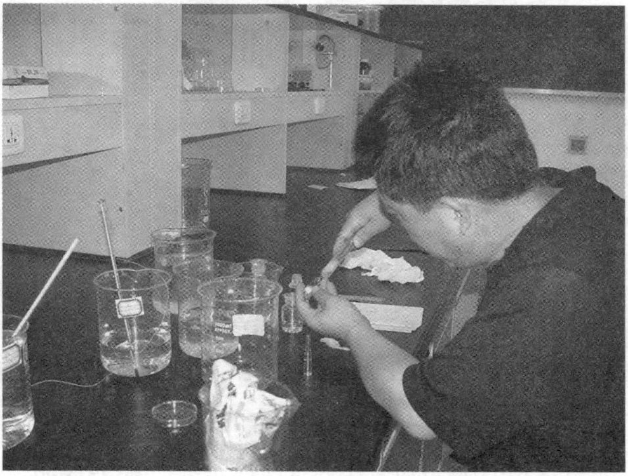

图 4－9　催产药物配制

使用脑垂体时，需先将垂体研磨碎，用 0.9% 的生理盐水或注射用盐水，与脑垂体粉末配制成混悬液。如使用脑垂体、激素混合液时，应先把脑垂体配制成上述混悬液后，再加入一定比例的激素于垂体悬液中，混合均匀后即可使用。

4. 注射部位

注射部位可选在背腹交会的皮肤皱褶处进行。注射时，将亲鲵背部向上，稳卧在一平台上，针头与亲鲵脊柱呈 45°～60°，朝向头部或尾部方向刺入 1～2 厘米，徐徐把注射液推入（大鲵催产注射部位见图 4－10）。注射部位也可选在背部肋间处，但进针深度以不超过 1.5 厘米为宜。注射使用的针管以 2.5 毫升的针管为宜，对于超过 2.5 毫升的注射量，可以分开进行 2 针注射；每尾大鲵的注射量以 0.5～3.5 毫升为宜。

注射后有时会在注射部位鼓起一个包，尤其在使用混有 DOM 和 RES 的药物注射时，更易出现这种现象。当有这种现象发生时，一般不需做特殊处理，7～10 天可自然消失，对亲鲵不会造成危害。

**（八）产卵和受精**

1. 催产后亲鲵的行为和生理变化

水温（20±1）℃条件下，催产后亲鲵食欲减退，活动明显增加，

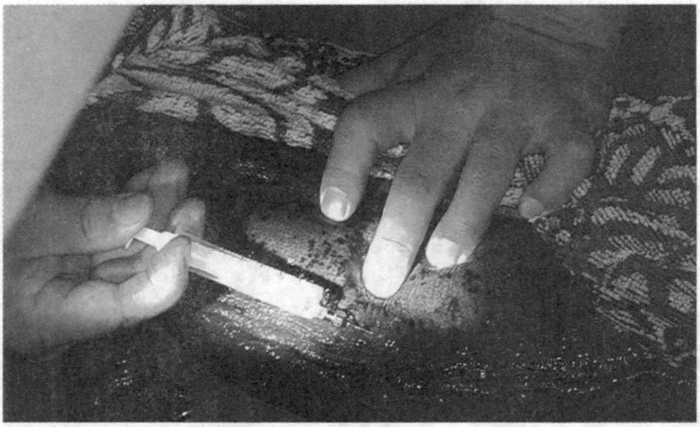

图4－10　催产注射部位

昼伏夜出的习性被打破；催产10小时后，亲鲵不停地浮游于水面，很少潜伏水底；20小时前后，皮肤充血，体表发红，背部尤其明显，捕起亲鲵检查，雄性亲鲵泄殖孔周围可见明显的橘瓣状突起；80小时以后检查，发育良好的雄性亲鲵可见有透明状的黏液从泄殖孔自动流出。

2. 效应时间

效应时间是指成熟的亲鲵从注入催产剂（二次或多次注射从末次注射后开始计算）到发情产卵的时间（按小时计）。

（1）效应时间与水温的关系　效应时间实际上是卵母细胞在外源激素的作用下，完成生理成熟到排卵的反应时长。我们知道大鲵属于变温动物，催产剂作用的快慢，主要受制于温度。水温低，效应时间长；水温高，效益时间则短。温度高低对效应时间的影响见表4－12。

表4－12　温度高低对效应时间的影响

| 水温（℃） | 效应时间（小时） | 备注 |
|---|---|---|
| 26～27 | 96 | 采取一次注射；剂量为每千克大鲵注射HCG 4 000国际单位 |
| 21～23 | 108 | |
| 16～19 | 137 | |

（2）效应时间与催情剂种类的关系　效应时间与药物种类明显相关。注射促黄体释放激素类似物比注射人绒毛膜促性腺激素效应

时间要长些，是由于促黄体释放激素类似物在体内作用的靶器官为脑垂体，注射该激素后，首先导致脑垂体的发动，使其合成和释放促性腺激素，然后促性腺激素再作用于性腺，待脑垂体分泌促性腺激素达到一定量时，才能使亲鲵发情产卵，这需要一定的时间。而注射人绒毛膜促性腺激素，则直接作用于性腺。因此，其效应时间相对较短。催情剂的种类对效应时间的影响见表 4－13。

**表 4－13　催情剂的种类对效应时间的影响**

| 催情剂种类及剂量（千克） | 效应时间（小时） | 备注 |
| --- | --- | --- |
| HCG 4 000 国际单位 | 108 | 催产为 21～23℃条件下，一次注射的结果 |
| LRH－A 50 微克 | 162 | |

（3）效应时间与注射次数的关系　一般两次注射比一次注射效应时间短。二次注射随针距的拉长，效应时间有缩短的趋势。

（4）亲鲵产卵、排精持续的时间　水温（19±1）℃时，规定剂量注射：发育良好的雄性亲鲵，3 天即能采到精子，5～8 天大鲵的精子活力相对较强；雌亲鲵产卵一般集中在催产后的 4～7 天。短于或长于此时长范围，大鲵产出的精子或卵子质量都会受到影响。

3. 人工拉卵

在大鲵的人工繁殖过程中，通过多年的实践摸索，总结了一套三人拉卵法：观察雌鲵在池中有卵带产出后，随机将大鲵轻轻捉起，一人用湿布蒙住大鲵的头部，将大鲵腹部朝上平放在桌台或较大的盆内，轻轻稳住大鲵的头部；另一人一手稳住大鲵的尾部，一手不停地轻拍大鲵的腹部；第三人则可轻轻地向外拉卵，拉出的卵带顺势放进一个无水干净的瓷盆或烧杯中。采卵结束后，将卵用另一干净的盆或纱布盖起，等待受精。人工拉卵操作见图 4－11，大鲵卵子见图 4－12。

对 6 尾雌鲵的产卵量进行统计，结果显示每千克体重雌鲵怀卵量为 140～202 粒，平均为 174.9 粒。大鲵产卵量见表 4－14。

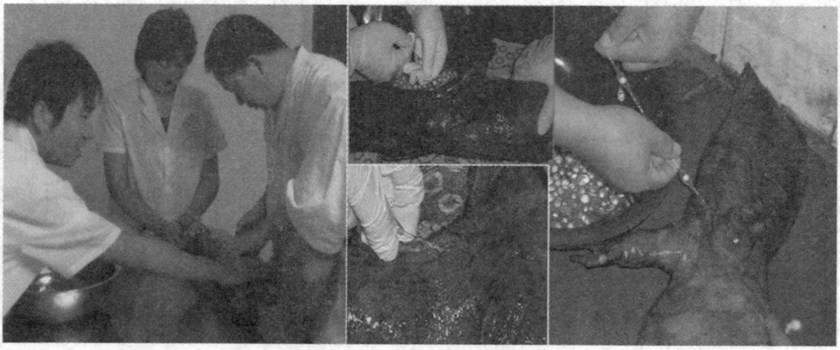

图 4-11　人工拉卵操作

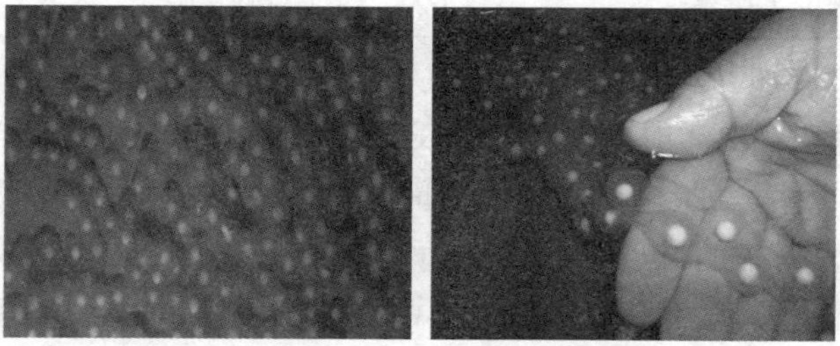

图 4-12　大鲵卵子

表 4-14　大鲵产卵量统计表

| 大鲵重量(千克) | 产卵数(枚) | 相对产卵量(粒/千克) |
|---|---|---|
| 2.8 | 392 | 140 |
| 2.4 | 375 | 156 |
| 2.6 | 395 | 151 |
| 4.7 | 950 | 202 |
| 4.2 | 810 | 192 |
| 2.0 | 350 | 175 |
| 合计　18.7 | 3 272 | 174.9 |

拉卵过程应注意的几个问题：拉卵操作最好将亲鲵放在 1.0～1.2 米高的平台上进行，这样便于操作；拉卵最好三人配合进行，两人稳住鲵体，一人负责拉卵；拉卵过程中，大鲵身体翻动时，要顺势轻摇其尾部，同时轻拍亲鲵腹部，使其自然放松，以免亲体受伤；拉卵动作要轻，帮助亲鲵产卵时，可两手轻轻从生殖孔腹部两侧向头部方向

推压，而非像鱼类产卵时，人工挤压是朝向生殖孔方向进行的；采用人工干法授精时，卵拉出过程和卵受精前要避免与水接触；拉卵操作要在弱光的环境下进行。

4. 人工采精

人工拉卵结束后，及时捕捉发育良好的雄鲵，用亲鲵夹或长形塑胶盆将亲鲵抬出催产池；将大鲵腹部朝上，平放在桌台或较大的盆内。一人用湿布蒙住大鲵的头部，不时向头部轻洒洁净的凉水稳住大鲵；另一人一手稳住大鲵的尾部，一手不停地轻拍大鲵的腹部和泄殖孔；第三人则轻压腹部，先将膀胱中的尿液排干，并用干毛巾擦干泄殖孔周围，用干燥洁净的试管收集挤出的精液（要求无粪便、血液等污染）；将装有精液的试管避光存放于冰盆中待查，存放时试管不与冰面直接接触。人工采精操作及大鲵精子见图 4－13。

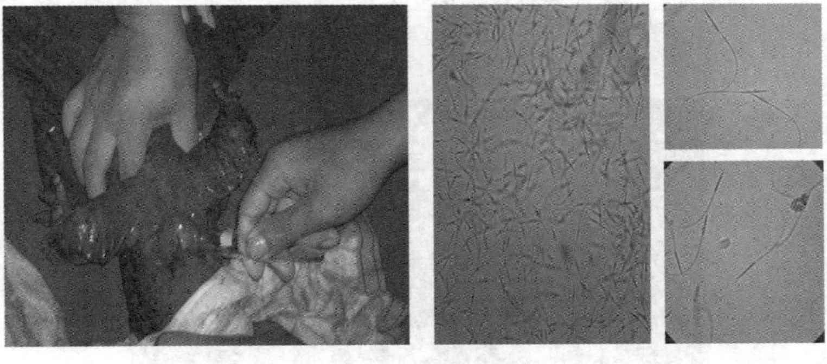

**图 4－13　人工采精操作及大鲵精子**

大鲵的精液量较大，一尾重 4 千克的雄性大鲵，一次采精量可达 10 毫升以上，且隔日后可连续采取。但值得注意的是精液中精子的成活情况不一，人工授精前最好通过显微镜观察，只有确认精子有活力时，受精才有效。

（1）活力精子鉴别方法　活力精子所在的精液浓稀适中、色白、无污染（如粪便、肠道寄生原虫等）；显微镜下观察，活力精子分离成单个，无成团、结块现象，形态正常，无残缺、无畸形；显微镜下观察精滴（不压片观察），精滴周边的活力精子显现快速运动，精滴中心的活力精子则呈现攒动现象；将精液涂片（压片或不压片）观察，可见活力精子快速运动；显微镜下，将精液滴加在一拉伸的新鲜大鲵卵带

第四章

上,可见活力精子沿卵带朝同一方向直线运动。

通过上述方法逐步筛选,确定活力精子备用。

(2)采精过程应注意的几个问题　同拉卵过程一样动作要轻,避免亲鲵受伤;与采取鱼类精液一样,人工采取大鲵精液时,挤压方向是朝向生殖孔(即尾部方向)进行的;大量采取一尾大鲵的精液前,必须镜检精子的活力状况,对于精子活力较低的雄性亲鲵应放弃使用;整个采精过程要避免光的直射。

5. 人工授精

将人工采取的精液直接滴加到事先得到的大鲵卵子上,随后滴加 10 ~ 20 毫升"授精辅助液",摇动盛卵的容器,同时用手或羽毛均匀搅拌精、卵 1 ~ 2 分,使精、卵充分混合,然后加入少量(覆卵即可)蒸馏水,停 20 分,期间注意摇动盛卵的容器,最后用清水洗卵 2 次去除污物,即可移入孵化器中孵化。大鲵卵子人工授精操作见图 4 - 14 和图 4 - 15。

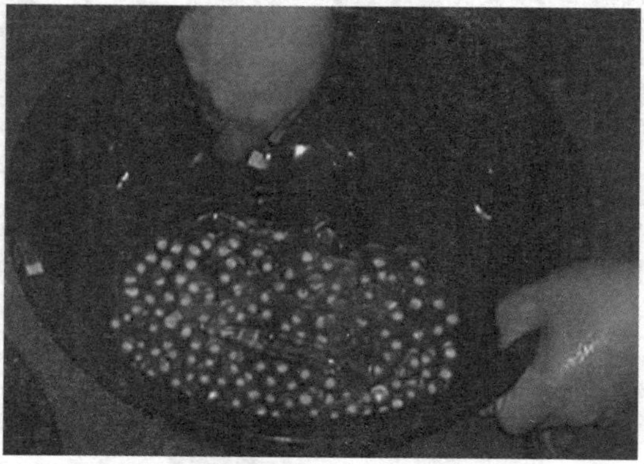

**图 4 - 14　将大鲵精子滴加在卵上**

上述人工授精的方法是干法受精,其技术关键是:

(1)准确掌握采卵时间　大鲵注射催产剂后,在预计发情产卵的时间前后,须派专人值班,发现雌鲵有产卵迹象时,应立即实施人工拉卵,避免大批卵子产在水中,影响受精效果。由于大鲵产卵速度较慢,整个产卵过程较长,因此也可等待大鲵刚有卵子产出时,捕鲵拉卵,这时拉出的卵子一般发育较好。

图 4－15　加水、加营养液混合

(2)确保采用有活力的精子受精　实施人工授精前，必须镜检精子的活力，以免因采用不良的精液而影响受精效果。

(3)加入适当的“授精辅助液”　经过大量的实验观察，发现使用 pH 值 8.5 的氨水溶液，可以促进大鲵精子的运动，建议人工授精的同时滴加 1～5 毫升该溶液，以进一步改善受精效果。

(4)注意遮光避水　大鲵的精、卵，在淡水中保持受精能力的有效时间往往只有数十秒，尤其是精子在有光的环境中寿命更短，因此为延长精子和卵子结合的时间，大鲵人工授精过程中，操作人员要配合协调，做到动作轻快，尽量遮光避水，争取在最短的时间内完成操作。

另外，整个人工拉卵、人工采精及人工授精过程要求环境温度控制在(19±1)℃。

**(九)对催产情况的分析**

亲鲵产卵情况如何以及产出卵的质量好坏，形成的原因是综合的，情况也是复杂的，正确分析这些情况，可以找出催产成败的原因，积累经验，为以后提高催产成功率打下基础。

1. 产卵情况分析

(1)顺产　亲鲵发情正常，产卵相对集中，产后雌鲵腹部已明显空瘪。全产现象表明:亲鲵培育好,亲鲵体质健康,性腺成熟适当,成熟度鉴别准确,人工拉卵配合协调,因此取得最佳催产效果。

(2)半产　人工只拉出部分卵粒,雌鲵腹部仍显膨大,但人工已拉不出卵粒,将亲鲵放回培育池,也不再自行产卵。这种情况主要是由于亲鲵卵巢中卵母细胞尚未全部成熟,卵对激素敏感程度不同,导致产卵不一。遇到这种情况,如能适当采取低剂量的药物催熟,稍推迟催产日期,效果可能更好。

2. 产出卵的情况分析

(1)成熟卵　卵带弹性大,卵球晶亮鲜艳,大小整齐,吸水膨胀快,饱满滚圆,受精率高。

(2)未成熟卵　卵带较细,弹性小,卵径大小不一,色泽不鲜明,吸水膨胀慢,这种卵受精率低或不能受精。产出未成熟卵,多见于26℃以上的高温情况。

(3)过熟卵　卵带较粗,弹性最小,人工拉卵极易将卵带拉断,卵径大,污暗无光泽,扁塌无弹性,这种受精率低或不能受精。这种情况多数是催产时间过迟,卵在腹腔中滞留时间过长,未及时产出造成的。

3. 对未产情况的分析

亲鲵不发情或发情不明显,腹部无变化,大鲵既不产卵,也挤不出精子。过去之所以没能及时发现这种现象,与催产后亲鲵混合放养有密切关系。注射后,由于标注不清,认为没有产卵的大鲵皆为雄性。这中间可能有误检或误判的情况发生。

(1)未产亲鲵特征　大鲵肥胖,身体发亮,腹部肥大喜人,在催产的初期往往被选作催产的对象。生产中如遇到这种情况,除能够准确确定为雄鲵外,对不能辨别雌、雄者,应推延几日再行催产。这类亲鲵一经催产后,在6~7天内就能观察到其泄殖孔的内缘出现梅花状突起,且亲鲵的生殖孔小而圆,周围不见白色点状突起,生殖孔亦不见大的橘瓣状突起。亲鲵腹部肌肉较厚,尾部粗壮,身体两侧的皱褶肥大。

(2)未产原因及应采取的措施　亲鲵培育过程中,营养不平衡。如其体内脂肪体积累过多,而性腺却没有得到发育。建议第二年亲鲵培育过程中,减少投喂量,适当增加些能够促进性腺发育的维生素,如维生素 E 等;加大冲水量;4 ~5 月,提高亲鲵培育池的水温至 20 ~22℃。亦可以采取一雌一雄的放养方式进行培育。亲鲵的年龄可能过大或过小,建议在催产前要摸清大鲵的年龄,尤其对年龄小的亲鲵,可采取低剂量的注射,使其适应药物的刺激,一般不提倡大剂量的注射,以免亲鲵受损伤。未产原因多数情况是亲鲵成熟较差,性腺对激素不敏感造成的;如系秋末催产,也可能是性腺严重退化的原因,此时性腺已对激素失去敏感性。

4. 大鲵人工授精受精率低的原因分析及采取的措施

(1)采到的精子活力差或根本无活力　建议进行人工授精之前,对精子活力进行镜检。只有采用活力好的精子进行人工授精,才是提高受精率的根本措施。

(2)雌鲵已经产到水体中的卵子,受精率低的原因　卵的表面受到粪便等脏物污染,精卵结合时,精子在卵的表面受阻,不能进入卵子完成受精;卵子水体中停留时间过长,卵膜吸水而变得肥厚,精子无力穿透已经吸水膨胀的卵膜,不能完成受精。

建议当大鲵按常规剂量催产后,应安排专人进行巡视(建议 30 分 1 次),一旦发现大鲵有卵带产出时,应及时进行拉卵和人工授精。



5. 分析催产结果时注意的问题

要综合多因子,进行全面分析,从比较中找出成功和失败的主要方面。一定要首先从亲鲵本身找原因,不要一出问题就从激素种类、注射剂量和注射技术等方面去查究。一定要注重亲鲵的培育技术是否存在问题。在分析亲鲵状况时,决不能忽略雄鲵,特别是产卵量大,受精率低时,更应予以注意雄鲵的问题。

**(十)产后亲鲵的护理**

在人工催产过程中,常常会引起亲鲵受伤,轻者会影响第二年的催产工作,严重者会造成亲鲵死亡,因此加强产后亲鲵的护理工作是有必要的,通常采取的措施有:

用 5% 的高锰酸钾溶液、磺胺药膏、青霉素药膏中的任一种涂擦外伤口,以防伤口溃烂和长水霉。

对于受伤严重者，除涂外用消炎药物外，每5～8千克的亲鲵可注射10%磺胺噻唑钠1毫升（含药0.2克）或兽用青霉素5万～8万国际单位。

亲鲵消毒后，要立即放入有流动水的培育池里，调节水温在20～22℃之间，让亲鲵充分休息，并投足诸如青蛙、泥鳅等活饵料进行精细喂养。

人工催产大鲵有时会在注射部位鼓起一个包，尤其在使用混有马来酸地欧酮和多巴胺抑制剂的药物注射时，更易出现这种现象。当有这种现象发生时，一般不需做特殊处理，10～15天可自然消失，对亲鲵不会造成危害。

## 三、人工孵化

在自然界中，大鲵受精卵是在清凉的山涧或溪流中孵化，因此模拟大鲵生活的自然环境条件，进行人工孵化，也是大鲵人工繁殖能否获得成功的重要途径。

### （一）孵化水温

孵化水温宜控制在18～20℃，此温度孵化对胚胎发育有利，孵化率和稚鲵成活率都较高。

高温（22℃以上）孵化，胚胎发育较快，但出膜的稚鲵呈黄色，无黑色素，身体较弱，只能侧卧于水底，并很快死亡。高温孵化提早破膜的大鲵胚胎见图4－16。

如果水温过低，例如长期低于16℃，受精卵也难以孵化（低温孵化发育受阻的大鲵胚胎见图4－17）。主要表现为：影响大鲵受精卵孵化的特定酶因水温低而缺乏活力，胚胎发育不能正常进行；低温孵化，受精卵发育速度过慢，孵化过程长，以正常流速供水，卵膜会因流水摩擦破膜，卵子缩水，胚胎脱壳，孵化失败。不同温度对大鲵胚胎发育的影响见表4－15。

图 4-16　高温孵化提早破膜的大鲵胚胎

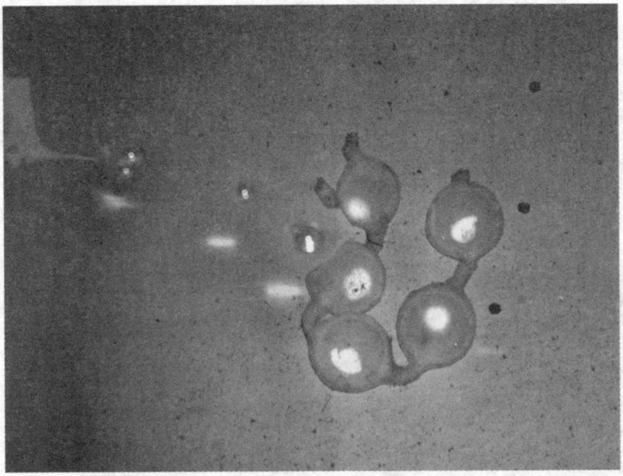

图 4-17　低温孵化发育受阻的大鲵胚胎

表 4－15　不同温度对大鲵胚胎发育的影响

| 孵化水温（℃） | 出壳时间（小时） | 孵化率（%） | 仔鲵成活率（%） | 胚胎发育状况 |
|---|---|---|---|---|
| 14～16 | 1 248(52 天) | 3.38 | 42.0 | 易生水霉，孵化率低 |
| 16～18 | 1 104(46 天) | 17.80 | 83.0 | 胚胎发育变黑后出壳，发育正常 |
| 18～22 | 840(35 天) | 14.20 | 58.0 | 胚胎发育变黑后出壳，发育正常 |
| 22～24 | 672(28 天) | 0.23 | 11.6 | 出膜稚鲵体发黄，侧卧于水底，并很快死亡 |
| 24～26 | 576(24 天) | 0.02 | 0.0 | 只有极少数能出壳，但存活时间短 |

### （二）孵化方法

1. 静水孵化

所谓静水孵化，并非全然不动，而是定时换水，换水时要缓慢地翻动受精卵，以免受精卵长期不翻动而发生胚胎"贴膜"现象。此种孵化方式用水量小，孵化容器简单，孵化可选择的环境多。但大鲵受精卵进行静水孵化，"贴膜"现象普遍，孵化中如出现胚胎"贴膜"，胚胎即难以继续正常发育，并很快死亡，因此采用此法孵化的出苗率低；且孵化过程中需不停地拨动卵子，劳动强度大，批量孵化的可操作性差。静水孵化见图 4－18。

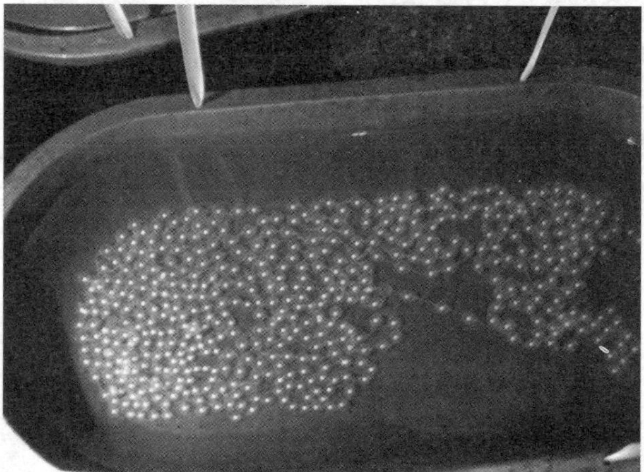

图 4－18　静水孵化

2. 静水充气孵化

静水充气孵化包括纯氧充气孵化和压缩机空气充气孵化。静水充气孵化出苗率也较低,孵化中主要表现为充气的力度不易控制,气量过大容易冲散卵黄,气量过小受精卵不易翻动,胚胎很易“贴膜”;再者,在充气孵化(尤其是冲空气)时,卵易受污染而生长水霉,造成孵化失败。静水充气孵化见图 4-19。

图 4-19　静水充气孵化

3. 微流水孵化

在水微流的状态下进行孵化,可以相对提高孵化率。但使用地下水进行微流水孵化时,水温不易提高,容易造成大鲵受精卵发育停滞,如果孵化时间超过 45 天,受精卵卵膜会因流水摩擦破膜,胚胎即从卵壳中脱落,造成孵化失败。如果采用地表水孵化,应注意防控水质污染。微流水孵化见图 4-20。

4. 充气流水孵化

根据多年的实践经验,认为采用充气和冲水相结合的方法进行孵化效果较好,在水温为(19±1)℃的条件下,孵化率可达 90%。充气流水孵化见图 4-21。

**(三)孵化应注意的其他问题**

孵化用水的溶氧控制在 5 毫克/升以上;孵化密度小于 1 000

图 4-20　微流水孵化

图 4-21　充气流水孵化

颗/米$^3$；孵化水深 10~20 厘米。孵化过程中，要及时清理死卵。

卵刚放入孵化箱时（1~2 天），不能随意翻动卵子。当其吸水膨胀后，卵子会从水底上浮，此时可以对卵子进行操作管理。

孵化时，可将卵带在两个卵子之间剪开进行孵化，这样有利于卵子在水中翻动，且不易冲散卵黄。剪卵带时注意不要伤及卵子。

孵化初期（1~7 天内），冲水或拨动卵子不能用力过大，否则，卵子的动物极形成较困难，或动物极形成后，容易受到破坏。

冲水要由下向上翻水，水的流动越细越好。

充气不能直接在卵子当中曝气。充气要尽可能细，气体以微气泡的形式上翻最好。如果采用大的充气头进行曝气，气头和卵子中间一定要有隔阻，否则，卵黄很容易冲散。充气孵化示意图见图 4－22。

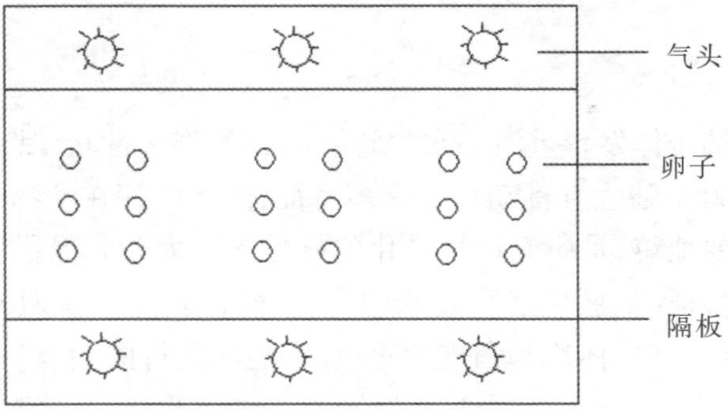


**图 4－22　充气孵化示意图**

孵化初期，可用低浓度的高锰酸钾溶液（5～10 毫克/升）对受精卵进行消毒，孵化过程中也要定期用高锰酸钾溶液处理受精卵，防止水霉病发生。

如果采用地下水孵化，要有大型蓄水池用以升温和曝气。用地表水孵化，必须进行过滤或其他处理，以防污染。大鲵人工孵化车间见图 4－23。

**图 4－23　人工孵化车间**

# 第五章　大鲵的个体发育

大鲵的个体发育重演了水生脊椎动物的许多性状，其在进化过程中又获得了陆生脊椎动物的许多特征，因此大鲵在动物进化过程中占有重要地位，是研究动物进化的好材料。大鲵既保留有鱼类的某些原始特征（如胚胎发育在水中进行、幼体具鳃），又具有初步适应陆生生活（如成体用肺和皮肤呼吸、具能够爬行的四肢）的躯体结构，其个体发育过程的一个显著特点是有变态出现。了解大鲵的个体发育规律，对其人工繁殖及其养殖管理都具有积极的指导意义。

同其他两栖动物的发育相似，大鲵的个体发育也分为胚前期、胚胎期和胚后期 3 个发育时期。胚前期是性细胞发生和形成的阶段，胚胎期是精卵结合（受精）到幼苗孵出时期，胚后期是孵出的幼苗到成鲵以至衰老死亡的时期。本章重点关注大鲵个体发育的胚胎期和胚后期。

# 第一节　大鲵的胚胎发育

大鲵胚胎发育是指大鲵卵从受精开始，经胚胎形成、生长变化直至胚胎破膜孵化的全过程。大鲵胚胎发育的进程与孵化水温密切相关。其他条件正常，水温(20±2)℃时，大鲵胚胎33～40天孵化，然后进入胚后发育阶段。水温每升高或减低2℃，大鲵胚胎的孵化时间有可能提前或延迟4天。但如果水温长期低于14℃或高于26℃，大鲵胚胎的孵化率及孵化后幼体的成活率都很低。

## 一、大鲵的胚胎发育

为方便观察，人们将大鲵胚胎发育过程划分成不同的发育时序。发育时序是大鲵胚胎发育达到某一时期所经历的时长(以小时计)，如前所述，时序的长短与水温呈负相关。根据大鲵胚胎发育过程中外形变化和生理变化特点，大鲵的胚胎发育过程被划分为6个阶段，17个时期。认识各时期的特点，对掌握大鲵的人工孵化技术具有实际意义。



### (一)受精卵和卵裂

大鲵的成熟卵较大，圆形或椭圆形，直径为6～7毫米。卵内包含大量卵黄，呈橘黄色。大鲵卵在卵巢中发育成熟，成熟时紧贴卵球有一层卵黄膜。该卵球在激素和神经的支配下，产出前先由卵巢跌入腹腔，此时的卵除了本身的质膜外，紧贴卵球还有一层卵黄膜。跌入腹腔的卵，由于体腔上皮细胞纤毛的摆动，将卵送入输卵管的喇叭口(解剖位置位于腹腔前部、前肢的腋窝下)位置，随后卵子进入输卵管，并逐步被输卵管分泌的胶膜所包裹。当卵产出体外后，卵球外就有了3层膜：即外包膜、胶体膜(厚约1毫米)和卵黄膜(见图5－1、图5－2)。输卵管的不同部位，所分泌的胶膜性质不一，具有不同的黏度和浓度。其化学成分主要是硫酸黏多糖，水解后产生已糖、氨基己糖。胶膜对精子获能具有积极作用。

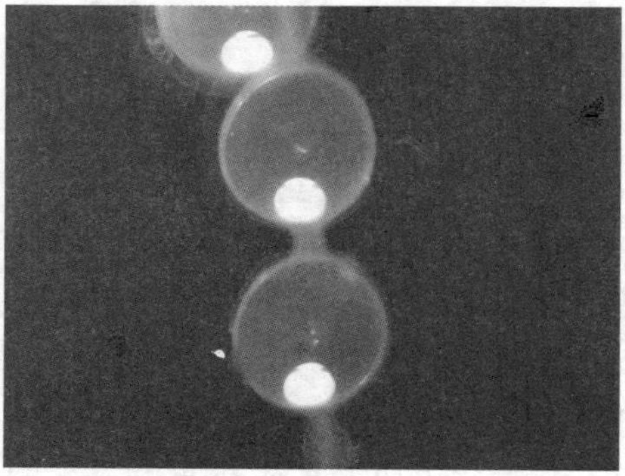

**图 5－1　大鲵卵**

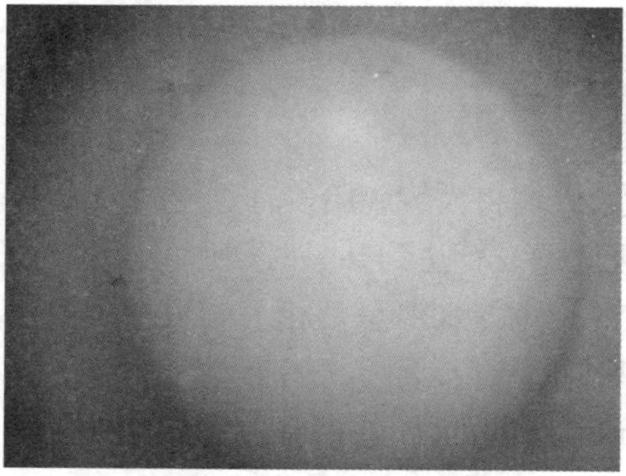

**图 5－2　受精卵**

大鲵卵受精后，遇水其外包膜与胶膜吸水膨胀，卵的外包膜直径可达 15 毫米左右。外包膜带微黏性，无色透明，水中不易观察到外包膜。胶带水中亦无色透明，具弹性，可以拉伸。卵子不均匀地分布于胶带中，每两个卵子相距 20～40 毫米。大鲵卵为半浮性，静水中沉于水底，流水中浮于水中。

受精卵胶膜吸水膨胀的同时，卵球的细胞质开始向卵球的一端集中，形成白色帽状的胚盘，即动物极。卵球动物极（胚盘）向上，与其相对的植物极（卵黄区）向下漂浮于水中。但应指出的是，大鲵成熟而未受精的卵遇水后，同样发生上述变化。因此，卵膜的膨胀和胚盘的形成不能被认作受精标志。

大鲵受精卵的卵裂类型为盘状卵裂，这与其卵的卵黄极为丰富有关。水温(19 ±1)℃时，大鲵受精卵经 24 小时左右出现第一次卵裂。卵裂过程的开始，先是在胚盘区出现一个小的凹陷部分，然后逐渐扩展形成分裂沟。

第一次卵裂是经裂，把胚盘分割成两个大小相等的分裂球。

第二次分裂面与第一次相垂直，分裂成的 4 个分裂球大小相当；第二次分裂发生在第一次卵裂后的 8 ~ 10 小时。

第三次为纬裂，位于赤道面以上，形成 8 个分裂球（为 4 大 4 小）。小的位于上面，靠近动物极，大的位于下面靠近植物极。

第四次为经裂，由 2 个同时的经裂面将 8 个分裂球分为 16 个分裂球。

第五次为纬裂，由 2 个同时的纬裂面，把上、下两层的 8 个分裂球分为 32 个分裂球，共为 4 层；此次卵裂，上层略快于下层。

第五次以后的卵裂均不规则，同时速度也不一致，所以大鲵受精卵的分裂为不等全裂。动物极小分裂球的分裂，明显快于靠近植物极的大分裂球，这主要是由于大分裂球内含卵黄较多，分裂速度必然较动物极半球的要慢。

经过几次卵裂以后，失去了细胞排列的规律性，即进入了多细胞期（见图 5 -3）。

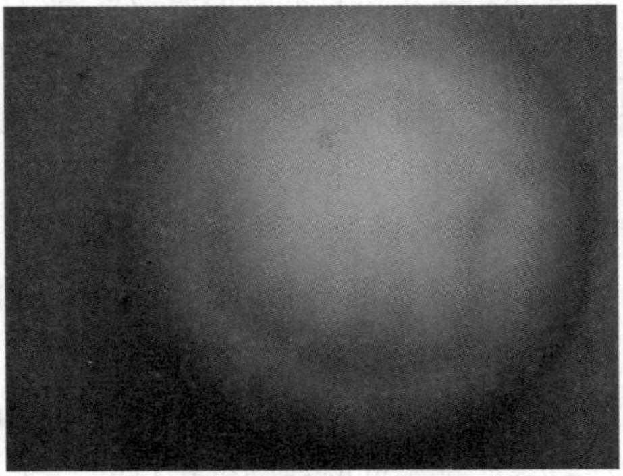

**图 5 -3　多细胞期**

**（二）囊胚到原肠胚**

当卵裂进行到一定的时间后，胚胎表面由于分裂球愈来愈小，且

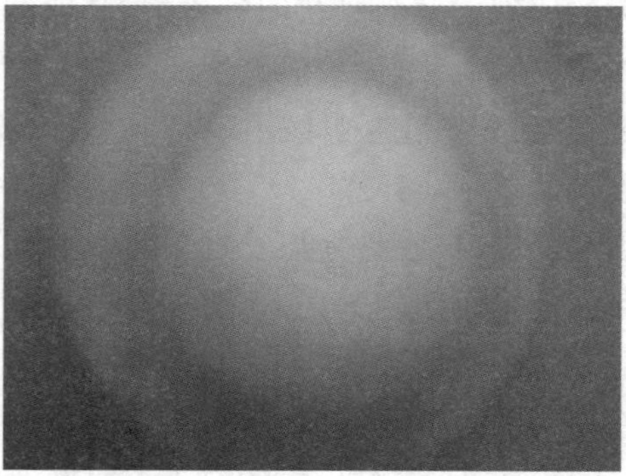

图5-4　囊胚期

近白色半透明状，肉眼已不能清楚地观察细胞界限。最初几次卵裂中，卵裂面与受精卵的原表面相垂直。随后的卵裂面，又多与原受精卵表面相平行，这样就使得胚胎的分裂球成多层排列，形成一个球状空腔，称为囊胚腔，此时期为囊胚期（见图5-4）。但大鲵的囊胚，从形态上看不同于鱼类，未出现细胞堆叠很高的囊胚相。其分裂细胞形成了囊胚层后即行向卵黄区扩展下包。由于卵黄区较大，下包十分缓慢。将近100小时左右，胚胎开始出现胚唇，这时部分囊胚层的细胞向胚胎内部卷入，这是形成原肠的开始。动物极的细胞向植物极包围，最后把植物极缩小到只留有一团深黄色的卵黄，称卵黄栓。此外，这个阶段可见胚胎立定位置的方向有所改变，即由原来卵黄向下，胚盘向上的立定方向，转为水平的侧卧方向。

由于原肠胚的形成，大鲵卵胚开始变形，到原肠晚期，胚胎呈一头大、一头小的椭圆形（见图5-5）。

大鲵原肠胚发生有两个特点：一是表现为卵黄区越来越多地被包围起来；二是随着细胞的不断分裂，细胞的内卷活动也在深入进行。

大鲵原肠胚形成作用的主要运动方式为，外包和内卷，辅以内陷。这些形态发生运动，都是同时或陆续进行的，它们相互配合才能完成正常的原肠胚的形成，如果阻止某一运动方式，必然导致不正常的胚胎。因此，我们了解原肠胚的形成，必须有一个整体的、不断变化的又相互联系的观点，而不能孤立地只看到一种运动方式。当然对于某一胚层或器官在它达到其最终部位时，常常是以一种运动为主的。

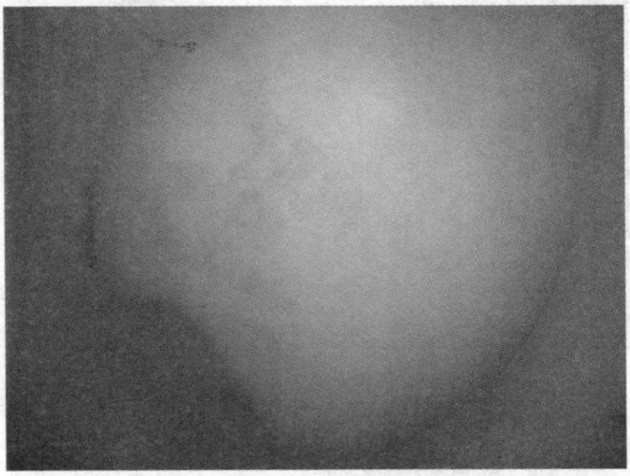

图 5 –5　原肠期

总之，从囊胚发育到原肠胚分化为 3 个胚层，它们是通过各种形态发生运动，使各种器官原基达到其最终部位。同时，胚胎外形发生变化，逐步达到所特有的形态特征。这种形成和建立新的形状和结构的细胞运动，称为形态发生运动。完成这些运动的形式，主要是由于细胞伸直、扩展、折皱、收缩等而使部分细胞形状改变，结果造成 3 个胚层及各种器官原基的产生。

此外，除上述特点外，在形态方面可见胚胎的位置有所改变，即由原来卵黄向下、胚盘向上的立定方向，转为水平的侧卧方向。

**（三）神经胚到神经管期**

原肠形成后，胚孔接近封闭时，胚胎的背壁上，开始出现一个宽阔增厚的神经板（见图 5 –6），接着由于脑部隆起和胚体前端腹面凸出一个弧形的表皮褶，使胚体显露出来，中间出现原沟。原沟两旁各有两褶，并逐步隆起形成神经沟（见图 5 –7）。随后，两边内褶高举而抱合成神经管（见图 5 –8）。联合区开始封闭，形成头部。

当胚胎中的神经板发育成神经管时，大鲵胚体向着神经管朝向的方向延长，表明大鲵将来身躯的正中纵轴出现。至此大鲵中轴器官原基形成，胚体初现大鲵雏形。

**（四）尾芽到鳃板期**

随着胚胎的不断发育，胚胎形态发生了更大变化，大鲵雏形更加

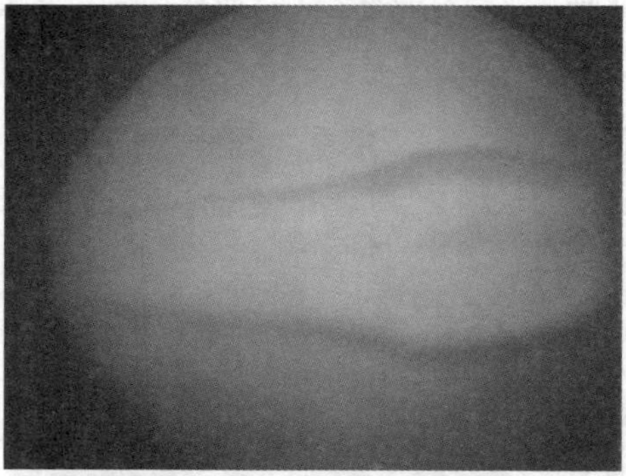

图 5－6　神经板期

图 5－7　神经沟期

图 5－8　神经管期

清晰。此时明显可见胚体匍匐于卵黄囊上，胚体伸长，体节出现；胚体后端腹面出现一个微突，尾芽形成；胚体头部前伸，并向腹面弯曲（见图 5－9）。

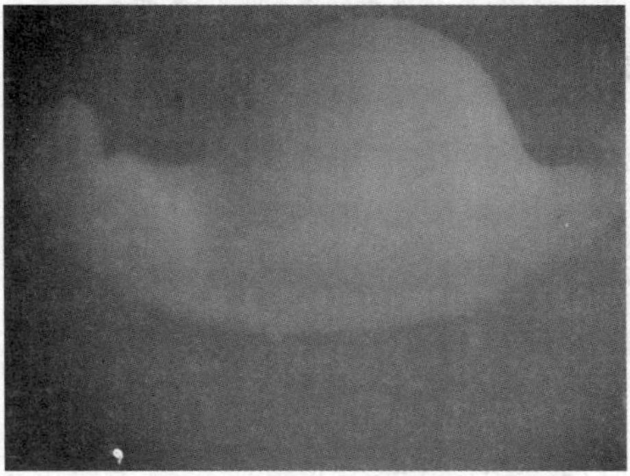

图 5－9　尾芽期

依靠尾芽组织强力增生，胚体在伸长的过程中，尾部渐渐显露出来；而神经管前部的显著膨大，头部更为明显，继续发育，胚体头部出现鳃板芽（见图 5－10）。

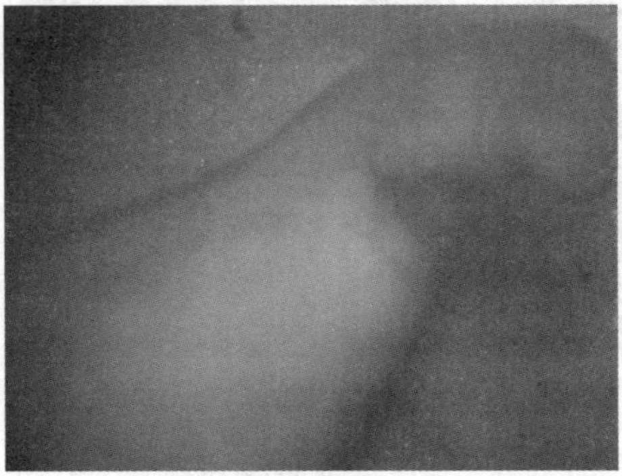

图 5－10　鳃板早期

随着胚胎发育，胚体伸长达 17 毫米左右，心脏形成，卵黄囊上呈现微红血管，体节数 24，胚体头部视泡出现，头、尾开始弯曲扭动（见图 5－11）。至此，大鲵胚胎的卵黄囊已由初期时的圆形或椭圆形，吸收成前端细、后端浑圆的长葫芦状。

**（五）前肢芽到后肢芽**

胚体发育至 20 毫米左右时，鳃板处的外鳃出现分枝。心脏跳动

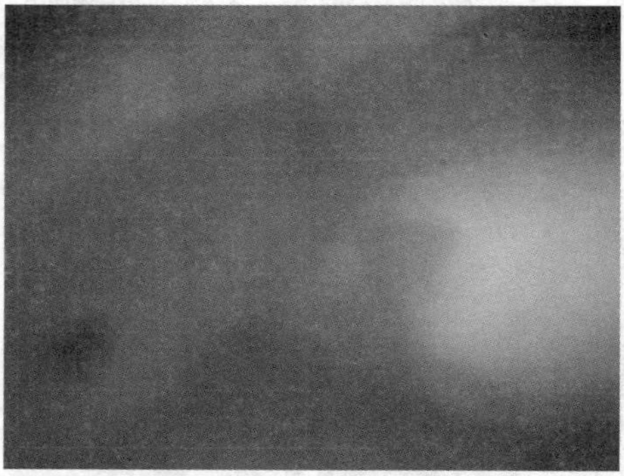

图 5－11　鳃板晚期

清晰可见，心率 33 次/分；卵黄囊上微血管增多，胚体背部出现黑色素细胞，视泡明显，胚体可左右扭动，头部后缘出现白色的前肢芽（见图 5－12）。

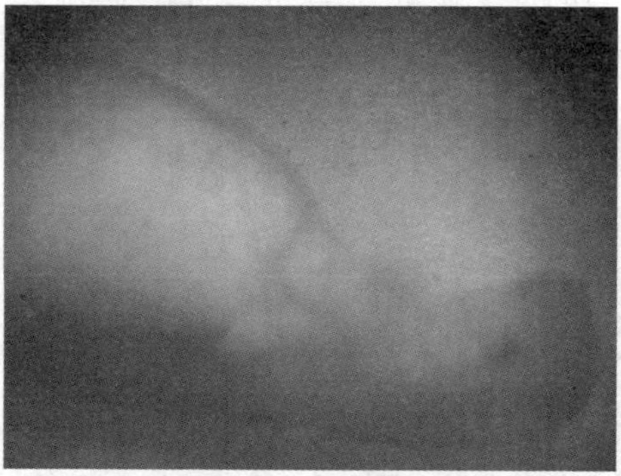

图 5－12　前肢芽期

随后胚体向前发育，视泡晶体形成，眼睛黑色，胚胎能整体在卵膜内翻转，外鳃可见血液循环（见图 5－13）。

前肢芽出现后，经 240 小时左右，后肢"发芽"（见图 5－14）。

至此，卵外膜膨胀至直径 25 毫米左右；外包膜上出现许多大小不等的圆筛孔，这是即将破膜的标志；卵黄囊上出现一排与胚体背部血管相互斜交的微细血管；前肢芽进一步长大，后肢芽呈淡灰色。

此期的主要特征是：显微镜下，胚体血液循环清晰可见，胚体的背部、尾部、卵黄囊和外鳃处均有血液循环；其次是胚体黑色素增加，

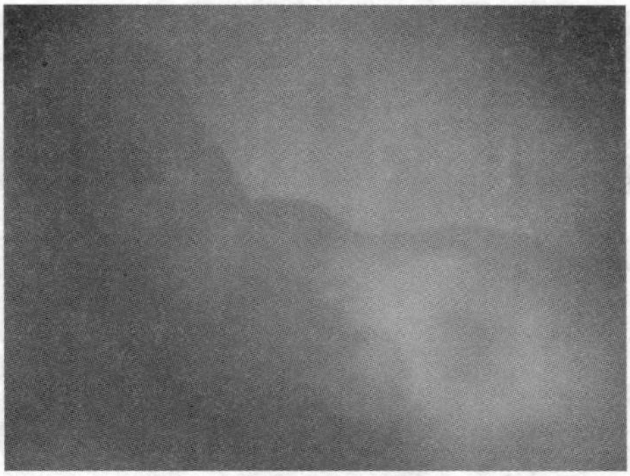

图 5－13　外鳃循环期

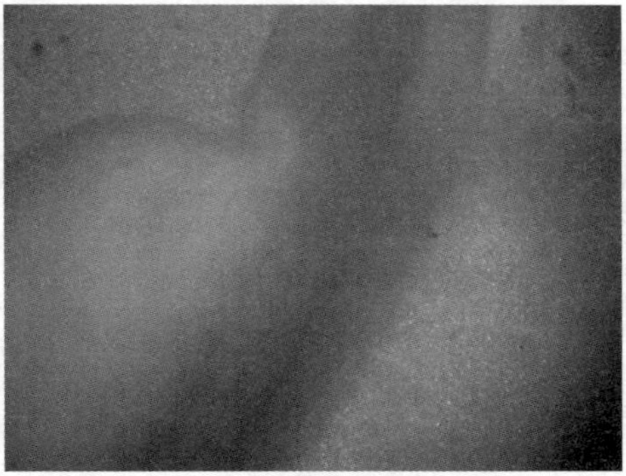

图 5－14　后肢芽期

胚胎不时在胶膜内翻动。

**（六）孵化出膜（破膜）**

大鲵胚胎脱膜时，可见卵球的外包膜局部呈现破洞，胶膜变得薄而脆弱，胚胎频繁在卵膜内翻动，不久即破膜而出完成孵化过程（见图 5－15）。水温（19 ± 1）℃时，从受精卵至胚胎脱膜而出，整个孵化期间需 35 天左右。

刚孵化出来的仔鲵，体长为 30 毫米左右，身体的背部、尾部及头部均分布有许多黑色素细胞，使这些部位呈灰黑色。此时，仔鲵腹面仍带有长葫芦状的黄色卵黄囊，仔鲵尚未开口，不能进食。

大鲵胚胎发育的基本时序见表 5－1。

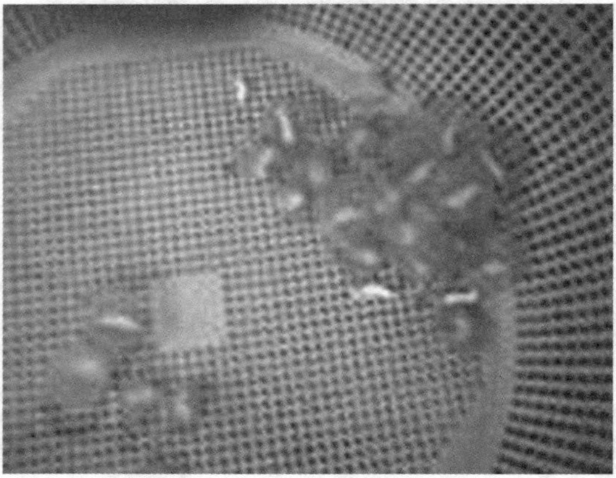

图 5－15　孵化期

表 5－1　大鲵胚胎发育分期及外部形态

| 分期 | 外部形态 | 时间(小时) |
| --- | --- | --- |
| 受精卵期 | 自受精卵到第一次卵裂沟为止 | 0 |
| 2 细胞期 | 胚盘分裂成两个大小相等的细胞 | 24 |
| 4 细胞期 | 再次分裂成 4 个大小相等的细胞 | 34 |
| 多细胞期 | 胚盘呈多细胞状态 | 36 |
| 囊胚期 | 分裂球很小,形成多层分裂细胞 | 60 |
| 原肠期 | 分裂细胞下包一半、背唇可见 | 165 |
| 神经板期 | 胚体背部出现宽的神经板 | 189 |
| 神经沟期 | 神经板演变成沟状 | 230 |
| 神经管期 | 神经管出现至尾芽出现 | 257 |
| 尾芽期 | 尾芽出现、体节、视泡形成 | 284 |
| 鳃板早期 | 鳃板形成 | 422 |
| 鳃板晚期 | 鳃板外凸明显 | 518 |
| 前肢芽期 | 前肢芽出现身体开始扭动 | 550 |
| 外鳃循环期 | 外鳃见血液循环 | 694 |
| 后肢芽期 | 后肢芽出现、眼晶体形成 | 880 |
| 孵化期 | 胚胎脱膜而出 | 907 |
| 孵出后发育期 | 胚胎孵化后到卵黄囊消失 | 1 577 |

## 二、与大鲵胚胎发育相关的几个问题

**（一）大鲵畸形胚胎的观察**

由于卵球与精子质量的关系，在大鲵胚胎发育过程中可见到不同的畸形胚胎（约占5.5%）。在受精后早期出现有两种异常情况：一是受精后卵的细胞质虽集中于动物极，但久久不进行分裂，只形成一个大的帽状畸形胚盘隆起；二是受精后出现不正常的分裂沟，随后卵胚表面出现凹陷性的孔洞，据观察表明，这种卵不能发育下去。在晚期神经胚期以及到胚体扭动时期，也会出现有头或尾发育不全，及头、尾畸形弯曲等畸形胚。这些畸形胚胎的发生可能与卵或精子在受精时不够完善有关。晚期畸形胚的发生，多由于原肠期细胞下包受阻所致。

**（二）大鲵胚胎与幼体对光的敏感性**

在观察大鲵胚胎发育的过程中，我们发现当胚胎发育至后肢芽出现期的时候，也就是在晶体形成的孵化前期，胚胎就开始对光的刺激十分敏感，一旦受光刺激，胚体活动显著地增加。另外，在孵化后的大鲵幼体通常是三五成群，聚集于光线阴暗处，如遇强光刺激，幼体即刻激烈游动。这可能是大鲵畏光喜暗习性的反应。因此，在大鲵胚胎发育过程中就要考虑避免阳光直射和强光刺激。

**（三）大鲵胚胎发育与其他有尾两栖类的比较**

把大鲵胚胎发育过程中的形态变化与两栖类有尾目的蝾螈进行比较。在早期卵裂阶段有所不同，蝾螈是全卵裂，而大鲵是盘状卵裂，因此它们早期的分裂象不相同。而且大鲵的分裂沟只限于动物极的胚盘区，在植物极的卵黄区无分裂现象。

在大鲵胚胎发育晚期，从形态方面看，大鲵孵化的幼体，其前肢芽未曾出现分叉，而蝾螈此时前肢已长成四趾；其次是蝾螈孵化期卵黄已吸收完毕，而大鲵仔体则仍留有明显的卵黄囊未曾吸收完毕。因此，大鲵胚后仍有一个卵黄营养期，这是它的特点之一。

大鲵刚孵出的幼体长为28～31.5毫米，蝾螈刚孵出的幼体长为10～12毫米，大鲵刚孵出的幼体体长为蝾螈的2倍多。东方蝾螈刚孵化的幼体有3对外鳃和1对平衡器；大鲵刚孵化的幼体也有3对外鳃，但没有平衡器，幼体不运动时，其身体侧卧于水底而不能保持身体的平衡。蝾螈孵化1个月后平衡器消失，大鲵孵化后经1个月其身体才能正常保持身体的平衡状态。

## 第二节　大鲵的胚后发育

大鲵的胚后发育包括从幼苗孵出到成鲵以至衰老死亡的整个时期。对大鲵的胚后发育分期目前未见详细报道，在此根据大鲵胚后发育特点，结合生产中对不同发育阶段大鲵的习惯性叫法，将大鲵的胚后发育期分为5个时期。

### 一、大鲵胚后发育分期

**（一）仔鲵期**

从孵化出苗到卵黄囊吸收完全的幼苗期，称为仔鲵期。水温(19±1)℃的条件下，仔鲵期一般经历30天左右。

刚孵化出的仔鲵形似蝌蚪，腹面有一葫芦状的卵黄囊，体长30毫米左右，体重0.3克左右。体表背面浅棕色，腹面浅黄色，随着发育，体表逐渐变成灰黑色，周身密布黑色素细胞。仔鲵头向腹面稍屈伸，头前上颚吻端有外鼻孔1对，头前方背面两侧有深黑色眼睛1对，眼小；前肢旁的面及颈部左右两侧，各有3根须枝状外鳃，呈桃红色，每根鳃枝上长着15束左右的绒状细鳃丝，鳃丝朝向一个方向伸展，其上布满血管。初孵仔鲵的卵黄囊上分布着网状微血管；前肢已长成，但前指无明显分叉，呈扁平状，后肢芽长出，呈棒状。由于后肢尚未发育完整，仔鲵在水中不能保持身体平衡，多侧卧于水底。此时的仔鲵主要依靠尾部在水中进行不规则的扭动，一般90分左右扭动1次。初孵仔鲵的心脏结构简单，为一心房一心室，位于前肢附近的心包腔内，每分钟搏动34次左右。在卵黄囊与体轴平行线距离的中间位置上，有一根粗而显著的血管，即古维尔导管。血管主要分布在鳃、卵黄囊和尾部肌肉等处。血液呈粉红色，以后逐渐变成鲜红色。

出膜后 6 天，仔鲵前肢开始分叉，但只有一个分叉口。

出膜后 7 天，仔鲵体长 37 毫米左右，背面深棕色。腹壁肌有所增厚，肝脏形成，呈浅黄色。

出膜后 8 天，仔鲵前肢芽出现两个叉口。

出膜后 14 天，前肢芽形成四趾的雏形，仔鲵在水中开始能够保持平衡。

出膜后 15 天，口内下颌的锯齿状小齿长出，前肢前端分成 4 趾，后肢指刚开叉，体两侧有 2～3 皮褶。此时除少数个体仍侧卧水底外，大部分仔鲵在水中游动有力。

出膜后 26 天，仔鲵全长为 42 毫米左右，胸腹腔形成，食管与肛门贯通，肠胃长 17 毫米，肝脏开始增大，分两叶，呈浅黄色，肾脏已出现，呈线状，白色。前肢 4 趾明显可见，后肢已开 4 叉，体两侧的肋沟皮肤褶明显。

出膜后 28 天，卵黄囊接近消失，仔鲵黑色，尾部宽大有力，游泳能力进一步增强。

出膜后 30 天，仔鲵体长 46 毫米左右，体重 0.7 克左右，消化器官形成，卵黄囊消失，仔鲵开口摄食，进入稚鲵发育期。仔鲵见图5－16。

**（二）稚鲵期**

大鲵幼苗从卵黄囊消失到外鳃完全脱落的发育阶段，称为稚鲵期。稚鲵期的长短与幼苗发育期间的水温、营养状况等密切相关。进入稚鲵期的幼苗，如果不经过越冬，水温（18±2）℃，营养正常，稚鲵期一般 5～6 个月。

初期的稚鲵体色呈棕褐色，背部表皮上的黑色素细胞明显，腹部灰白色，皮层微薄而透明。此时卵黄囊消失，稚鲵开口摄食，消化器官胃肠已形成，胃长 12 毫米，小肠 32 毫米，直肠 13 毫米，肝脏继续增大，胆囊在两叶肝之间下端，胆汁清淡不见颜色，此时稚鲵消化能力尚弱。前肢 4 趾的分化基本完成，但后肢仍为 4 趾。稚鲵能保持平衡，可在水底做短时的缓慢爬行，体侧的肋沟 13～15 条。

稚鲵生长 2 个月，体长达 55 毫米左右，体重 2 克左右，触觉敏

图 5－16　仔鲵

锐，但视力差，畏光，外鳃完整。

稚鲵生长 5 个月，体侧的肋沟可见 14～16 条。背部棕黑色，腹部灰白色。外鳃 3 根主支为红棕色似绒毛的须状物，则呈灰白色。

稚鲵生长到 6 个月左右时，全长达 15～18 厘米，体重达 20～25 克，外鳃完全消失。外鳃萎缩顺序为第一对外鳃首先萎缩消失，最后为第三对外鳃萎缩消失，此时肺已发育完全，内有许多肺泡。此时稚鲵主要用肺呼吸，稚鲵的身体结构趋向成体，皮肤已能分泌黏液，部分个体背部出现自然色斑块，腹部暗紫色，爬行活动，畏光喜暗，心脏一心室两心房，血液鲜红，心率平均 55 次/分。稚鲵开始蜕皮，每 30 天脱皮 1 次，蜕下的皮透明，稚鲵发育进入幼鲵期。稚鲵见图 5－17。

**（三）幼鲵期**

完全脱去外鳃，至大鲵性腺成熟前的时期，称为幼鲵期。幼鲵的生活习性与成鲵接近，可独立生活。

到了幼鲵阶段，幼鲵的摄食能力和消化能力，随个体的增长逐渐提高。个体较小的幼鲵，能摄食大型的枝角类；随个体的增大，幼鲵能很好地摄食水丝蚓；当幼鲵体重达到 50 克左右时，幼鲵开始摄食小的鱼、虾之类的活饵料；通过驯化投喂，幼鲵也能摄食人工配合饲料。不同发育阶段的幼鲵，有着不同的生态、生理习性。刚从稚鲵变态后的幼鲵，其对生态、生理习性的改变最大，最突出的变化就是不

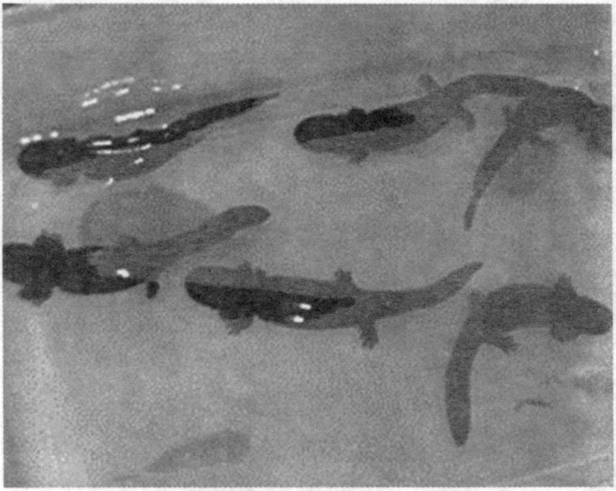

图 5－17　稚鲵

再以鳃呼吸,而该以肺呼吸为主,皮肤辅助进行呼吸。这是其进化过程中的显著特征。天然幼鲵由群居逐渐变为散集;但人工养殖的幼鲵,集群现象仍然十分显著。幼鲵与稚鲵比较,幼鲵喜栖息于树根下、穴洞内,因此,人工养殖幼鲵时最好设置人工穴洞。

幼鲵的生长速度受水温和饵料的影响,10℃以下,幼鲵虽能摄食,但摄食量小,体重增长小,水温超过 25℃后,饵料虽很充足,但由于高温的影响,幼鲵摄食明显减少,体重甚至出现负增长。当水温在 10～24℃时,幼鲵体重增长明显加快,且在适温范围内,生长和温度升高呈正相关。

在人工养殖条件下,2～5 龄的幼鲵生长速度最快,尤其是 2 龄期,体重年增长倍数可达 8 倍左右,体长年增长倍数可达 2 倍以上。池养大鲵体重的增长明显比野外种群快,这主要与人工投饵营养较全面和水温较为适宜有关,即使在严冬大鲵也不冬眠。而野生环境中,大鲵经常处于饥饿状态,且一年中只有 4～10 个月的摄食生长期,其余月份处于冬眠状态,因此大鲵生长缓慢。

一般情况下,当年孵化的稚鲵长 3～5 厘米,养殖 6 个月后,达 15 厘米;养殖 1 年后,体长达 25 厘米,外鳃开始消失,完成变态,由稚鲵到幼鲵阶段;幼鲵养殖 1 年后,体重约为 250 克(2 龄);养殖 3

年后，体重可达 1 千克以上。幼鲵见图 5－18。

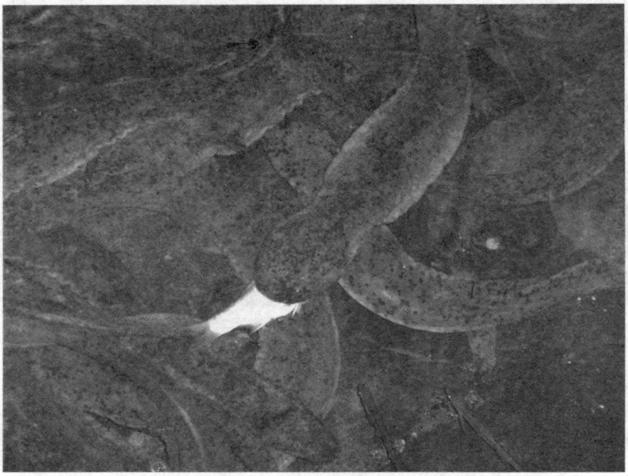

图 5－18　幼鲵

**（四）成鲵期和亲鲵期**

成鲵与幼鲵最大的区别在于成鲵的性腺已发育成熟，达到了性成熟年龄，在一定的生态和生理条件下，具有繁殖后代的能力。成鲵和亲鲵没有大的区别，只是养殖者对其利用的目的不同，而人为的叫法不一样。成鲵主要被当作商品用于消费，而用于繁殖的成鲵，则成为亲鲵。繁殖淘汰的亲鲵大多也是作为商品鲵用于消费的。

成鲵最大的特性是能够产卵（雌）、排精（雄）繁殖后代。自然条件下，大鲵一般 6 龄性成熟，养殖条件下，雌鲵 6～7 龄性成熟。性成熟后的亲鲵 1 年繁殖 1 次。大鲵的自然性比约为 1∶1。生殖方式属卵生，卵呈长链形念珠状，雌鲵每尾产卵 300 枚以上，体外受精，雄鲵具有护卵行为。受精卵孵化期需要 30～40 天，8～9 月为生殖旺季；孵化繁殖的适宜水温为 18～21℃。成鲵见图 5－19。

## 二、大鲵的生长

大鲵的生长是指单位时间内，大鲵体重或体长的增加。生长是大鲵重要的生物学属性之一。大鲵生长速度是评价大鲵养殖生产效率高低的主要标志，大鲵的生长受许多因素的影响。

图 5－19　成鲵

**（一）遗传因素**

大鲵的生长首先受制于遗传因素，即大鲵的精、卵结合时，就决定了该大鲵生长速度的基本快慢和个体生长的基本大小。就当前国内所养殖的大鲵来看，由于都属于中国大鲵一个种。因此，其生长速度的差别并不大，个体的大小也未见明显差异。但由于我国地域广阔，大鲵的自然分布又比较广，地区种群间的差别还是常见的，如体色差异、抗逆性的不同都有可能是区域种群差异的表现。所以，开展大鲵养殖时，首先对各地大鲵种群的生长特性进行调查，尽可能选择花色好、生长快、抗病强的个体进行养殖。

**（二）大鲵的发育阶段**

大鲵生长特性是稚鲵缓慢，幼鲵较快，成体生长速度又稍慢。这与大鲵的性成熟年龄有关，也与一般动物在性成熟后生长减慢的规律是一致的。

**（三）季节及地理位置**

大鲵在 1 年内，随季节的变化，生长表现为春、冬两季缓慢，夏、秋两季较快。山区海拔较高地区生长慢，平原低海拔地区生长快。

**（四）养殖条件**

除上述因素外，在养殖条件下，大鲵的生长还与栖息水体环境、水温、营养条件、水质（溶氧量、pH 值）和大鲵放养密度、投喂方式等密切相关。因此，在大鲵的养殖过程中，一定要创造适合大鲵生长的最佳条件，以促进大鲵的快速生长。

# 第六章　大鲵养殖管理关键技术

大鲵养殖可分为种苗培育和成鲵养殖，不同养殖阶段大鲵的生长速度和养殖的关键技术措不同。

仔鲵、稚鲵和幼鲵都属于大鲵养殖的种苗。大鲵种苗是进行大鲵养殖生产的前提，也是大鲵养殖全过程的基础。只有具备了质优、量足的种苗，才能促进大鲵养殖范围和养殖规模的扩大，保证大鲵健康养殖的不断发展。因此，做好大鲵种苗培育，对大鲵养殖的健康发展起着关键作用。

成鲵养殖又称商品鲵养殖等，是指在种苗培育结束后，将 1 千克左右的幼鲵，养成成鲵的过程，是大鲵养殖产生的最后一环。与大鲵人工繁殖技术和种苗培育技术相比较，成鲵养殖技术相对成熟，成鲵对养殖环境的要求相对粗放，养殖个体的生长速度明显加快。

成鲵养殖分为室外养殖和室内养殖；按供水方式成鲵养殖分为静水养殖和流水养殖；按控温方式成鲵养殖又可分为控温养殖和非控温养殖。

# 第一节　仔鲵、稚鲵、幼鲵培育关键技术

## 一、大鲵种苗的基本特征

大鲵种苗正处于大鲵胚后发育的仔鲵期、稚鲵期和幼鲵期，是大鲵一生中生长发育最旺盛的时期。根据培育期间大鲵的形态特征和营养特点，可将大鲵种苗培育分为卵黄囊营养（仔鲵期）、开口摄食至脱鳃（稚鲵期）和脱鳃至性成熟前（幼鲵期）3 个生长期。

### （一）卵黄囊营养期——仔鲵期

以卵黄囊为营养的幼苗期，称为仔鲵期。水温（19 ± 1）℃的条件下，仔鲵期一般经历 30 天左右。刚脱膜的仔鲵，卵黄囊需要经过 30 天左右才被吸收完。卵黄囊期仔鲵的形态特征是：头部青灰色，微向下弯曲，背部深灰色，腹面卵黄大，呈长椭圆形；此时仔鲵在水中不能保持平衡，多侧卧于水底，靠尾部摆动在水中运动。仔鲵出膜 7 ~ 8 天后，前肢形成一叉二趾，后肢不分叉，可在水中平游。心脏结构简单；稚鲵出膜 11 天后，前肢形成二叉三趾，后肢仍不分叉。此时，肝脏也形成了，具畏光习性；出膜 15 ~ 19 天，前肢形成三叉四趾，后肢末端突起，胸腹腔与胃肠形成；出膜 22 天，后肢形成一叉二趾；出膜 26 天，后肢形成四趾，食管与肛门相通，肝脏分化为两叶，肾脏形成了；出膜 31 天，后肢形成三叉四趾，机体发育基本完善，卵黄已被吸收完毕，开口摄食。

### （二）开口摄食至脱鳃期——稚鲵期

大鲵幼苗从卵黄囊消失到外鳃完全脱落的发育阶段，称为稚鲵期。稚鲵期的长短与幼苗发育期间的水温、营养状况等密切相关。进入稚鲵期的幼苗，如果不经过越冬，水温（16 ± 2）℃，营养正常，稚鲵期一般 5 ~ 6 个月。

稚鲵经过卵黄囊营养期的培育，进入开口摄食期。初期的稚鲵

体色呈棕褐色，背部表皮上的黑色素细胞明显，腹部灰白色，皮层微薄而透明。前肢4趾的分化基本完成，但后肢仍为4趾。稚鲵能保持平衡，可在水底做短时的缓慢爬行，体侧的肋沟13～15条。此时卵黄囊消失，稚鲵开口摄食，刚开口摄食的稚鲵，消化系统发育不够完善，消化能力尚弱，对饵料消化率比较低。随个体最大，稚鲵触觉敏锐，但视力差，畏光，外鳃3根呈绒毛须状、红棕色。稚鲵生长到6个月左右时，外鳃完全消失，稚鲵开始脱皮，每30天脱皮1次，脱下的皮透明，稚鲵发育进入幼鲵期。

**（三）脱鳃至性成熟前期——幼鲵期**

完全脱去外鳃，至大鲵性腺成熟前的时期，称为幼鲵期。经过6个月左右的培育，稚鲵完全脱去外鳃，个体器官除性腺外基本发育完善。此时大鲵摄食趋于正常，生活习性与成鲵接近，单独生存能力增强。

## 二、种苗放养

根据养殖者培育开始的阶段不同，种苗放养涵盖了从仔鲵初期、稚鲵期至幼鲵期的各个时段。不同阶段种苗的体重、体长、摄食状况、抗逆情况等差别较大，对培育期间种苗成活率影响很大。从种苗培育经验来看，初次养殖者可先从50～250克的幼鲵饲养开始，这时虽然种苗成本高，但放养较大规格的种苗，其生长速度快、养殖周期短，养殖成活率高，养殖相对容易成功；待积累养殖经验后，可再逐步降低放养规格，从幼鲵初期、稚鲵期，甚至从未开口摄食的仔鲵初期开始进行培育，这样，就能降低种苗放养的成本，提高养殖效益。

**（一）种苗质量鉴定**

放养的大鲵种苗，无论哪个阶段，要求健壮无病，规格一致。因为体质瘦弱的种苗，在养殖过程中对环境变化和病害的抵抗能力差，影响其成长和养殖成活率。种苗放养时，如仅照顾到体质，而忽视了规格一致，则种苗吃食时，由于个体大的抢食能力强，吃食多，个体小的抢食能力差，吃不到足够的食料，这样，就会形成大者日益强壮，小者日益瘦小的不均匀生长局面。如果投饵不足，还会引起种苗间的相互撕咬，引发伤病。因此，为了提高种苗的质量和养殖成活率，在放养种苗时，应选择体格健壮、规格一致的种苗放养，而将身体弱小的种苗集中放养，给予良好的饵料，以迅速促进其生长。

大鲵种苗质量优劣可从大鲵种苗的外部形态、反应、规格等方面进行判断。

1. 水池中检查

(1)优质种苗　白天成堆集群于池的一角或挤于遮蔽物下，有时只见其尾，不见其头；偶尔进入水中，则游动迅速、活泼；受惊时迅速潜入集群中或藏匿于遮蔽物下；用手搅动鲵群，种苗四肢收缩自如，尾巴在水中摆动迅速；晚间分散觅食，摄食时争先。

(2)劣质种苗　白天即见在水中散处漂游，行动呆滞，经常滞留水面，不集群或集群能力差；受惊时行动不敏捷，垂直入水时困难，很少藏匿于遮蔽物下；不觅食，摄食落后。

2. 容器中检查

(1)优质种苗　规格整齐，体型正常、无畸形；体色光亮，肌肤润泽，头宽背阔。未脱鳃的仔、稚鲵外鳃暗红，鳃丝 3 对无损伤，鳃上无水霉，体表无白点，四肢无创伤，腹部不胀气；无水状态下，在容器底部爬动敏捷。

(2)劣质种苗　规格不一，体型偏瘦、部分有畸形现象；体色不均，肌肤无光泽，头小背狭；未到脱鳃期的仔鲵、稚鲵外鳃发白，鳃丝不完整，时常可见鳃上有水霉，体表多创伤；无水状态下，单独静卧容器底部，少爬动。

**(二)种苗引进**

引种是新建养殖场放养前必做的工作，也是老养殖场为建立和储备自己的健康种群所要经常开展的一项工作。引种时只要合乎要求，可在不同区域间和不同养殖阶段进行。

引种的阶段包括受精卵、仔鲵、稚鲵、幼鲵、成鲵和亲鲵等，其中受精卵、仔鲵、稚鲵和幼鲵前期(30 厘米以下)采用塑料袋充氧运输，而大于 30 厘米的幼鲵、成鲵和亲鲵则多采用无水湿法运输(成鲵运输包装见图 6－1)。大鲵引种时要坚持如下原则：

第一，充分做好引种前的准备工作。引种前，要对双方养殖场所在地域的养殖环境进行调查比较，根据比对，就引种方养殖场地的不

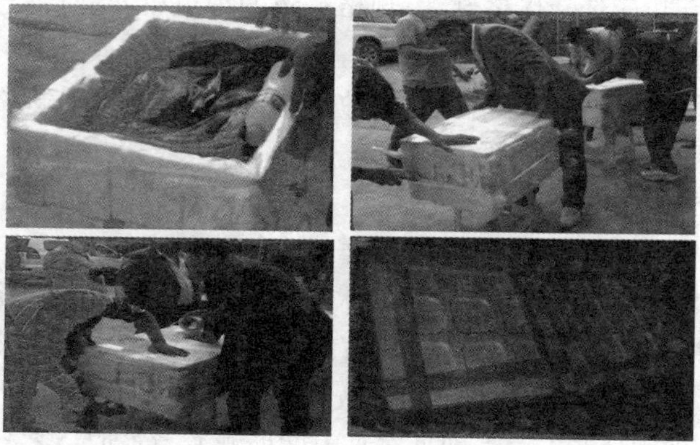

图 6-1　成鲵运输包装

足进行适当改造，准备好养殖池及其他养殖设施；做好养殖规划，根据规划进行有目的、有计划地进行引种；办理驯养繁殖许可证、运输证；同供应商签订引种协议。

第二，引种要到有资质的单位，引种时要进行严格检疫。

第三，运输前要制订周密的运输计划，对运输工作、消毒药物、充氧设备等都要做好仔细检查。如需中途换水，则必须预先联系和商定地点。

第四，引种要坚持先小量，观察引种效果稳定后（观察时间最少15天），再批量引种。

**（三）种苗池的选择**

种苗池的条件好坏，直接影响种苗的生长速度和成活率。要想取得良好的饲养效果，应按有利于种苗生活，便于饲养管理的原则进行选择。

由于大鲵具有畏光性，加之种苗的个体小，抵抗力差，活动量不大，要求的水量少等原因，目前，大鲵种苗培育多在室内进行。根据养殖规模大小，培育可选在民房、山洞或标准化养殖场车间内开展；养殖设施可采用盆、塑料筐和各类型的池子。这样既克服了室外培育种苗时光照强，水温不易控制，水质控制难度大，天敌多，易感染病菌等缺陷，同时也降低了农户家庭养殖大鲵的进入门槛。室内培育大鲵种苗，改善了种苗生长发育的环境条件，改变了它的冬眠习性，使种苗全年均能摄食、生长,提高了养殖成活率,缩短了生产周期。规模化室内培育大鲵种苗,一般都建设标准化的养殖池,对养殖池的一般要求是:

1. 注、排水方便

种苗培育过程中,根据种苗的生长发育和水质变化情况,需要经常注、排池水,或使池水长流,以促进种苗生长。加注的新水要求无污染,无有害生物,水质洁净、良好。

2. 面积适当、水深适度

种苗养殖池分为稚鲵池和幼鲵池。

(1)稚鲵池　养殖稚鲵用,面积1~2米$^2$。池可用砖混结构,池内壁四周要求光滑,池深30~50厘米,水深5~10厘米,池底装排污孔,进、排水系统完善。

(2)幼鲵池　养殖幼鲵用,面积5~10米$^2$,砖混结构多,池深50厘米,水深10~15厘米。池内可用石块或瓦块堆成洞穴,洞穴可随时拆除,便于检查或清扫。洞穴深度比幼鲵全长稍长,宽度以可使其自由出入为好。

**(四)种苗池的清整**

种苗池的清整首先是为了清除池中杂物,加固池壁,改善池塘的卫生条件和防止漏水;其次是为了杀灭潜伏的病毒、细菌和寄生虫等病原微生物,减少疾病的发生。从流行病学的角度看,清整池塘的目的,主要在于堵塞传染源,切断传染途径,改善生态条件,促进鲵体健康,提高大鲵对疾病的抵抗能力。种苗池的清整包括养殖池修整和养殖池消毒。

1. 养殖池修整

修整养殖池时,将池水排干,清除池底杂物,需要时整理好大鲵苗、种的躲避物或洞穴,修补池壁缺口、漏洞及渗水,疏通和维修注、排水口及各种管道。

2. 养殖池消毒

养殖池消毒是指利用药物杀灭池中潜伏的病毒、细菌和寄生虫等病原微生物,减少疾病的发生,保证大鲵苗、种健壮成长。池塘消毒的方法有干法消毒和带水消毒两种。药物清塘常用药物及用量见

表6－1。

**表6－1　药物清塘常用药物及用量**

| 药物名称 | 干法消毒（毫克/升） | 带水消毒（毫克/升） | 备注 |
|---|---|---|---|
| 二氧化氯 | 5～8 | 1～2 | 勿用金属物品接触;勿与其他消毒剂混用 |
| 聚维酮碘 | 8～10 | 1～2 | 勿与金属物品接触;勿与季铵盐类混用 |
| 高锰酸钾 | 15～20 | 10～15 | 勿用金属物品接触;勿与生石灰混用 |

（1）干法消毒　是将池水排干，把药物化成药液，泼洒全池（包括池壁）。

（2）带水消毒　是将池水注满，把药物按水的体积换算成一定的需要量，溶解后倒入池水中，混匀，浸泡一定时间后将药水排干、清水洗池后加水放苗。

3. 消毒注意事项

严禁使用国家禁用药物；严禁使用未取得生产许可证、批准文号与没有生产执行标准的渔药；用药量要准确，泼洒要均匀，不要集中一处，以免造成浓度不均，降低效果；消毒时间不要过早或过晚，否则不能达到消毒目的或对苗、种生长不利；由于大鲵养殖池的体积较小，容水量不是很多，因此，无论采取何种药物消毒，都应待药物充分发挥作用后，将药液排出，清洗池塘后再用，即便如此，放养大鲵前，也要先行试放，确认安全后再批量放苗。

特别提醒：由于大鲵对碱性较高的水体比较敏感，因此，凡采用砖混结构新建的水泥池，在大鲵放养前，必须使用新水泡池60～90天，以去除池壁中的碱性水体，方法是将池子加满新水（计划用作养殖水源的水），泡池10～20天后，将水排干，晾池2～3天，然后再加满新水浸泡、排干、晾池，直至池壁中的碱性水体能够满足大鲵养殖的要求。

对于急用的新建水泥池，有些养殖户采用稀释的醋酸泡池，可缩短泡池的时间，但效果不如清水泡池稳定，生产中应慎重使用。

**（五）种苗放养**

1. 检查水质

为了保障种苗池的良好环境，确保种苗的安全，在种苗放养前一定要根据各项工作的进行情况，检查水质状况，这是种苗进池前的最后一关，一定要切实把好，以保证生产的顺利进行。与其他养殖不同，大鲵养殖种苗进池前检查水质的重点是检查水质毒性。主要检查清塘药物的毒性是否消失，以防种苗中毒死亡。生产中除正确掌握清池药物的施用时间和使用剂量外，在下池前应取水试放，如经2～3天，大鲵生活正常，证明水质正常，可以将种苗下池。

2. 放养密度

大鲵种苗的养殖可分为单养和群养。单养是指在池子中放置小桶，每桶放养1尾鲵苗的养殖方法（大鲵单养见图6－2）。单养时每只小桶壁的下部均打有小孔，方便桶内水体与池内水体交换。群养是将若干尾大鲵苗种放置于一个池子中养殖的方法（大鲵的群养见图6－3）。群养时，种苗的适宜放养密度是100～150尾/米$^2$，稚鲵期适当密放，随个体的增长逐渐稀分，至幼鲵期放养密度控制在100尾/米$^2$以下。

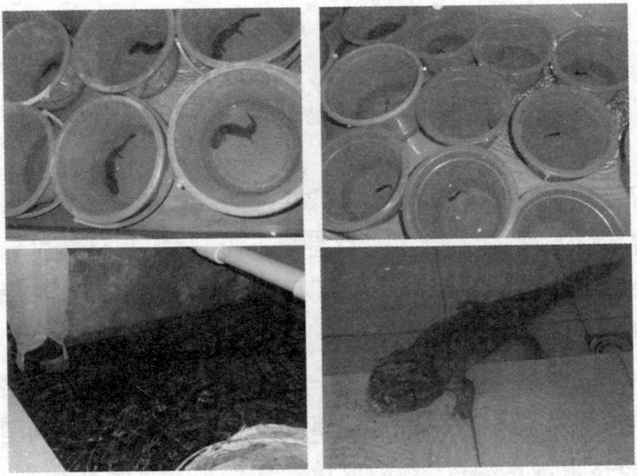

**图6－2　大鲵单养**

单养时大鲵种苗不会咬伤，疾病不易传染，发病率低，养殖成活率高；但单养劳动强度大，用水量多，喂食费时，不利于规模化养殖，且单养时大鲵抢食能力差，摄食一般，大鲵的生长速度一般。群养时大鲵种苗咬伤多，疾病容易传染，发病率高，影响养殖成活率；但群养劳动强度小，用水节约，投饵简便，利于规模化养殖，且群养时大鲵抢

图 6－3　大鲵群养

食能力强，摄食量大，苗种生长速度快。

可见单养和群养各有优劣，生产中可根据养殖规模的大小、养殖水量的充裕程度及养殖人员配备情况具体确定采取哪种养殖方式。

3. 放养方式

种苗放养时，稚鲵池的水深加至 5～10 厘米。将的种苗放在池边，让其自动爬入水中，或将其轻轻放入水中。注意在浅水中放养时不能将苗、种直接倒进池水中，以免引起种苗呛水，造成死亡。

4. 放养注意事项

放养必须要仔鲵期结束，稚鲵期开始，幼苗能够正常水平游动和摄取外界食物后才能进行。适时投喂。投喂过早，仔鲵的消化系统发育不完善，摄食后容易引起幼苗死亡；投喂过晚，幼苗卵黄囊已吸收完，身体因缺乏营养而消瘦，体质差，成活率也低。要取水试苗。以确保池水安全后方可批量放苗。放苗时，装运大鲵种苗容器中的水温与养殖池水温相差不能超过 5℃。温差太大时，应调节容器中水温，逐步接近池水温度，然后放苗。用塑料袋充氧运苗时，可先将氧气袋放入池水中漂浮一段时间，待水温接近后，再将种苗放入池中。每个池中应放养同批种苗，因为不同批鲵苗，身体大小和强弱不同，游动和摄食能力不同，相互撕咬增强，影响养殖成活率，且养殖规格不整齐。

## 三、不同时期种苗的养殖管理

**（一）仔鲵期养殖管理**

仔鲵期幼苗主要靠吸收卵黄作为营养，消化系统尚在发育完善中，仔鲵没有开口摄食，也没有排泄物。出膜15天前，由于后肢尚未发育完整，仔鲵在水中不能保持身体平衡，多侧卧于水底；出膜15天后，除少数个体仍侧卧水底外，大部分仔鲵能在水中游动。水温（19±1）℃的条件下，经历30天左右，仔鲵消化器官形成，卵黄囊消失，仔鲵开口摄食。

根据仔鲵的发育特点，此期培育期间不需要投饵、不需要清污，工作重点是调控仔鲵生长的环境因子，使之健康发育。

1. 调水

水量大小、水质优劣，关系到仔鲵培育的成败。调水包括控制水量和调节水质两项内容。

（1）控制水量　如果采用静水养殖，需保持水深5～10厘米，1～2天换水一次，每次换水1/3；流水养殖要求水流微循环，流量不易过大。

（2）调节水质　要求水体清澈透明，水质硬度1～2毫摩/升；溶解氧5～10毫克/升，静水养殖需人工增氧，方法是在距水面2厘米处悬挂一增氧砂头，24小时曝气增氧，气量控制以有细密气泡缓缓冒出为宜，流水养殖不需人工增氧；氨氮小于0.04毫克/升；亚硝酸盐小于0.02毫克/升；pH值7～7.5。水质相对较差（如硬度过高、有藻类污染等）的养殖场，可采用水体净化器对水质处理后使用。

2. 调温

仔鲵期幼苗生长发育的适宜水温为16～22℃，最佳生长水温（19±1）℃。养殖过程中应调节水温接近其最佳生长水温的范围。调温的方法通常有通过空调调节环境温度，通过水体加热和水流大小调节水体温度。在调节水温时，应注意短时间内，不能使水温的变化幅度太大，否则不利于仔鲵的生长发育，甚至容易引起仔鲵死亡，一般要求仔鲵养殖过程中，水温的昼夜变化不要超过±2℃。

3. 控光

仔鲵已具有畏光性。因此，仔鲵培育期间，注意控制光照强度，光照强度一般控制在 100～500 勒，并避免强光直射。

4. 防病

此期养殖由于仔鲵尚未开口，养殖水体没有污染，仔鲵个体间没有咬伤。因此，仔鲵培育期间的疾病相对较少。期间仔鲵死亡的常见诱因有：畸形苗，个体发育中自然死亡；水温不适，如水温过高（长时间超过 28℃）、温差过大造成的死亡；水质不适造成的死亡等。可见仔鲵期养殖的防病重点是按上述方法控温和调水，养殖期间要少用药或不用药。

**（二）稚鲵期养殖管理**

稚鲵期是从仔鲵卵黄囊消失，开口摄食到外鳃完全脱落，完成变态的发育阶段。进入稚鲵期的幼苗，如果不经过越冬，水温（18±2）℃，营养正常，稚鲵期一般历经 5～6 个月。稚鲵期养殖是真正意义上的大鲵养殖开始阶段，此期根据稚鲵不同阶段的发育特点，可将其分为开口摄食期、生长期、外鳃脱落期 3 个阶段。

1. 开口摄食期养殖管理

稚鲵开口摄食时，卵黄囊基本消失，消化器官胃肠已形成，胃长 12 毫米，小肠 32 毫米，直肠 13 毫米，肝脏继续增大，占腹腔的 1/3 左右，胆囊在两叶肝之间下端，胆汁清淡不见颜色。

进入开口摄食期的稚鲵，个体发育还在完善中，其消化能力尚弱，对饵料的消化率低。根据开口摄食期稚鲵的生理特点，建议采用适口的天然活饵料进行开口，常见的开口饵料有摇蚊幼虫、水蚯（丝）蚓和大型枝角类等。开口摄食期养殖管理时应注意如下事项：

开口投喂一定要等仔鲵的卵黄囊完全吸收后进行。由于稚鲵的消化系统发育不完善，如果投喂过早，稚鲵摄取食物后容易消化不良，引起胃肠堵塞、胀气、肠炎等，造成稚鲵死亡。

开口摄食期饵料投喂宜在卵黄囊完全吸收后的 1～2 天内进行。如果投喂过晚，卵黄囊已完全吸收，稚鲵处于饥饿状态，容易引起相互撕咬而诱发疾病，同时投喂滞后，也容易造成大鲵个体营养缺乏而导致成活率低下。

开口摄食时,一次投喂量以 2 小时内将饵料吃完为原则,投饵可每 8 小时 1 次。

投饵要新鲜,不投腐烂变质饵料。投饵前,饵料使用 0.5% 的食盐溶液浸泡 0.5 ~ 1 小时,清水漂洗后投喂。

及时清除残饵和粪便,防止稚鲵摄食变质饵料和水质恶化而诱发疾病。

调节水质至水体透明,硬度 1 ~ 2 毫摩/升;溶解氧 5 ~ 10 毫克/升;氨氮浓度小于 0.04 毫克/升;亚硝酸盐浓度小于 0.02 毫克/升;pH 值7 ~ 7.5。

开口期间,如发现没有开口摄食的稚鲵或生长缓慢的稚鲵,要捞出单独放入一个水体中,精心调理让其开口。

2. 生长期养殖

经过 20 ~ 30 天的开口摄食培育,稚鲵各器官发育完善,外部形态基本成形,主动摄食能力增强,食物种类增多,摄食量逐渐增加,生长速度提高;但养殖水质污染变快,个体间的竞争力加大。此期占稚鲵期养殖的大部分时间,时间达 6 个月以上。这期养殖的重点工作包括:

(1)驯化摄食　为了方便管理,通过驯化摄食改变稚鲵的摄食方式和摄食效率,提高稚鲵的生长速度,是该养殖时期的重点工作之一。驯食方法是,先将水丝(蚯)蚓、摇蚊幼虫等撒在池中,让稚鲵自由摄食,然后逐步缩小投饵的范围,将稚鲵吸引到相对固定的位置集中摄食。驯化摄食有利于在饵料中添加预防药物,预防疾病发生,同时驯化摄食便于残饵清理,减少对水质的污染。投喂量根据稚鲵的摄食情况及时调整,一次投喂量以 2 ~ 3 小时内将饵料吃完为宜,投饵每天下午 6 点进行,1 天 1 次。

(2)调整密度　随着养殖进行,稚鲵规格不断增大,须对养殖密度进行及时调整。一般要求,6 厘米以下规格时,放养 200 尾/米$^2$,6 ~ 10 厘米规格时,放养 150 尾/米$^2$,10 ~ 15 厘米规格时,放养 100 尾/米$^2$,15 ~ 20 厘米规格时,放养 70 尾/米$^2$。放养密度的大小不是固定不变的,生产中可参考养殖水体条件进行适当调整,水源好,水流交换量大,可以提高放养密度;相反,水源差,水流交换量小,则应减少放养密度。

（3）调控水体　重点是加大换水量。净水养殖，随个体增长，每次换水量由1/3水量到1/2水量逐渐增至2/3水量，换水次数由1～2天换水1次增至每天换1次。流水养殖则需增加水的流量。同时注意适当提高水位，调大增气量。

（4）调温控光　在适宜的温度内，稚鲵才能快速生长。因此养殖期间，要把水温调控在（19±2）℃。注意采用地下水，流水养殖时，增加流量，水温随之降低，为提高地下水的温度，应考虑采用储水池调整水温。光照强度控制在100～500勒，并避免强光直射。

3. 外鳃脱落期养殖

经过5～6个月不冬眠饲养，稚鲵全长达15～18厘米，体重达20～25克，外鳃完全消失。外鳃萎缩顺序为第一对外鳃首先萎缩消失，最后为第三对外鳃萎缩消失，此时肺已发育完全，内有许多肺泡。此时稚鲵主要用肺呼吸，稚鲵的身体结构趋向成体，皮肤已能分泌黏液，部分个体背部出现自然色斑块，腹部暗紫色，爬行活动，畏光喜暗，心脏一心室两心房，血液鲜红，心率平均55次/分。

稚鲵的外鳃脱离，主要是因内分泌腺发生变化引起的。尤其是甲状腺，其分泌的甲状腺素能促进稚鲵的外鳃脱落。稚鲵外鳃脱落的时间，一方面与遗传基因有关，另一方面还受环境因子（如营养、水温等）的影响，这些因素是通过激活内分泌腺的活动而起作用的。水温（19±2）℃时，大鲵不冬眠，5～6个月其外鳃就完成脱落；而水温0～18℃时，稚鲵的脱鳃时间长达12个月以上。

外鳃脱落期也是大鲵死亡率较高的时期之一，此期除保证饵料新鲜外，应提高水温，保持水质清新，增加溶氧量，加快稚鲵生长，促使其完成脱鳃。

**（三）幼鲵期养殖**

幼鲵期是指完全脱去外鳃，至大鲵性腺成熟前的时期，这一时期较长，一般经历6～7年。养殖状况下，达到性腺成熟的大鲵个体多在4～5千克，最大个体生长可达10千克以上。与幼鲵期不同，生产中幼鲵养殖期，是指稚鲵培育结束1年内的幼鲵养殖。在幼鲵养殖期内，大鲵个体一般为2龄，体重多在1千克以下。

幼鲵期养殖采用净水养殖或流水养殖均可。

1. 严格培育池和幼鲵消毒

（1）培育池准备和消毒　稚鲵通过6～12个月的饲养，外鳃完全脱落，个体发育进入幼鲵阶段。与稚鲵相比较，幼鲵的生态、生理特点发生了较大改变，尤其突出的是幼鲵不再用鳃呼吸，而是变为肺呼吸为主、皮肤兼作呼吸辅助的呼吸方式。野生状态下，进入幼鲵期的大鲵群居性下降，而人工养殖条件下，进入幼鲵期的大鲵群居性仍与稚鲵期一样明显。

随着大鲵个体的不断增大，进入幼鲵养殖期后，一般不再使用盆、筐养殖大鲵，而多采用砖混结构的池子养殖大鲵。池子面积为5～10米$^2$，池深50厘米，水深10～15厘米。池内仍需用石块或瓦块堆成人工穴洞或人工弧洞，洞穴深度比幼鲵全长稍长，宽度可使其自由出入。

放养之前7～10天，清除池中杂物，向池中注满水，采用20毫克/升高锰酸钾或5毫克/升二氧化氯浸泡消毒，1～2天后，将消毒液排出，清水冲洗池子1～2次，加水待用。

（2）幼鲵消毒　幼鲵相对娇嫩，在运输、暂养和倒池过程中，很容易受伤而感染水霉病及其他细菌性疾病。因此，幼鲵放养时必须进行体外消毒。消毒方法主要为药浴，药浴有两种形式，一种是在容器内进行，另一种是在培育池中药浴。容器内药浴，是在幼鲵放养之前进行，培育池药浴是在幼鲵下池后的当天进行。

1）药浴浓度　幼鲵的消毒药物，主要有二氧化氯、氟苯尼考、聚维酮碘、高锰酸钾和氯化钠等。目前主要采用二氧化氯和氯化钠溶液浸洗消毒。幼鲵常见消毒药物使用方法见表6－2。

**表6－2　幼鲵常见消毒药物使用方法**

| 药物名称 | 容器内药浴 | | 全池泼洒 | |
|---|---|---|---|---|
| | 浓度（毫克/升） | 消毒时间（分） | 浓度（毫克/升） | 消毒时间（小时） |
| 二氧化氯 | 1 | 30 | 0.3 | 4 |
| 高锰酸钾 | 8 | 20 | 2 | 2 |

续表

| 药物名称 | 容器内药浴 | | 全池泼洒 | |
|---|---|---|---|---|
| | 浓度(毫克/升) | 消毒时间(分) | 浓度(毫克/升) | 消毒时间(小时) |
| 氯化钠 | 2% | 30 | 1% | 2 |
| 聚维酮碘 | 按使用说明用药 | | | |

2)药浴方法　①容器内药浴。选择塑料或搪瓷容器,装入一定量的清水,按比例计算消毒药物用量,溶解后将药液倒入上述容器内,搅匀,将幼鲵放入药浴。药浴结束后,取出幼鲵放入培育池加注清水养殖。②养殖池药浴。测量池子的面积、水深,计算池内水的体积,按比例计算消毒药物用量,溶解后将药液均匀泼洒入池内。药浴结束后,排干池水,重新加注清水养殖幼鲵。

3)注意事项　①药浴时间视药物种类、药浴时的水温及幼鲵状况而定。②药浴使用的药物质量必须保证。③药液须当时配制,当时使用。④如果两种药物合用时,应分别先在不同容器中溶解,待全溶解后一同倒入药浴容器。⑤药浴期间要有专人值守,发现大鲵异常应立刻终止药浴,并将幼鲵放到清水中去。

2. 控制密度,及时分养,分级培育

幼鲵养殖初期,个体全长达 25 厘米以上,体重达 30 克左右时,每平方米放养幼鲵 50 尾。随着养殖进行,幼鲵规格不断增大,养殖个体间出现大小分化,须对不同规格的幼鲵分池饲养,并对养殖密度进行及时调整,否则会发生弱肉强食现象。

幼鲵养殖一段时间后,根据幼鲵生长的具体情况,实行大、中、小分级、分池饲养。幼鲵养殖期(养殖规格 30 ~ 1 000 克,养殖期 12 个月)内,放养密度一般为 3 ~ 50 尾/$米^2$。具体放养密度可根据养殖环境、养殖方式、供水模式、幼鲵个体大小、饵料供应及管理水平等情况调整确定。分养前要做好培育池及操作工具的消毒工作。

3. 水质管理

幼鲵培育池水质管理包括控温、水质调节等内容。幼鲵培育池面积小、水浅、放养密度大,特别是控温培育,在为幼鲵创造一个优良培育条件的同时,也加大了环境的恶性循环。即使不断换水,随着病害防治时间的延续,每次换水所起的作用将会一次比一次小。生态环境受到破坏，开始是抑制幼鲵的生长，进而将诱发有害微生物的滋生，造成幼鲵产生疾病。

为了预防细菌性和病毒性疾病，维持幼鲵培育池良好的生态环境至关重要。在防治病害过程中，必须坚持以预防为主、防治结合的原则。因此，要定期对幼鲵池水进行药物消毒及在饲料中添加药物进行预防。

(1)控温　水温 1 ~ 26℃时幼鲵均能生存。在适宜的生存温度范围内，幼鲵的生长随着温度的上升而加快，随着温度的下降而变慢。由低到高，水温升至 8℃以上时，幼鲵开始摄食，生长逐渐开始；水温升至 12℃以上时，摄食量增大，生长逐渐加快；水温达到 16 ~ 22℃时，摄食达到高峰，生长速度最快；水温升至 26℃以上时，幼鲵摄食停止，进入“夏眠”状态，生长也逐渐停止。因此，在幼鲵的养殖过程中，控制水温在其适宜的生长范围内，是促进大鲵的快速、健康生长的有效措施。

室内培育池，则可采用塑料棚保温或加温措施，使池水温度保持在幼鲵生长的适宜范围内(18 ± 2)℃。对于不同生长季节：夏季控温可采用机械制冷或使用地下凉水，将水温降至幼鲵适宜生长的水温，春、冬季可采用加温调节水温至幼鲵生长的最佳水温范围内。但无论采取哪一种的控温方式，都应注意幼鲵对水温变化十分敏感，如在 2 小时内水温差达到 5℃以上时，则会造成幼鲵生病，甚至导致死亡。为了保证控温培育的正常进行，控温之前，都要对各控温设施进行全面的生产安全检查及维修。

(2)换水与排污　影响水质变坏的因素主要是残饵和幼鲵排泄物的沉积，长时间不清理，沉积物会分解产生有害养殖的甲烷、硫化氢等有毒气体。因此，幼鲵培育池要及时清除残饵、及时清除排泄物，净水养殖池要定期进行换水，保持池水不受污染。换水可根据幼鲵培育池水质的实际情况进行，夏季高温季节，一般每天换去池水量的 2/3。流水养殖池则需加大给水量。

(3)调节水质　幼鲵培育对水质要求：水体清澈透明，硬度 2 ~ 4 毫摩/升，溶氧量大于 3 毫克/升，氨氮浓度小于 0.04 毫克/升，亚硝酸盐浓度小于 0.02 毫克/升，pH 值 6.5 ~ 7.5。调节水质的措施，除了换水、排污之外,采用净化、矿化装置处理循环水和机械增氧,是一项重要措施。也可定期施用水质改良剂,对池水进行消毒和水质改良。

4. 幼鲵饵料及投喂方法

水温适宜的条件下(18±2)℃,幼鲵生长速度及养殖成活率主要取决于饵料的优劣和投饵技术的好坏。幼鲵养殖要求所投喂的饵料营养丰富且易于消化。

(1)幼鲵饵料的种类　幼鲵饵料的种类很多,一般分为鲜活动物饵料和人工配合饵料。鲜活动物饵料主要包括枝角类:如蚤状蚤、隆线蚤等;水生寡毛类:如水丝蚓、尾鳃蚓等;水生昆虫幼虫:如摇蚊幼虫等;鱼类、虾、溪蟹等。人工配合饵料主要是指采用甲鱼、鳗鱼等饲料人工配制的幼鲵饵料。解决幼鲵的饵料要因地制宜,因时制宜,多渠道获得。

幼鲵对饵料的摄食和消化能力,随着个体的增长而增强。个体较小的幼鲵,其摄食的食物种类有限,大多局限于大型枝角类、水生昆虫幼体等;随幼鲵个体逐渐长大,大鲵摄取食物的范围迅速扩大,当幼鲵生长到50克以上时,大鲵即可摄食小的鱼、虾等活饵料及人工配合饵料。

(2)幼鲵的驯食　幼鲵养殖过程中,活饵料供应往往不能满足生产的需要,因此,提供人工非活饵料饲养幼鲵成为经常的选择。然而,幼鲵一开始不适应吃食人工非活饵料。为了改变幼鲵的摄食方式和饵料品种,加速其健康生长的速度,须对幼鲵进行驯食养殖。因此,驯食成功与否就成了培育幼鲵成败的关键。幼鲵驯食需要15~20天的时间,驯食须达到两个改变:即改幼鲵分散觅食为定位摄食,改幼鲵摄食鲜活饵料为吃食非活饵料。具体驯食步骤:

首先改幼鲵分散觅食为定位摄食。驯食前,幼鲵的摄食是分散的、无规律的,驯食开始时,将活的水蚯蚓(只在原地蠕动、不能爬动)撒在培育池四周的池底,让幼鲵自由摄取。待幼鲵对水蚯蚓形成摄食习惯之后,逐步减少投放点,同时,随幼鲵摄食、活动能力增强,饵料投放点逐步向食场集中,最后形成幼鲵定位摄食。

第二改幼鲵摄食鲜活饵料为吃食非活饵料。当幼鲵对活的水蚯蚓形成定点摄食习惯后，逐步降低活水蚯蚓的投放比例，增加冰鲜水蚯蚓的投放比例，两者的比例可从开始的9∶1，逐步调整为8∶2、7∶3、6∶4、5∶5、4∶6、3∶7、2∶8、1∶9，每一比例持续2～3天，直至幼鲵能够完全摄食冰鲜水蚯蚓。幼鲵习惯摄食非活饵料后，可以逐渐在其食谱中添加其他饵料品种，这样既改善了幼鲵的营养组成，也扩大了饵料来源。对幼鲵的养殖十分有利。

(3)幼鲵投喂技术　幼鲵投喂技术，坚持做到"四定"投饵。即：

定位：固定投饵场所，饵料要投喂在固定的食场范围内。定位摄食，能促进大鲵集中摄食。集群摄食，不但能提高大鲵的食欲，增加摄食量，而且还可减少饵料损失，提高饵料效率。同时，集中、定位摄食，也有利于防治病药物在饵料中的添加和投喂，便于对大鲵疾病有计划、统一防治。

定时：依据大鲵的生物学特性，按季节、水温、水质状况等有计划按时投饵。夏、秋季投喂时间为每天晚上8～10点，冬、春季投喂时间为每天下午4～6点。投喂频率视水温而定，适宜水温范围内，每天投喂1次；低于适宜水温，可2～3天投喂1次。

定质：投喂的饵料要求新鲜、洁净，不腐烂、不霉变。投喂鲜活动物饵料，要经常调换品种，避免单一饵料品种造成营养不全而影响幼鲵生长；冰鲜饵料储藏时间不宜过久，冰鲜前不能掺杂腐败变质的饵料。投喂人工配合饵料，饵料要保存在低温、干燥、不受潮之处。

定量：根据养殖季节、养殖水温、水质状况、饵料品质、大鲵健康程度等不同因素，确定饵料的投喂量。幼鲵投饵量以每次投喂后2小时内吃完为宜。投饵量一般为体重的2%～5%。

## 四、日常管理

### (一)巡查养殖池

巡查养殖池是日常管理的重要工作，每天早、晚各一次。巡查的主要目的是：观察大鲵的活动与摄食情况，确定下次的投饵量，检查注、排水管道是否正常，发现问题及时采取措施。

### (二)清理残饵和粪便

每天固定时间清理残饵和粪便，此项工作可结合早起巡查养殖池一起进行。

**（三）调水调温**

净水养殖需按要求定时换水；流水养殖需按要求调整流量。调水的同时，注意调节水温，使水温满足大鲵生长的要求。

**（四）记好池塘日志**

每个养殖池都应建立记录档案，每天记载天气情况、水温和投饵情况，注排水、大鲵的摄食活动情况，疾病防治措施，以及放养量等，以便不断提高技术水平。

另外，还要做好大鲵的疾病防控工作。

## 第二节　成鲵养殖管理关键技术

### 一、成鲵的生态、生理习性

大鲵属变温动物，野生大鲵常生活在深山密林的溪流之中，喜阴怕光，喜静怕噪，营底栖生活，爱昼伏夜出。生活的水体水质硬度一般在 0.8～2.1 毫摩/升，pH 6.0～7.5，溶氧量常年大于 6 毫克/升。大鲵可在 0～26℃的水温范围内生存，适宜生长水温为 15～25℃，最适生长水温为 16～21℃。当水温低于 9℃或高于 25℃时，大鲵行动迟钝，食欲低，摄食量减少，分别进入冬眠和夏眠时期，生长发育变缓。大鲵成鲵适应的光照强度为 50～300 勒。

大鲵为肉食性。野生状态下，一般不集群，即便穴居，也很少聚堆。人工饲养条件下，大鲵白天长时间躲藏于人工洞穴内，有聚堆现象，夜间外出觅食。大鲵可摄食鲜活饵料及冰鲜饵料。

### 二、成鲵养殖体制

成鲵养殖分室外养殖和室内养殖，控温养殖和非控温养殖，静水养殖和流水养殖。一般控温养殖多采取室内、静水养殖的形式；而非控温养殖多采取室外、流水养殖的形式。当然，室内非控温、流水养殖和室外非控温、静水养殖的形式也很常见。大鲵室内流水养殖见图 6 –4，大鲵室外流水养殖见图 6 –5，农户家庭静水养殖见图 6 –6。

**图 6 –4　大鲵室内流水养殖**

**图 6 –5　大鲵室外流水养殖**

比较几种养殖体制，非控温养殖，利用自然条件，露天建池养殖大鲵；或利用自然水温，室内建池养殖大鲵。其特点是不加温，基础

图6-6　农户家庭静水养殖

投入少，经济实惠。但由于不能保障养殖温度始终处于大鲵适宜的生长温度范围内，养殖中，随着自然温度的变化，大鲵可能出现“冬眠”或“夏眠”现象，从而会延缓大鲵生长，增加养殖周期，提高养殖成本。

控温养殖，在室内建造养殖池，采用加温设备或降温设备，使水温保持在16～21℃，始终处于大鲵适宜的生长温度范围内，养殖中，不受自然温度变化的影响，大鲵不会出现“冬眠”或“夏眠”现象，其摄食、生长正常，大鲵生长速度快，养殖周期短，场地和资金周转快。

生产中选用何种体制养殖，要因地制宜，不盲目模仿，充分利用现有资源，促进大鲵养殖健康发展。例如，一些闲置的地下室、山区隧道等处，室温（18～25℃）恒定，如果水源允许，通过改造就可以用来养殖大鲵。水源相对丰富的地区也可利用水流量的变化调整养殖池的水温。

## 三、苗种放养

**（一）养殖池的准备**

成鲵养殖池有室外和室内两种类型。室外培育池面积5～20米$^2$，池深1.2米；室内培育池面积2～10米$^2$，池深0.8～1.0米。池子建造可参照亲鲵培育池进行。

苗种放养前排查注、排水管有无损坏，池壁是否渗水，过滤池、过滤装置及控温机械有无故障，发现问题要及时维修。

放苗前7～10天，清除池中杂物，注满池水，采用20毫克/升高锰酸钾或5毫克/升二氧化氯浸泡消毒,1～2天后,将消毒液排出,清水冲洗池子1～2次,加水待用。

**(二)放养苗种的规格与体质**

放养优良幼鲵成鲵饲养成功的物质保障之一。优良幼鲵在饲养中生长快,成活率高。生产上对放养幼鲵的基本要求是:数量充足,规格合适,体质健壮,无病无伤,但规格究竟多大最合适,这既要考虑不同发育阶段的大鲵生长规律又要考虑养殖效益。成鲵养殖放养幼鲵的最小规格是1千克。

在考虑成鲵养殖的放养规格时,还须结合养殖周期来安排。所谓养殖周期是指大鲵从仔鲵养成成鲵所需的时间,包括仔鲵养殖期、稚鲵养殖期、幼鲵养殖期和成鲵养殖期。其时间的大致分配是:仔鲵养殖期1个月,稚鲵养殖期7～12个月,幼鲵养殖期10～12个月,和成鲵养殖期1～5年。一般养殖条件下,大鲵的养殖周期需要6～7年。

在确定成鲵养殖期长短时,要依据大鲵的最佳生长期,成活率,利用价值,市场消费习惯等各方面综合因素制定。否则:养殖周期过长,养殖消耗大,死亡率高,管理费用增加,资金和场地周转率低;周期过短:大鲵利用价值低,苗种消耗大,也不经济。

根据养殖经验,大鲵在3～6龄增肉量最快。如养殖措施适当,大鲵可由2龄时的1千克体重,增长到3龄时的2千克、4龄时的3千克、5龄时的4千克、6龄时的5千克体重。目前,群众多采用2～3年的成鲵养殖周期,即由2龄时1千克左右的幼鲵,经2～3年的饲养,养成3～4千克体重的成鲵,期间根据市场需要缩短或延迟养殖周期。随着生产的发展,尤其是大鲵养殖技术的不断改革和提高,缩短大鲵养殖周期的趋势将会越来越明显。

成鲵养殖放养的幼鲵,除要求个体大,规格统一外;还要求幼鲵体质强壮,体型正常,体色润泽,头宽背阔,摄食时争先,游动迅速等。

**(三)苗种消毒**

苗种放养过程中,容易使幼鲵受伤而感染水霉病及其他细菌性疾病。为预防疾病发生,苗种放养时必须进行体外消毒。

所有操作工具在用前必须消毒,并做到专池专用。

**（四）合理密养**

在成鲵养殖中，苗种的放养数量直接关系到成鲵产量的高低。一定条件下，为充分发挥养殖场地的生产潜力，适当加大放养密度，可以提高单位面积的产量。但是，当放养密度超出一定范围时，产量不仅不能提高，反而会使大鲵的相互攻击增加，养殖水体污染加快，大鲵病害增多，反而影响养殖产量的提高。因此，在苗种放养时，要合理密放。为节约成本，提高单位面积的养殖产量，成鲵养殖可适当密放。但具体放养密度可根据养殖环境、养殖体制、供水模式、幼鲵规格、饵料供应及管理水平等情况调整确定。

确定放养密度主要参考下列事项：

1. 水源充沛情况

水源充沛，水质良好，放养密度可适当增加。因为高密度养殖，大鲵耗氧多，排泄物多，水质易恶化。而水源充沛时，则可以加大注水量，改善水质状况，有利于大鲵生长。相反，如果水源紧张，注、排水不方便，调节水质困难，应适当降低放养密度。

2. 饵料充沛情况

饵料是大鲵养殖最基本的物质基础，在饲养过程中，如能供应较多饵料，大鲵的食料充足，放养密度就可增大。相反，如果饵料不足，应适当降低放养密度。

3. 苗种充沛情况

幼鲵供应是涉及生产成本的问题。如果不考虑苗种来源，而盲目多放，尤其是在外购或成本高的地区，放养密度增加，就加大了苗种成本。期间如果养殖措施跟不上，养殖周期就会延长，也会增加养殖成本。另外，在苗种缺乏而池子较多的情况下，更不要盲目增加个别池子的放养密度，否则会使部分池子因苗种不够而荒废。

4. 苗种规格大小

放养前要对幼鲵的数量和规格进行筛查，以便统一规格，分级饲养。同一种规格的个体，在摄食能力和摄食强度上基本相同，生长速度基本一致，可避免个体大小不一混养造成相互残食。幼鲵规格不同，其摄食强度和生长速度亦不相同。放养规格大，摄食强度高，生长速度快，水质污染也快，应适当降低放养密度。相反，放养规格小，可适当增加放养密度。

5. 养殖体制

成鲵养殖分室外养殖和室内养殖，控温养殖和非控温养殖，静水养殖和流水养殖。养殖采取室内、控温、流水养殖则可增加放养密度，相反，室外、非控温、静水养殖则应降低放养密度。

6. 管理水平

管理水平高低与饲养管理工作精细与否，与放养密度关系密切。管理水平高，饲养管理工作精细，放养密度可适当增加，反之放养密度须减低。

成鲵养殖初期放养密度参考表见表6－3。

**表6－3　成鲵初期养殖放养密度参考表**

| 饲养方式 | 放养规格（克/尾） | 放养密度（尾/米$^2$） |
|---|---|---|
| 控温饲养 | 200 | 8～10 |
| 流水饲养 | 200 | 6～8 |
| 常温饲养 | 200 | 2～4 |
| 地下室饲养 | 200 | 4～6 |

## 四、投饵

在大鲵的饲养管理中，投饵是最经常性的工作，投饵的基本要求是足、匀、好，同时要做到早开食、晚停食。投饵方法合理，可以节约饵料，降低饲养成本。否则大鲵既易患病，又浪费饵料，影响产量。养殖生产中，为了保证高产、稳产的饲养效果，必须广开大鲵的饵料来源并提高饵料质量，改进投饲技术。

### （一）饵料种类

成鲵养殖可用的饵料范围较多，包括动物性饵料和人工配合饵料。

动物性饵料包括：各种鱼类（鲢鱼、鲫鱼、鳑鲏、泥鳅、黄鳝等）、两栖类（青蛙、蟾蜍）、贝类（螺）、甲壳类（虾、蟹等）及鸡胚、鸭胚、鹅肝和猪、牛、羊等肉类及其下脚料等。从经济性和安全性考虑，可常年采用白鲢和其他野杂鱼作为大鲵的饵料。

人工配合饵料主要是指采用甲鱼、鳗鱼等饲料混合新鲜的动物性饵料人工配制的成鲵饵料。目前,由于大鲵人工配合饵料的开发使用还处于初始阶段,因此,人工配合饵料在大鲵养殖中的使用十分有限。选择大鲵饵料时要注意如下问题:大鲵饵料要因地制宜,因时制宜,根据当地饵料资源,"购(买)、采(集)、养(殖)"多渠道获得。大鲵饵料必须是鲜活或冰鲜的,饵料中的营养是确定的,且大鲵容易摄食和消化。选用的大鲵饵料必须是无毒、安全可靠。腐败变质的饵料不能选,死因不明或农药毒死的动物性饵料不能选;采用蚯蚓投喂大鲵,必须将蚯蚓用竹签翻过洗净以后投喂;可能有寄生虫寄生的饵料,需要加温灭虫后才可投喂;虾、蟹有坚硬螯钳的需去掉螯钳后投喂;鱼肉有硬刺、大刺的,应去掉硬刺、大刺后投喂。大鲵饵料要经济,且容易获得。

**(二)投喂技术**

1. 投喂时间及投喂频率

大鲵昼伏夜出,夜间摄食。夏、秋季投喂时间为每天晚上 8 ~10 点,冬、春季投喂时间为每天下午 4 ~6 点,定点定时,投喂点在巢穴附近的空地处。

投喂频率视水温而定,成鲵在适温条件下,消化吸收旺盛。在适宜水温(15 ~21℃)范围内,每天投喂 1 次;低于适宜水温(小于15℃),可 2 ~3 天投喂 1 次;水温低于 5℃,或高于 26℃时,停止投饵。

2. 投喂量的确定

影响成鲵摄食因素很多,如养殖季节、投饵频率、养殖水温、水质状况、饵料品质、大鲵健康程度等。成鲵对饵料的需要量,可按成鲵池中成鲵的体重、日投饵率来计算,其计算公式为:

$$A = W \times E$$

式中 $A$ 为日投饵量,$W$ 为大鲵体重,$E$ 为投饵率。

投饵率一般是根据投饵期间养殖水温来确定的。根据水温确定投饵率的理由是:大鲵在适温范围内,正常健康状况下,其摄食量和增重量与温度成正相关。

水温 10℃以上时,大鲵摄食生长;水温 18 ~23℃时,大鲵摄食量最大,生长最快;水温升至 26℃以上时,大鲵摄食量下降;水温达到

28℃时，大鲵进入“夏眠”，停止生长。不同水温条件下大鲵的投饵标准见表6－4。

表6－4　不同水温条件下大鲵的投饵率

| 水温（℃） | 10～13 | 14～16 | 17～19 | 20～23 | 24～25 | 26～28 |
| --- | --- | --- | --- | --- | --- | --- |
| 投饵率（%） | 0.5～1.0 | 1.0～1.5 | 2.0～3.0 | 3.0～4.0 | 1.0～1.5 | 0.2～0.5 |

采用水温确定投饵率的方法，是基于大鲵体重处于同一水平得出的，但在饲养后期，大鲵的实际个体已长大，其摄食量和增重量相对小个体大鲵要高。因此，依靠水温确定大鲵投饵率时，应注意温度相同条件下，当提高大个体大鲵的投饵率。采用这种方式计算出来的日投饵量，可作为准备投饵的参考，而实际投饵量则须根据大鲵每天摄食情况的具体变化酌量增减。

3. 投喂方法

投饵要按“四定”的方法进行，即投饵定位、定时、定质、定量。

现据成鲵的特点提出应注意的问题：①成鲵养殖阶段，应继续设置食场，对养殖个体差别较大养殖池，要及时进行分养，以保证小个体大鲵能够吃到足够的饵料。②成鲵养殖过程中，往往因成鲵较大，适应性强，而忽视保持和提高饵料的质量。如投喂未经检疫的屠宰动物的下脚料等，很易引起大鲵感染疾病。对于大鲵饵料的质量，首先要保持饵料的新鲜度，不仅腐烂变质的饵料不能喂，对易于导致大鲵疾病的饵料要慎喂，投喂前要进行严格检疫和消毒；其次对投喂的大鲵饵料，要经精细加工，包括去硬棘（壳、鳞、刺等），切块、去除污物（毒物、粪便等）、盐水浸洗等加工办法，目的是改善适口性，便于摄食，提高饵料的营养价值。③采用甲鱼、鳗鱼等人工配合饵料饲养成鲵时，为了提高饵料的利用率，人工在调制饵料时一般要求添加部分鱼油和植物油等。油的添加量随水温不同而增减。水温18～23℃时，添加油脂10%；水温14～17℃时，添加油脂5%；低于12℃以下时，可不添加油脂。油脂添加时，可采用鱼油和植物油各半的方式添加。④大鲵养殖过程中，除坚持“四定”投饵外，还要结合季节变化和看大鲵的吃食状况调整投饵量。一年当中投饵要做到“早开食，晚停食，抓中间，带两头”。

除加温养殖大鲵模式外，冬季室外自然水温开展的养殖，大鲵处于越冬期，一般不投饵。但养殖池建在室内，或室外池水温高于10℃时，可少量投饵。中原地区每年的12月至翌年2月间，可按大鲵体重5%的饵料量，分不同时间投喂；也可在12月初，将需要投喂的鱼、虾等活饵料一次投入养殖池中，让大鲵自然摄食。

随水温升高，春季大鲵食欲增大，投饵量也须逐渐增加，但这时大鲵疾病也开始出现，因此，对投饵量的增加要有个渐进的过程，否则既浪费饵料，又容易使大鲵患病。

夏季要注重高水温的出现，特别高温天气，当水温升至26℃时，要加注新水降温，避免“夏眠”的出现，影响大鲵的生长。秋季随水温降低，大鲵摄食下降，但要逐渐减食，并尽量延长大鲵的摄食时间。

观察大鲵的吃食状况，是确定投饵量最直接的参考数据，每次观察食场的饵料能很快吃完，且大鲵活动正常，应适当增加投饵量；相反，如较长时间吃不完，则应减少投饵量。投喂刚刚宰杀的鲜鱼，吃完的时间一般不超过2小时；投喂动物内脏等以3~4小时内吃完为宜。

## 五、水质调节

所谓水质调节，包括两方面的内容，一是调节水温在大鲵生长的适宜温度范围，另一保持水质清新、溶氧丰富。养殖池水质好坏直接影响成鲵摄食、生长和其疾病的发生情况。水质好，水温适宜，大鲵摄食旺盛，生长快，体质强壮，发病率低。养殖中水质调节的常用措施有换水、清污和药物消毒。

**（一）保持水质清新，维持水温稳定**

成鲵养殖，由于投饵量大，粪便和残饵积累多，水质污染快，养殖池要经常换水。换水时既要考虑改善水质，维持水质清新，同时又要考虑维持水温稳定。一般换水前后，水温差不宜超过±3℃，否则容易引起大鲵严重的应激反应，造成体质下降，影响养殖。为此，换水前要对水源水和池水的温差有所了解，当温差过大时，必须预先调节，最常用的方法是建设储水池，在储水池中对水源水进行调节后使用。

静水养殖，冬季越冬期基本不换水。春季可10天部分换水1

次，每次换水 1/2～2/3；20 天大换水 1 次，将池水全部排干，换成新水。夏、秋季 2～3 天部分换水 1 次，每次换水 1/2～2/3；10 天大换水 1 次，将池水全部排干，换成新水。

流水养殖，一般将进养殖池的水流调至微流状态，这样既能改善水质、保持水质清新，又能基本维持水温稳定，但即使是流水养殖，也要定期排污。

**（二）保持环境卫生，维持溶氧丰富**

为保持养殖水质良好，环境清洁、卫生，除定期换水外，还要及时清除池内脏物，包括捞除浮在水面上的残饵、污物及清除池底的粪便等。池面漂浮要随见随捞；池底的脏物，冬、春季 2～3 天排污 1 次，夏、秋季每天都要排污 1 次。建池时由于池底有坡度，排污很方便，只要将排污管拔出，很快就能将污物排光，然后补充部分新水即可。

部分养殖场定期对养殖池池底、池壁采用钢刷或塑料刷全部刷洗的做法，认为不十分科学。首先，刷洗劳动强度大，费人费力。其次，养殖过程中，在池底、池壁会附生一些有益微生物，包括部分藻类和细菌，这些有益微生物是养殖池微生态平衡的一部分，其对分解、利用池中的有害物质具有一定的作用。采用刷子刷洗池壁，会将这部分有益微生物全部清除，重新附生池壁，又需很长时间的培养。因此，建议对池底、池壁清洗时，结合药物消毒，采取水洗（冲）的方式进行。

由于大鲵养殖换水频繁，有些甚至是流水养殖，因此环境卫生干净了，水体溶氧自然就丰富了。

**（三）定期药物消毒，防治疾病发生**

养殖水体是疾病传播的主要途径之一，定期、及时对水体进行消毒处理是控制大鲵病害发生的有效方法。成鲵养殖要定期对养殖场地（走道、排水沟、池子外壁）和养殖池进行消毒，以防疾病发生。养殖场地消毒，每周 1 次；养殖池消毒，夏、秋季 15 天 1 次，冬、春季每月 1 次。场地消毒将药物溶解后直接泼洒场地。养殖池消毒分有鲵消毒和无鲵消毒，两种消毒都可以采取浸泡法，但有鲵消毒浸泡的时间要视水温的高低而定。消毒用药物要选择无毒性、无残留、低用量的药物，按照无公害养殖要求适量用药。养殖场地和成鲵养殖池消毒方法见表6－5。

**表6－5　养殖场地和养殖池消毒方法**

| 药物名称 | 场地消毒（毫克/升） | 养殖池无鲵消毒（毫克/升） | 养殖池带鲵消毒（毫克/升） |
|---|---|---|---|
| 二氧化氯 | 5～8 | 1～2 | 0.1～0.2，水温（15±2）℃，消毒1小时 |
| 聚维酮碘 | 8～10 | 1～2 | 0.2～0.5，水温（15±2）℃，消毒1小时 |
| 高锰酸钾 | 15～20 | 10～15 | 1～2，水温（15±2）℃，消毒1小时 |

## 六、成鲵分养

在成鲵养殖过程中，大规格成鲵摄食量大，生长快，小规格成鲵抢食差，摄食量少，生长日趋缓慢。成鲵经过一段时间的饲养，由于生长差异，个体大小差别日趋显著，同一养殖池中，就出现大、中、小的个体分化。为避免差异个体间的相互撕咬，促进大鲵均衡生长，对成鲵进行适时分级、分池饲养十分必要。

### （一）分养方法

成鲵养殖过程中，大、小个体的分化是逐渐出现的，因此，分养不一定统一行动，而应长期进行。分养采取分拣的方法，发现与群体差异比较大的个体（较大个体和较小个体），及时分拣出来，放入相应规格群体的池子（较大规格养殖池和较小规格养殖池）中饲养，而大部分相差不大的个体，则继续留在原池饲养。

### （二）分养注意事项

分养要有足够的养殖池，以备放养不同规格的大鲵进行饲养，养殖池的规格应符合成鲵养殖的要求，分养出的个体与大群体间要有明显的差异。个体差异显著时，可随时分养；个体差异不大时，建议不要盲目分养，以免惊扰大鲵，影响其生长。分养后放养密度可参考成鲵养殖放养密度进行。但分养后的放养密度一般不要超过原有的放养密度，否则，分养意义不大。分养操作要轻便、细心，避免大鲵受伤。分养池和原池水温要基本接近，否则，容易引起大鲵应激反应，影响大鲵生长。分拣出的大鲵，可单独进行药浴消毒，以防疾病发生。

## 七、日常管理

日常管理的内容很多，工作十分重要，它贯穿了包括养殖计划制订、池子消毒、养殖模式确定、苗种放养、投饵管理、经营利用和成本核算等整个大鲵养殖过程。日常管理要有很强的科学性，它是最终决定大鲵养殖成败的关键。只有科学地将各项工作衔接起来，才能最大程度的发挥池子、水源、苗种和饵料等各项物质基础的生产潜力，才能实现最佳的养殖效果。

成鲵池的日常管理，归纳起来主要包括如下工作。

**（一）巡查养殖池**

巡查养殖池是日常管理的重要工作，每天早、晚各1次。巡查的主要目的是：观察大鲵的活动与摄食情况，主要了解成鲵在食场中摄食是集中还是散乱，看是否抢食或有无吐食现象，以便掌握大鲵的实际摄食量，确定下次的投饵量；检查注、排水管道是否正常，发现问题及时采取措施，防止渗水、溢水、大鲵外逃等。

**（二）清理残饵和粪便**

每天固定时间清理残饵和粪便，此项工作可结合早起巡查养殖池一起进行。

**（三）调水调温**

净水养殖需按要求定时换水，流水养殖需按要求调整流量。调水的同时，注意调节水温，使水温满足大鲵生长的要求，尤其是夏季高温季节，要注意避免“夏眠”现象的发生。防高温的主要措施：室外池要搭设遮阳网，降低光照强度；增大换水量，通过流水降低水温。

**（四）做好疾病防治工作**

通过巡池、喂食、换水、清污等日常活动，观察大鲵的活动情况，如发现成鲵有离群独游，要检查病况，采用隔离防治措施，及时治疗。

**（五）记好养殖日志**

养殖日志是关于养殖措施和大鲵情况等的简明记录，是据以分析情况、总结经验、检查工作的原始数据，也是下一步改进技术、制订计划的参考，实行科学养殖，每个养殖池都应建立记录档案，这是最基本的工作。

养殖日志通常须记录下列项目:①日期:年、月、日。②天气状况:晴、云、阴、雨、风等。③气温和水温:一般每天测两次,早巡查时一次,代表最低温度,下午2~3点测量一次,代表最高温度。④水质变化:包括透明度、pH值、溶氧等。⑤放养、分养记录:包括规格、数量、总重量、最大和最小规格、幼鲵平均体长、最大和最小体长,其他情况等。⑥成长度记录:抽样尾数、每尾的体长、重量、平均体长、平均重量等。⑦投饵记录:投喂饵料种类、数量、投饵时间。⑧注、排水记录:注、排水时间和注、排水量。⑨用药记录:用药种类、剂量、时间、效果等。⑩大鲵动态:包括吃食状况(饵料有无剩余、剩余多少)、大鲵活动状况疾病情况及防治措施等。

养殖日志须制成适当的表格(一种或数种),分别逐日或按期填写。

# 第七章　大鲵的病害防治关键技术

我国大鲵疾病的防治是在大鲵养殖业迅速发展而大鲵疾病研究严重滞后的情形下开展的。目前，虽然有关科研院所、大专院校和基层的科学技术工作者对大鲵疾病防治做了大量的工作，取得了许多有价值的防治方法。但这些方法多是借鉴鱼病的防治措施，而缺乏对大鲵疾病病理的科学研究。因此，从防治效果上看，虽有许多成功的范例，但每当遇到严重的暴发性疾病及其他的疑难病症时就显得束手无策了。

在具体的防治大鲵疾病过程中，过度依赖药物治疗，而忽视了其他因素对防治大鲵疾病的影响，许多养殖单位把药物当作防病治病的唯一手段。一旦大鲵疾病发生时，不是对症下药，而是手中有什么药就用什么药，加上急切治愈大鲵疾病的人为因素。因此，在使用药物时，存在盲目性、超剂量、滥用药等具体问题。这样用药的后果，不但无谓地增加了养殖成本，而且很有可能引起大鲵慢性中毒死亡，造成病原体的耐药性，从而影响了防治效果。在防治大鲵疾病过程中，要注重环境对大鲵的影响，为大鲵提供一个健康养殖环境，提高预防在整个防病中的地位和作用。

目前，就国内大鲵疾病的防治，除常规的药物治疗外，缺乏免疫防治的措施，因此，在今后的防治病过程中，在逐步完善药物防治的同时，要重点加强大鲵自身免疫力和抗病力的研究，使我国的大鲵养殖业朝着健康的方向发展。

# 第一节 大鲵病害发生的原因

大鲵长期生活在复杂的水环境中，其生长和生活除了受水环境的影响外，还受到人为因素、生物因素的影响。当养殖环境发生不利于大鲵的变化，或者大鲵不能适应环境条件变化时，大鲵就会减弱或失去对病原体的抵抗力，造成疾病的发生。大鲵发病的原因归纳起来是环境因素、生物因素、人为因素和体内因素相互作用的结果。现将诱发大鲵发病的具体因素阐述如下：

## 一、环境因素

一般情况下，大鲵对环境的变化有一定的适应和耐受能力。但当水体的理化状况，如水温、溶氧量、pH 值等因素的变化超过了其正常的适应范围，都会影响大鲵的生活。当这些因素变化过大，变幅过快时都会导致大鲵疾病的发生。

### （一）水温

大鲵为变温动物，体温随外界温度的变化而变化。水温过高、过低，或水温的急剧升降，均会引起大鲵不适，影响其抗病力，导致疾病的发生甚至死亡。大鲵可在 0～26℃的水中生存，适宜水温为 15～20℃。当水温低于 9℃或高于 25℃时，大鲵行动迟钝，食欲低，摄食量减少，分别进入冬眠和夏眠状态，其生长发育明显变缓。大鲵在不同的发育阶段，对水温变化的耐受力不同，短时间内，仔鲵、稚鲵要求温差不超过 2℃，幼鲵、成鲵不超过 3～5℃。生产中运输、放养大鲵时，如果水温差急剧变化，温差超过大鲵的承受能力，就会引起大鲵生病，甚至导致急剧死亡。

### （二）酸碱度

大鲵对酸碱度极其敏感，其适宜的 pH 值为 6.5～8.0。如果大鲵长期生活在过酸（pH 值 $<6$）或过碱（pH 值 $>8.5$）的水体中，大鲵的摄食量减少，生长减慢，大鲵对疾病的抵抗力减弱，容易发生疾病。当 pH 值 >9 时，会短时间内导致大鲵群体毁灭性死亡。

**（三）溶氧量**

水中溶解氧为大鲵生存所必需，溶氧量的高低也是影响大鲵健康状况的重要因素之一。一般情况下，溶氧量达到 4 毫克/升以上，大鲵才能正常摄食，健康生长，体质健壮，抗病力强，不易发生疾病。实践证明，溶氧量含量高，大鲵对饵料的利用率也高。当溶氧量低于 2 毫克/升时，一般会引起大鲵受精卵孵化不良，增加畸形苗的发生率。但溶氧量也不宜过高，水体中溶氧量过饱和时，会产生游离氧，形成气泡上升，引发苗种气泡病。

**（四）水中化学成分和有毒物质**

养殖水体中有害化学成分含量超过允许范围，可能引起大鲵发病，甚至死亡。如水体长期不清，池底堆积大量没有分解的剩余饵料、粪便等，这些有机物在分解过程中会大量消耗水中的溶氧量，同时释放硫化氢等有害气体，毒害大鲵。另外，在土壤重金属盐（汞、银、铜、铅、锌等）含量较高的地方修建养殖场，易使大鲵中毒，大鲵幼鱼若长期生活在此环境中，易引起弯体病，而且汞能在大鲵体内蓄积，浓缩倍数可达千倍以上，肌肉、肝、肾中含量较高。人若食之，大鲵体内蓄积的有害物质将会对人体造成毒害。

## 二、生物因素

大鲵养殖过程中，由于某些生物感染或侵袭大鲵而使之发病。这些能使大鲵发病的生物称为病原体。病原体包括病毒、细菌、真菌、藻类、原生动物、蠕虫、甲壳动物及软体动物等。其中由病毒、细菌、真菌、藻类引起的病害，常称作传染性疾病；由原生动物、蠕虫、甲壳动物及软体动物等引起的病害，习惯上称为侵袭性疾病。

## 三、人为因素

人为因素诱发大鲵发病的因素很多，主要表现在养殖过程中不了解大鲵的生态习性，将违背规律的行为盲目应用于生产，结果导致大鲵疾病的发生。

**(一)放养密度不合理**

生产过程中,合理的放养密度能够提高养殖产量。但放养密度过大,大鲵缺乏正常的活动空间,加之代谢物增多,水中易缺氧,会导致大鲵生长速度减慢和个体间生长差异出现。而大鲵是有同类相残习性的,因此,当养殖生产中出现个体差异时,要及时分级饲养,定期把不同规格的大鲵分开,适当降低放养密度,避免残食现象发生。

**(二)饵料质量和投喂技术**

饵料质量差,饵料营养不全(如长期缺乏维生素、无机盐等),或者投喂变质饵料;不科学的投喂,使大鲵饥、饱不定,均能造成大鲵体质下降,降低其对疾病的抵抗力,引起疾病发病。

**(三)消毒和检疫措施不完善**

鲵体、水体、食场、饵料(如捞取的枝角类、培育的蚯蚓等)、生产工具等消毒措施不完善,消毒不彻底,均会增加大鲵染病的机会,从而增加发病率。另外,引种时,如果检疫不够,把伤、病大鲵引进来,也会增大发病率。

**(四)操作损伤**

捕捞、运输、防疫及人工繁殖操作期间,常会使大鲵受伤,增加被病原感染的机会。因此,在生产操作期间,务必小心对待,避免大鲵受伤,发现大鲵受伤时,要及时进行药物防治。

**(五)其他方面**

如将病鲵到处乱扔,或将病鲵池的水抽灌到其他大鲵池中;饥饿及营养不良(稚鲵开口时长期得不到适口饵料或饵料中营养不全);环境不安静,使大鲵处于应激状态等,都会引发疾病。

## 四、大鲵致病的内在因素

大鲵发病与否,除上述因素外,主要还是取决于大鲵本身,即大鲵的免疫力。在一定外界条件下,对病原体的侵袭,并不是所有大鲵都发病。有的大鲵抵抗力强,不易发病;相反有的大鲵抵抗力弱,则易发病。大鲵的抵抗力与其种群、年龄、营养状况等有很大关系。

**(一)种群因素**

各种生物对某些疾病,特别是微生物病常有"种"的不感受性,称非特异性免疫。这种免疫能力与生物进化有关。影响大鲵非特异性免疫力的身体结构因素，主要有皮肤、黏液及吞噬作用、炎症反应等。大鲵的皮肤及黏液是抵抗微生物和寄生虫侵袭的重要屏障。因此，养殖过程中，如果大鲵体表层由于操作不当而造成损伤，病原体则易从伤口侵入，造成水霉病或溃疡等。

**（二）个体因素**

同一种群中，不同个体对疾病有不同的感受力，这种能力与个体的健康状况，也可能与遗传因子有关，通称特异性免疫，包括种属免疫、先天获得被动免疫、病后免疫和人工接种免疫等。在同一个养殖场或池的同种、同龄大鲵中，通常健康的不容易患病，体弱的容易患病。

**（三）年龄因素**

某些疾病的发生和消亡与大鲵的年龄有关，或仅仅在某个年龄段才患某种疾病。如细菌性腹胀病、水肿病通常容易感染稚鲵。

因此在养殖时，应选择优质种苗，提高其先天性抗病力，减少疾病的发生。

总之，疾病发生与否，不能孤立地考虑单一方面的因素，而要把引起疾病发生的外界因素与大鲵本身联系起来，这样才能正确分析出疾病发生的原因。同时要注重提高大鲵自身的免疫力，增强其对疾病的抵抗力，减少疾病的发生。

## 第二节　大鲵疾病的诊断方法



大鲵发病后身体会出现各种各样的病灶和病变，并表现出行为异常。为了避免治疗的盲目性，必须进行正确的诊断，只有对症下药，才能取得良好的治疗效果。

大鲵的诊断跟其他水产养殖动物的疾病诊断一样，可分为以下几个步骤。

## 一、调查发病环境

大鲵疾病有急性型和慢性型两种类型。急性型疾病，发病时间短，蔓延快，大鲵体色和体质与正常大鲵差别不大，只有病变部位稍有变化，一经出现死亡，短期内死亡率达到高峰。而慢性型疾病往往体色发黑，体质瘦弱，活动缓慢，大鲵离群独处，或在水中游泳不平衡，死亡率慢慢上升，死亡高峰出现较迟。

有些病鲵，体色、体质变化不大，但在池中急剧游动，表现出不安状态。这种现象可能由两种因素引起：一是中毒，短时间内可造成大批死亡，大鲵皮肤裸露，对药物及水质变化尤为敏感，小剂量的药物都有可能引起大鲵的批量死亡；二是寄生虫侵袭，但这种情况大鲵的死亡率缓慢增加，死亡率不会很高。

大鲵发病的环境包括周围环境和内在环境，前者主要是指水源有无污染，如工业废水，农田中的农药及生活污水的处理排放；调查应着重了解水源有没有污染和水质情况。如周围有哪些工厂，工厂排放出来的废水含有哪些对大鲵有毒的物质，这些污水是否经过处理，以及周围农田的农药施药情况，包括使用药物的种类、剂量和方法。调查时，要了解水源、水深、加水及换水情况；观察池水是否有异味，测定水中的 pH 值、溶氧量、氨氮、亚硝酸氮、硫化氢等的含量；询问药物消毒情况，包括使用药物的种类、剂量和方法，以及消毒后投放大鲵的时间等。

另外，还要了解近几年来常有哪些大鲵疾病，它们对大鲵的危害程度和所采取的治疗方法及其效果等。

## 二、调查饲养管理和大鲵活动情况

人工养殖过程中，大鲵发病常与饲养管理不善有关。因此，应向有关管理人员了解发病前的饲养情况，如放养密度、分养操作、饵料种类、投喂方法、生长速度及大鲵规格等。另外，还要了解发病的时间和经过，如大鲵发病的天数、表现症状、发病数量及死亡情况等。此外，对气候变化应同时进行了解。

调查时，如属引进大鲵，也应对大鲵引进地进行了解，如引进地有无类似病症、历年疫情及引进时是否进行过检疫等。如果引进地普发过较严重的相同疾病，且引进时又没有进行有效的检疫和消毒，则基本上可以肯定病原来自大鲵的原栖息地，是同一类疾病。

观察大鲵，鲵体反应迟钝，不逃避，有的漂浮在水面，严重者身体分泌带有异味的黏液。除繁殖期，大鲵白天仍在洞口徘徊，受惊也很少钻洞。这都是大鲵发病的表现。

## 三、检查大鲵身体

诊断大鲵可分为目测和显微镜检查两种：一般性的检查和实验室检查。

### （一）目测

肉眼检查是诊断疾病的主要方法之一，尤其是在生产管理上，目测对常见病的诊断很重要。方法是：把大鲵置于白瓷盘中，按顺序从头部、嘴、眼、四肢等处仔细观察。正常大鲵体表光滑，全身无充血现象，眼睛正常，无发炎、变灰表象。病鲵则体色变淡，无光泽，身体有些部位腐烂、充血，眼睛发炎、变灰。如体表有寄生虫，肉眼就可发现。

口腔重点检查是否发炎肿大，有无出血点，如烂嘴病最先从口腔发病。

未脱鳃的仔鲵和稚鲵，对其外鳃也要检查。鳃部检查主要看鳃丝是否异常，若鳃丝浮肿，或鳃丝腐烂、发白，可见水霉菌丝，表明有寄生虫寄生或霉菌感染。解剖前，对肛门也要进行仔细检查，看其是否红肿，溃疡，有无脓血流出等，这是判断肠道疾病的主要依据。

内脏检查主要以肠道、胃、肝、肺为主。把大鲵一侧腹壁剪掉，查看是否有腹水和肉眼可见的寄生虫；然后观察腹腔内各器官的形态，色泽是否正常，最后把重点放到肠道上。可把肠道取出，剪开看其内有无食物，注意肠内容物有无大型蠕虫，肠壁是否充血、发炎等。

正常大鲵体腔内无积水、肠道内食物分布均匀，肠道内无炎症，肠壁完整，肝、胆等器官色泽正常。病鲵有的体腔内有积水，肠道内无食物或有黄色黏液；若肠内无食物，而有黄色黏液，是患肠道病的特征。

由于目检主要是以症状为依据，但往往一种病鲵有几种症状同时表现出来，例如颤抖病，有的背部肌肉溃烂，肠道发炎等；而有时一种症状又在好几种病中都会出现，如眼睛发炎、变灰，战抖症状等，这些都是细菌性肠炎和口腔溃烂等病的共有症状。因此，判定大鲵疾病，仅凭目检诊断还是不够，还要通过镜检、细菌培养与分离以及应用一些诊断新技术等作进一步的确诊。

**（二）镜检**

镜检就是用显微镜或解剖镜对病鲵做更深一步的检查。肉眼观察通常局限于症状比较明显的疾病，对一些症状不太明显的疾病则需要显微镜或解剖镜镜检，以便帮助正确诊断，对症下药。

检查方法是：取发病症状比较明显或发病刚死不久的大鲵，从病变部位取少量组织或黏液，置于载玻片上，加上少量蒸馏水，盖上盖玻片，置于显微镜下检查。先用 10×10 的低倍镜观察，再用 10×40 的高倍镜观察，每检查一个部位，均需取材 2~3 次。

检查顺序同目测一致，主要是对体表、鳃、肠等部位。检查体表时，用解剖刀或镊子取少许黏液，置于载玻片上，加适量蒸馏水，盖上盖玻片，放在显微镜下检查，主要看有无车轮虫、斜管虫、孢子虫等。检查鳃时，用小剪刀取一小块鳃组织放在载玻片上，滴 1~2 滴蒸馏水，盖上盖玻片，置于显微镜下检查，观察鳃丝有无车轮虫、小瓜虫、指环虫等。检查肠道时，剖开腹腔，取出肠并剪开肠管，分别取前、中、后肠肠壁上的少许黏液置于载玻片上，滴加蒸馏水，盖上盖玻片，镜检，检查有无寄生在肠道内的寄生虫。

## 四、分析与确诊

分析就是对调查和检查结果进行综合对比，以此做出诊断结论。确诊时不能仅从表面下结论，要对调查和检查结果进行综合分析，如果二者结果相同，就能确诊，反之，就需进一步深入调查和补做针对性检查，结果一致时再下结论。

总之，在整个诊断过程中，应把现场调查的材料和大鲵体检查的结果，结合各种病害流行季节、发病程度、水质状况等做综合比较分析，找出原因，然后根据各种病的治疗方法，综合防治。对诊断、检查过程中获得的材料、分析结果以及治疗的效果等情况要做好记录，及时总结。

## 第三节　大鲵疾病的预防

做好大鲵疾病的预防工作，防止疾病发生是取得大鲵养殖成功的关键技术之一。

由于大鲵生于水中，躲在洞内，其活动不易被人们所察觉，一旦生病，对其疾病的诊断、治疗和用药都有相当困难。况且，治疗过程中，即使能够及时确诊、正确用药，治好了疾病，也会由于治疗过程而影响大鲵的生长发育，甚至影响大鲵的商品品质，而且增加了养殖成本。可见，大鲵疾病预防工作在整个大鲵养殖中占有极其重要的地位，是养殖大鲵获得成功的重要保证，也是提高养殖效益的有力措施。

### 一、预防大鲵疾病的日常措施

**（一）设计、建造符合养殖要求的养殖场**

在建场前首先要对场址的地质、水文、水质、气象、生物及社会条件等方面进行综合调查，在各方面都符合养殖要求时才能建场。首先水源充足，水的理化性状适合大鲵的生长，不被污染，不带病原体。充足的水源，良好的水质，不但能使大鲵生长发育良好，而且还能增强大鲵的抵抗力，使大鲵减少发病甚至不发病。其次，在设计养殖池的进、排水系统时，应使每个池子有独立的进、排水口，即各个养殖池既能独立地从进水渠进水，又能独立地把水排到排水沟。这样就避免了病原体从一个养殖池传播给另一个养殖池。另外，养殖场特别是人工繁殖场，在建场时应考虑建一个蓄水池，如从溪流、水库底层引进的水或从地下抽出的井水，最好先在蓄水池内进行水质处理（如沉淀、净化、消毒等）后，再引入养殖池或作为人工繁殖用水。如果是地下水,通过蓄水池对于提高水温,增加水中溶氧也很有利。

**(二)彻底消毒养殖池**

养殖池是大鲵栖息的场所,也是病原生物的大本营,养殖池环境是否清洁,直接关系到养殖效果。因此,搞好养殖池的清整,是预防疾病的前提。

**(三)苗种消毒**

苗种放养之前难免带有病原体,一旦条件适宜,这些病原体就会繁殖起来诱发疾病。所以放养前需进行苗种消毒,常用方法有:

1. 氯化钠溶液消毒

水温10～20℃时,用1%～2%的氯化钠溶液浸洗20～30分,可防治水霉病、斜管虫病等。

2. 高锰酸钾溶液消毒

水温10～20℃时,用20毫克/升的高锰酸钾溶液浸洗苗种20～30分,可防治锚头蚤病、三代虫病、车轮虫病、斜管虫病等。

3. 二氧化氯溶液消毒

水温在10～20℃时,用1～2毫克/升的二氧化氯溶液浸洗苗种30分,此法对细菌性疾病有防治作用。

4. 漂白粉和硫酸铜溶液合剂消毒

水温在10～20℃时,采用每立方米水用漂白粉10克和硫酸铜8克,分别溶化后再混合,浸洗苗种20～30分,除能防治细菌性疾病外,还能防治由原生动物寄生所引起的疾病。

需要注意的是,大鲵皮肤裸露,对药物较敏感,消毒时间不宜过长,且鱼体消毒时间应随苗种体质强弱、水温高低、药液浓度等灵活掌握。

**(四)饵料和食场消毒**

1. 饵料消毒

投喂的饵料应清洁、新鲜、不带病原体,一般不需要消毒。但对稚鲵阶段投喂的枝角类、水蚯蚓等这些很可能带有病原体的饵料,要进行消毒处理。常用方法有:1%～2%的氯化钠溶液对饵料浸泡20～30分后投喂;8毫克/升的高锰酸钾溶液浸泡15分后投喂。

2. 食场消毒

食场是鲵群最密集的地方,且食场内常有残余饵料、粪便,容易滋生病菌,传播寄生虫,因此需要对食场经常进行消毒。食场消毒常用的方法有:

(1)悬挂法　是将药物装在有微孔的容器中,悬挂在食场周围,使药物在水中缓慢溶解、扩散,达到消毒的目的。目前可用于食场消毒的悬挂药物,主要有硫酸铜、碘制剂等。悬挂的容器有布袋、塑料袋和塑料瓶等。

(2)泼洒法　每隔 1 周,在大鲵摄食后,定期采用 1 ~ 2 毫克/升的二氧化氯溶液泼洒食场,可预防细菌性疾病发生。

**(五)定期药物预防**

大多数疾病的发生都集中在一定的时间,因此,在估计要暴发某种疾病前或某些疾病流行高峰到来前,定期以特定药物预防,是既经济又有效的防病措施,定期药物预防包括养殖水体消毒和给大鲵内服预防药物。

一些疾病要用口服药物的方法来预防。由于不能强迫大鲵吃药,所以只能将药饵混在饵料中投喂。内服预防药物的种类通常包括维生素和矿物盐类,抗菌、抗病毒类以及益生菌类等。用药的种类、药量及投药次数,与治疗方法一样,随各种疾病而不同。药饵的制作方法有:

1. 成型药饵

将药物、鲵饵按比例混合,加工制成颗粒、条状棒状。

2. 随型药饵

将药物粉碎、溶解或片(粒)状,均匀拌入、浸入或塞入鲵饵中。定期药物预防不能盲目,每次预防要有明确的目的性,避免滥用药物,不能把药物当作饵料长期添加。且不论何种药物,用药 1 次要用够一个疗程,不难随意停药。

**(六)选择优质饵料,坚持科学投饵**

在大鲵养殖过程中,严格执行"四定"投饵法。"四定"投饵能使大鲵健康摄食、成长,提高大鲵自身的抗病力,是预防疾病的积极措施之一。坚持"四定"投饵的同时,要结合季节、温度变化、大鲵的摄食和活动情况适时调整投饵措施，做到科学投饵。

优质饵料是保证大鲵产量，增强大鲵抗病力的重要措施。饵料的优劣影响着大鲵的健康和生长，饵料营养不全，易患营养缺乏症；饵料不新鲜或变质，易使大鲵生病；时饱时饿，也易生病。因此，投喂饲料一定要新鲜，营养成分全面，每天投喂要定质、定量、定时、定位，同时，要结合季节、温度变化、大鲵的摄食和活动情况适时调整投饵措施。

春夏交替的多变季节和夏季高温季节，应经常在饲料中添加复合维生素、矿物质和调整鲵体肠道微生态的益生菌等，以增强大鲵体质，提高抗病力。根据大鲵的摄食强度，除了投喂相应的适口饵料外，还要做到饵料多样化，最大限度地保证其营养物质的供应。

人工养殖的大鲵经过驯化摄食后，采取精养投饵的方式，即将饵料鱼分成鱼块，用1%～2%食盐水进行消毒杀菌后，根据大鲵体重分别投喂不同重量的鱼块。对用于投喂的饵料鱼，无论是自己培育的或从市场上购买的，都须对饵料鱼进行消毒处理，经过对饵料鱼的预处理，可避免或减少直接对大鲵或大鲵池的用药。

**（七）做好环境卫生和工具消毒**

环境卫生主要是指保持养殖池池子干净，养殖水质状况良好。大鲵养殖池池壁一般粗糙，容易藏污纳垢，是水霉等病菌滋生的场所，同时也是清洁的难点，要定期做好全池排污，并对死角进行特别清理。

工具消毒主要是对饲养用的工具如网具、水桶、盆等进行消毒。饲养工具往往成为传播疾病的媒介，因此工具最好专池专用。如果做不到，应在换池使用前，采用20毫克/升的高锰酸钾溶液浸洗5分，大型工具放在阳光下暴晒，也达到消毒的目的。

**（八）增强大鲵的抵抗力**

大鲵患病有一定的外界致病因素，但是否发病，起决定作用的还在于机体的内在因素。因此，在无公害养殖中，加强饲养管理，培育抗病强的品种及使用疫苗防病，都是预防疾病的有效措施。

1. 加强饲养管理

早晚要注意巡池，仔细观察有无异常现象，若发现大鲵活动不正常,离群独处,厌食或禁食,应立即隔离观察,并根据病情发展情况积极采取治疗措施。随时调节水质,保持水质清新,使水中溶氧量维持在4毫克/升以上。及时分池,若发现大鲵个体增长悬殊,应将规格相近的个体饲养在一个池中,否则易发生互残现象,严重影响成活率。

2. 免疫预防

对细菌性疾病(如烂嘴、肠炎等),采用免疫预防是一种行之有效的方法。目前,这一方法还很少在大鲵养殖中使用。

3. 做好检疫工作

随着大鲵养殖的发展,地区之间采购苗种、交流亲鲵日益频繁。应加强检疫工作,控制病原体的传播,防止疾病的发生。

## 二、预防大鲵疾病应采取的关键性措施

做好大鲵疾病的防治工作,必须树立"以防为主,防重于治,防治结合"的思想,只有把日常工作做扎实,才可能避免规模性、突发性疾病的出现。在落实日常工作的同时,抓好下列关键性措施。

### (一)杜绝传染源,防止病原带入

不在疫区购置卵和各种规格的大鲵;选购大鲵时,必须了解大鲵的健康状况;选购的大鲵要活跃、皮肤有光泽、无外伤、无病灶、摄食良好;大鲵运到新的养殖地后,须进行隔离养殖60天以上。

### (二)切断传染途径,防止疫情扩散

养殖环境定期消毒,包括养殖区、工作人员逗留区;养殖工具定期消毒,包括网具、饵料投放和加工工具;减少人员流动,外来参观人员须通过消毒区方能进入养殖区;病死大鲵不得随意丢弃,须按要求进行科学处置。

### (三)对症用药,避免滥用抗生素

用药要对症,不能随意用药;除定期消毒外,尽可能少用药;抗生素要严格管理,使用抗生素要有记录;用药方法要得当,避免给药过程造成群死。

# 第四节 常见疾病的治疗

在2000年之前,大鲵的疾病很少,养殖大鲵相对简单。但在2000年以后,尤其是2005年以后,由于大鲵养殖规模的迅速扩大,各地大鲵的无序交流,加之大鲵引种时检疫、检验制度的严重滞后,致使大鲵疾病呈暴发式传播开来,给广大养殖户造成了巨大的经济损失,损伤了部分养殖户的养殖积极性。严重制约了行业有序、健康的发展。因此,加强大鲵病害的预防、控制和治疗,对提高大鲵养殖的成活率,重新提振大鲵养殖业的健康发展具有重要意义。

## 一、大鲵疾病的主要种类

由于大鲵养殖起步较晚,所以有关对大鲵疾病的研究和防治技术相对落后,对很多疾病还缺乏深入的研究。就目前研究报道或养殖者所述的大鲵疾病来看,很多既不系统也不完整,显得非常混乱、缺少统一规范。笔者将根据所能收集的文献资料及在生产实践中所进行的调查和研究结果,对大鲵疾病的症状和病原等进行客观的描述。

大鲵疾病是由寄生虫、真菌、细菌、病毒等感染引起的或由非寄生性原因导致的。

目前危害大鲵的主要病害已达20余种,包括细菌、病毒引起的赤皮病、腐皮病、腹胀病、肠炎病、红梅斑病、烂尾病、烂嘴病、白点病、水肿病、出血病等;真菌引起的水霉病;寄生虫引起的吸虫病、线虫病等;及非寄生性疾病脊椎弯曲病、气泡病等。

## 二、常见大鲵病害的防治技术

### (一)肠炎病

【病原体】肠炎病,俗称肠胃炎。病原体初步确定为点状产气单孢菌。菌体短杆状，两端圆形，大小(0.4～0.5)微米×(1～1.3)微米，多数为2个相连，也有单个的，有运动力，极端单鞭毛，无芽孢，革兰阴性。大鲵肠炎病见图7－1。

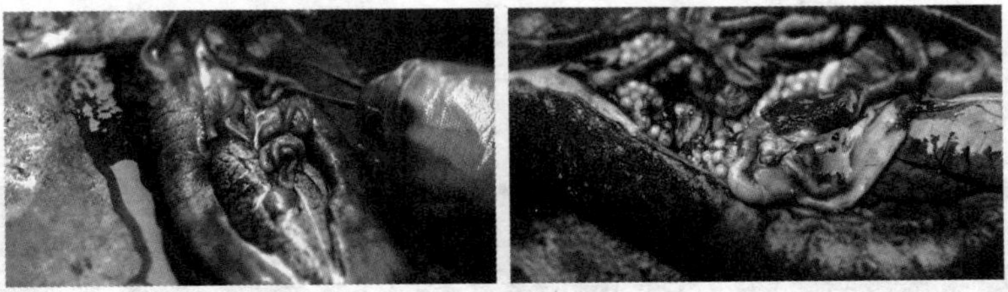

**图7－1　肠炎病**

【症状】初期大鲵精神不振，食欲减少，严重者不摄食；发病中期躁动不安，池中不停爬动，最后衰弱伏于池底，活动减少；后期脱皮严重，皮肤无光泽；大鲵有吐食现象，人工投喂时，即使吞下，不久又吐出；粪便见水不久后即散开，很少成形；病鲵并发表现战抖症状，越到后期战抖症状越明显；泄殖孔发炎呈红色，轻压腹部有血水流出，腹部膨胀；解剖腹腔，个别有腹水，肠壁充血发炎，胃、肠无食。

【病因分析】大鲵摄食不洁净的食物，养殖水体受污染，养殖池没有及时消毒；过量投喂，引起大鲵肠胃堵塞，消化困难，引发病害。

【流行情况】此病流行季节多在4～9月，主要集中在春季和夏季发病，稚鲵、幼鲵、成鲵和亲鲵都会感染此病，死亡率可达50%～90%。

【防治措施】彻底清池消毒，保持水质清洁，杜绝病原菌繁殖滋生；放养时用2%食盐水浸洗种苗30分；同时定期对所有用具用20毫克/升高锰酸钾溶液消毒；对尚能摄食的大鲵，用土霉素1片塞入饵料鱼块中投喂，连用7天；或内服氟哌酸，用30毫克/千克，拌和饲料投喂，连用7天；外用二氧化氯1毫克/升全池泼洒；对不摄食的大鲵，每天注射庆大霉素，1万国际单位/千克，连续注射3～5天；中草药预防，每年的4～10月，每30天预防1次，一个疗程5天。具体方法为：在饵料中混入0.5%～1.0%的鲜蒜汁；每50千克大鲵每次用地锦草(干品)150克或鲜草700克，煎汁去渣冷凉后拌入饵料喂服；黄连5克、黄精5克、车前草5克、马齿苋6克、蒲公英3克，文火煎煮2小时，取液去渣，待凉后加入切碎的猪肺（或牛、羊肺）1 000克拌匀后，用手把肺挤压几次，让药液吸入肺内，投喂大鲵。此方药为100克左右大鲵30～40尾的1天用量。

**（二）腹水病**

【病原体】又叫腹胀病，病原为温和气单孢菌。大鲵腹水病见图7－2。

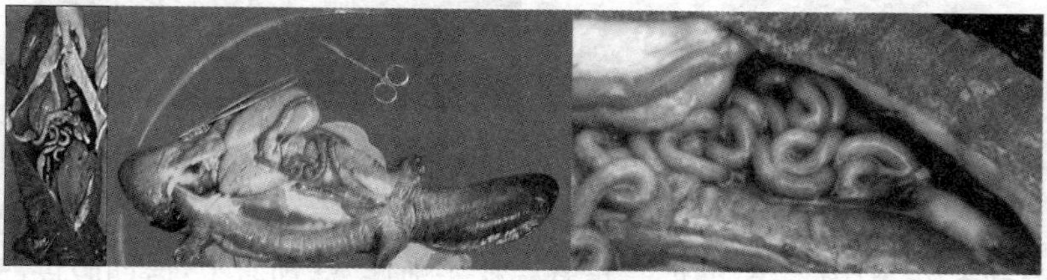

**图7－2　腹水病**

【症状】病鲵不摄食，眼睛变浑，行动呆滞，腹部膨胀，浮于水面。初期病鲵头部不露水面，只腹部漂浮于水面；中期病鲵腹部膨大如充气球，全身漂浮于水面；后期病鲵腹面朝天漂浮在水面；解剖检查，腹腔积水，肺部发红充血，胃、肠道出血，并有不同程度的溃烂，胃肠道内多伴有充气。

该病最显著症状是腹部膨胀、鲵体浮水，一般不见大鲵战抖的症状。

【病因分析】大鲵摄食不洁净的食物；放养密度大，水质状况差；投喂的饵料不适口，鱼块过大，或含有硬棘条刺伤大鲵胃、肠，引发腹部膨胀；投喂过量，致大鲵胃、肠道负担过重，消化受阻，排便、排气不畅引发腹部膨胀。

【流行情况】此病多发于春、秋季，水温20℃左右的生长旺季，此时正是大鲵摄食旺盛期，过量、不洁净投喂，往往引发此病；此病多发于稚鲵、2龄幼鲵和成鲵，亲鲵以雌鲵发病较多，尤其是刚产卵结束后，如果投喂不当，更易诱发腹水病。

【防治措施】彻底清池消毒，保持水质清洁，投喂适口、新鲜、洁净的饵料。饵料鱼类投喂前要进行消毒、去、除鳍、去鳞、去大刺等处理；投喂复合维生素预防，根据鲵体大小确定投喂量，成鲵1次1片。

每月连喂 3 天;发现病鲵后,隔离饲养,停食,放浅池水,让其腹部着底,加大水流量;腹水(气)严重者,定期采用一次性注射器,在病鲵腹部两侧,一侧一针,一支只留针头降压,一支缓缓地抽腹水(气),处理得当,病鲵的腹水(气)能排出大部分;注射 0.2% 乳酸环丙沙星氯化钠 2 ~ 3 毫升,1 天 1 次,2 天为 1 个疗程。隔 2 天后,再用 1 个疗程;每千克大鲵肌内注射 1 万国际单位卡那霉素,或 2 万国际单位庆大霉素均可,1 天 1 次,2 天为 1 个疗程。隔 2 天后,再用 1 个疗程,2 ~ 3 个疗程后,病鲵好转。

**(三) 水肿病**

【病原体】水肿病是由致病性大肠杆菌毒素引起的。大鲵水肿病见图 7 – 3。

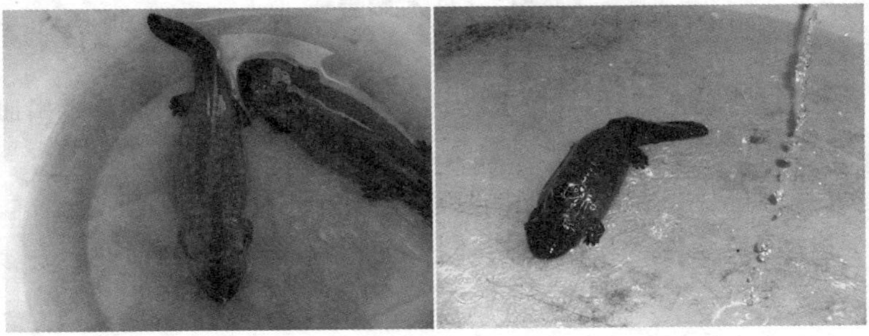

**图 7 –3 水肿病**

【症状】大鲵全身水肿,时常伴有腹水腹胀;初期可见后肢肿大,随后扩展到腹部,最后头部水肿,头部水肿严重时呈阶梯状;解剖水肿部位,常有大量透明淡黄色液体流出;胃大弯部水肿最明显,大肠和其肠系膜高度水肿,呈白色透明胶冻样;胸腔和腹腔有积液。

【病因分析】投喂不适口、不洁净的饵料,投喂不科学,无规律投饵,长期水肿致大鲵中枢神经损伤造成其死亡。

【流行情况】主要感染 2 龄幼鲵,死亡率高。

【防治措施】科学投饵,投喂适口、新鲜、洁净的饵料;保持水质清洁,适当降低放养密度。发病后,每天上午用 1 毫克/升的二氧化氯溶液浸泡病鲵 2 小时,下午用 2 毫克/升的恩诺沙星溶液浸泡病鲵 2 小时,晚上,投喂药饵(含四环素 0.5 克/千克饵料),连续 3 天。

**（四）烂嘴病**

【病原体】又叫口腔溃烂病，病原体主要是屈挠菌。大鲵烂嘴病见图7－4。

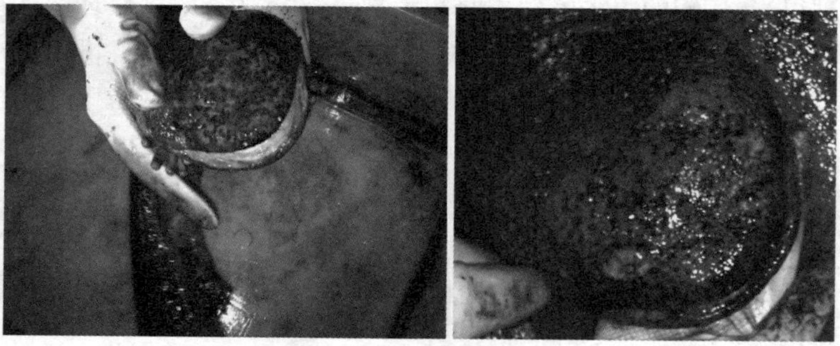

**图7－4 烂嘴病**

【症状】病鲵上、下唇错位，肿大，渗血，溃烂，严重时露出上、下颌骨；嘴唇外表正常，但口腔上腭组织形成大块溃疡，引起严重出血。病鲵不能进食，体质减弱而死亡。

【病因分析】摄食不洁净的食物传染所致。

【流行情况】一年四季均有流行，死亡率极高，主要感染成鲵、亲鲵。

【防治措施】杜绝传染源，不引进带病大鲵，不投喂带病青蛙或蟾蜍。发现病鲵，及时隔离，病鲵池用1毫克/升的二氧化氯泼洒消毒；加大水流，减小放养密度，保持水质清洁；发病初期，用庆大霉素4毫克/升连续浸泡10天，可治愈；病情较重的，先用庆大霉素原粉涂抹患处，1～2小时后，再放入4毫克/升的环丙沙星药液中浸泡，每天浸泡6小时，连续浸泡10天，可治愈。

**（五）烂脚病**

【病原体】烂脚病的病原是以嗜水气单孢菌为主的多种病原菌。大鲵烂脚病见图7－5。

【症状】大鲵爬行困难，行动迟缓；大鲵四肢，尤其是脚底板溃烂、发炎、出血。

【病因分析】大鲵体质弱，脚板受伤后感染病菌而致发炎溃烂；食物（如青蛙、蟾蜍等）或病鲵传染。

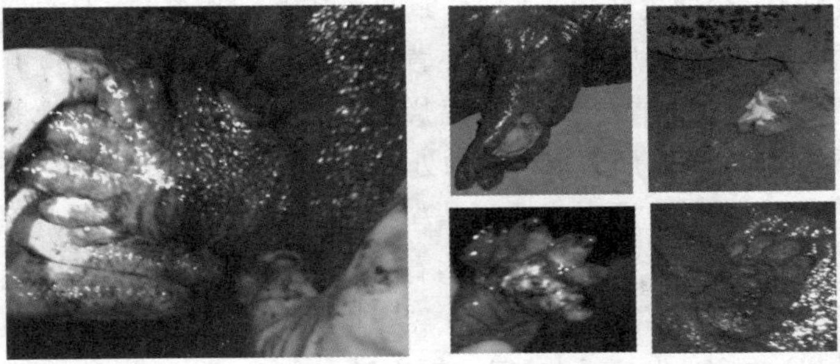

图7－5　烂脚病

【流行情况】一年四季均有流行，但水温越高越容易流行，主要感染成鲵，幼苗没见流行。

【防治措施】杜绝传染源，不引进带病大鲵，不投喂带病青蛙或蟾蜍；发现病鲵，及时隔离；加大水流，减小放养密度，保持水质清洁；定期消毒养殖池；定期在饵料中添加一定量的复合维生素预防；注射庆大霉素，剂量：1万国际单位/千克，连用3天；同时每天在患处涂敷氯霉素软膏或红霉素软膏，直至治愈。

**（六）红斑病**

【病原体】又称打印病、疖疮病、红梅斑病等，病原体为点状产气单孢菌点状亚种。菌体短杆状，大小为（0.6～0.7）微米×（0.7～1.7）微米，中轴直形，两侧弧形，两端圆形，多数2个相连，少数单个存在，有运动力，极端单鞭毛，无芽孢，革兰阴性。大鲵红斑病见图7－6。

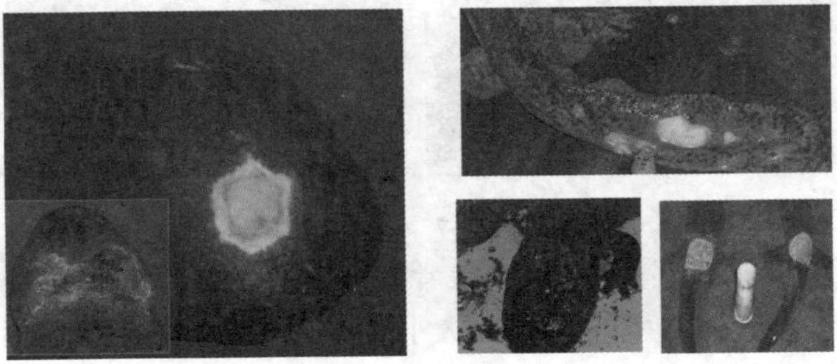

图7－6　红斑病

【症状】初期皮肤出现圆形、卵圆形或椭圆形红斑，有的似脓疱状，随后表皮腐烂；患病部位多在背部、尾部，其次是腹部，也有全身出现病灶的；随病情发展，病灶腐烂加重，严重者穿孔露出骨骼和内脏，病鲵随即死亡；病鲵多离穴独处；解剖检查，心、肝、肺无病变。

【病因分析】主要是水质不洁净，养殖环境差，水质污染所致。

【流行情况】此病一年四季均有流行，但夏、秋两季常见，主要感染成鲵，但幼鲵也有发病。

【防治措施】发病季节，用二氧化氯 1 毫克/升全池泼洒；碘附病灶处，同时肌内注射金霉素针剂，用量：3 毫克/千克，连用 7 天；用蟾酥 1 毫克/升和大黄粉 0.8 毫克/升合剂浸泡病鲵，每次 6 小时，连用 7 天；用五倍子 1.2 毫克/升全池泼洒，连用 7 天。

**（七）赤皮病**

【病原体】病原体为荧光假单孢菌，菌体短杆状，两端圆形，大小为(0.7～0.75)微米×(0.4～0.45)微米，单个或 2 个相连。有运动力，极端 1～3 根鞭毛，无芽孢，革兰阴性。琼脂培养基上菌落呈圆形，直径 1～1.5 毫米，微凸，表面光滑湿润，边缘整齐，灰白色半透明。此菌好气，适宜温度为 25～30℃，40℃水温尚能生存。大鲵赤皮病见图 7－7。

图 7－7　赤皮病

【症状】病鲵全身肿胀，体表常出现不规则的红色肿块，发病初期于红色肿块中央部位有米粒大小的浅黄色脓疱，并逐渐向周围皮肤组织扩散增大；病鲵脓疱穿破后，便形成较大的溃烂病灶；大鲵机体出血发炎，特别是腹部最为明显，部分尾部腐烂；解剖检查，肌肉出血，肝脏肿大有出血点，肠糜烂，腹水增多。

【病因分析】大鲵摄食了不洁净的饵料或带毒饵料，大鲵受伤感染引发此病，病鲵传染。

【流行情况】此病无明显的流行季节，一年四季均可见，常在大鲵受伤后感染致病。主要感染成年大鲵，幼鲵也有出现。

【防治措施】定期清洗养殖池，增加换水量或加大水流，保持养殖环境清洁；定期用二氧化氯 1 毫克/升全池泼洒；生产操作过程防止大鲵皮肤损伤。发病后，首先在体表溃疡处涂抹氯霉素软膏，同时肌内注射庆大霉素，用量：1 万国际单位/千克，连用 7 天；增效联胺，用量：50 毫克/千克，塞入鱼块中内服，同时肌内注射卡那霉素，用量：1 万国际单位/千克，连用 5 天。

**（八）腐皮病**

【病原体】又称皮肤溃烂病，病原为点状产气单孢菌、温和气单孢菌等多种细菌感染引起。大鲵腐皮病见图 7－8。

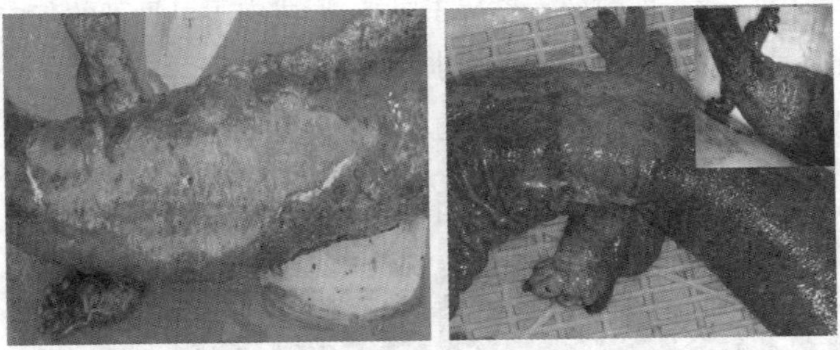

**图 7－8　腐皮病**

【症状】体表有许多白色小点，逐渐发展成白色斑块；随病情发展，白色斑块腐烂，充血；病鲵口腔、尾柄、头部充血，病鲵伏于池底不食，不久死亡；解剖观察，病鲵肝脏肿大，色紫红，胃、肠道充血，心脏失血变淡，肺紫红色。

【病因分析】大鲵受伤感染引发此病，摄食不健康的青蛙和泥鳅引起，病鲵传染。

【流行情况】夏季最为流行，室内保温养殖，冬季更为常见；水温越高，发病率越高；各种规格的大鲵均见发病，但以成鲵常见。

【防治措施】严格消毒饵料，尤其投喂青蛙、泥鳅等鲜活饵料时，可用0.5毫克/升的环丙沙星溶液浸泡30分投喂；大鲵搬运后或相互咬伤后要及时按常规方法消毒和处理伤口；发病后，成鲵每天上午用1毫克/升的二氧化氯溶液浸泡病鲵2小时，下午用2毫克/升的恩诺沙星溶液浸泡病鲵2小时，连续5天。幼鲵用药剂量可适当减小些；用诺氟沙星（氟哌酸）0.1毫克/升或用二氧化氯0.6毫克/升浸洗消毒，每天换水，连用3天；尚能摄食的病鲵，采用环丙沙星100毫克/千克和多种维生素150毫克/千克，塞入鱼块中内服，每天1次，连用5天；不能摄食的病鲵，肌内注射庆大霉素，用量：1万国际单位/千克，连用3天；采用2～4毫克/升庆大霉素浸泡，每天4～8小时，病愈为止。

**（九）水霉病**

【病原体】病原体属藻状菌纲水霉科的水霉属和绵霉属的种类。菌丝分两种，一种像树根一样附着于寄生体的受伤部位，分枝特多，深入皮肤和肌肉，称为内菌丝，它具有吸收机体养料功能；另一种是在寄主体外，称为外菌丝。长达3厘米，形成肉眼可见到的灰白色棉絮状物，具有繁殖的功能。大鲵水霉病见图7－9。

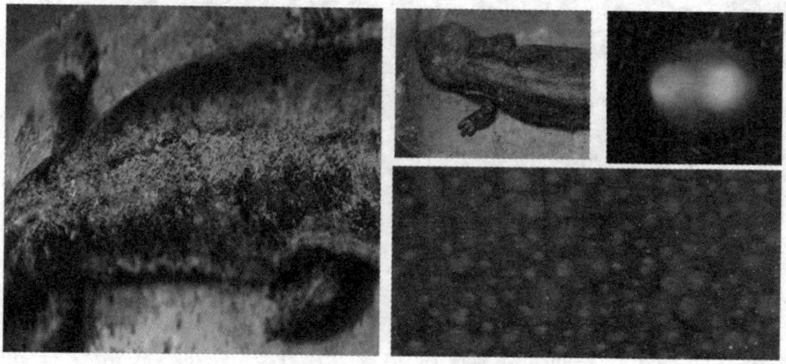

**图7－9　水霉病**

【症状】早期可看到寄生部位边缘不明的白点，随后逐渐看到伸出的棉絮状菌丝；布满病鲵头部、躯干部、尾部的菌丝可达3厘米，如棉花絮在水中呈放射状，肉眼可见灰白色菌丝；严重时病鲵行动迟缓，食欲减退，身体消瘦甚至死亡。

【病因分析】大鲵受伤，消毒不及时，容易发生水霉；大鲵受刺激产生应激反应，脱皮和体表分泌白色黏液没能及时脱离体表，而感染水霉;未受精的大鲵卵,在硬度大,水质污染的水体中,容易产生水霉。

【流行情况】水霉病一年四季均有流行;但低温季节,水霉病更容易发生;受伤的大鲵均可被感染,而未受伤的则不受感染;大鲵各个阶段,包括卵,仔鲵、稚鲵、幼鲵和成鲵都有感染,但主要发生在孵化、捕捞、运输或咬伤后发生,也有是因水质富有有机质,鲵体虚弱而感染的。一般健康正常的大鲵不易发生。

【防治措施】生产操作过程中,防止大鲵受伤;定期消毒养殖池,杀灭水中病原菌;大鲵放养前,用1% ~2% 氯化钠溶液浸洗 30 分;对于受伤的大鲵,用溃疡灵软膏直接涂抹伤处;投喂的饵料可用3% ~4% 氯化钠溶液浸泡 20 ~30 分,可有效杀灭水霉菌等致病菌;发现大鲵体表寄生水霉,可用棉球蘸取 15 毫克/升高锰酸钾溶液,轻擦病灶处直至痊愈。用 10% 亚甲蓝涂抹大鲵患处,将大鲵放置阴凉处 1 ~2 小时,然后放入水中。过 2 天,如还有水霉,可反复 1 次。对鳃部和腹部患水霉病的仔鲵和稚鲵,用 0.5 毫克/升亚甲蓝溶液浸泡 5 分,如果鲵苗在溶液中显得烦躁并且狂游,则应缩短浸泡时间或降低药物浓度。大鲵卵的孵化中,如果有受精卵患了水霉病,可将卵用 5 ~10 毫克/升亚甲蓝溶液浸泡 10 分以后,再将浸泡过的病卵单独孵化。内服盐酸土霉素,用量:40 毫克/千克,拌和饲料投喂,连用 7 天,可预防和治疗成鲵所患水霉病。

**(十)吸虫病**

【病原体】吸虫病的病原体已报道的有:湖北复口吸虫、倪氏复口吸虫,贵阳拟牛头吸虫、无棘吸虫、东方后槽吸虫、椭圆大鲵吸虫、马边鲵居吸虫、沐川鲵居吸虫、短肠中肠吸虫。

【症状】病鲵体质消瘦,体表黏液过多,行动呆滞;生长缓慢;多数种类寄生在大鲵肠壁的黏膜层,引起肠壁红肿发炎,少数种类寄生在胃里;如果是吸虫少量寄生,对大鲵影响不大。如果是吸虫大量寄生,易堵塞肠道,并引起肠胃穿孔;当大鲵感染复口吸虫时,大鲵往往失去平衡能力,头部向下,尾部朝上,鲵体颤动,并逐渐弯曲,严重时造成大量死亡。复口吸虫的尾蚴到达眼球的水晶体后,继续发育成后囊蚴。数量多时,可使水晶体混浊变白,呈现白内障和瞎眼的症状。

【病因分析】大鲵摄食了感染吸虫的饵料所致。

【流行情况】吸虫病，主要流行季节在夏、秋两季；主要危害幼鲵和成鲵；大量寄生，可造成急性死亡。

【防治措施】发病鲵池，可用0.7毫克/升的硫酸铜，全池泼洒，消毒时，先把大鲵移出，待池子消毒清洗后，再把大鲵移入；夏、秋两季要加强预防，定期在饵料里包埋驱虫剂以杀死大鲵体内寄生虫；野外捕捞的青蛙、螺、蚌等都要经过消毒后投喂；捕杀、驱除吸虫的中间寄主。

**（十一）线虫病**

【病原体】病原体为毛细线虫。大鲵线虫病见图7－10。

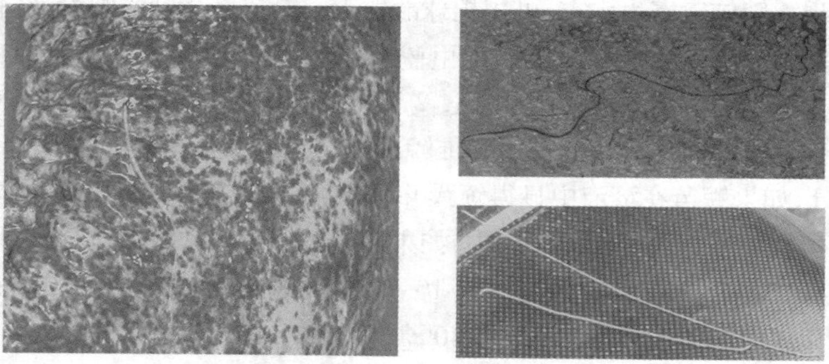

**图7－10　线虫病**

【症状】皮下寄生，发病部位多在四肢、背部、腹部、尾部；肠道寄生，主要在前肠的肌肉层，小肠、直肠和胆囊内也有寄生，线虫头部钻入肠壁，破坏组织，吸取组织营养；大鲵感染线虫后，厌食，少动，久之，大鲵消瘦。

【病因分析】大鲵摄食了感染有线虫的饵料所致，养殖池换水不及时或不彻底而至大鲵感染。

【流行情况】一年四季均可见流行；成鲵容易感染此病；单纯线虫病，如果寄生虫数少，一般不会引起死亡。

【防治措施】夏、秋两季，定期投喂驱虫剂，以杀死体内寄生虫；养殖池要及时清池排污，经常换水或采用流水养殖；定期对养殖池消毒；投喂的饵料，一定要经过饵料消毒处理；大鲵体表感染线虫后，可用一次性注射针头将体表虫体挑出。具体做法：将池水放干，大鲵捕到长盆内，用针尖对准线虫处，轻轻插入 1 毫米左右（不要插入过深，否则，引起大鲵过强的反应而影响操作），再将针头向上挑起，即可将整虫挑出，挑出后的虫体要经高温杀灭。挑不出的虫体，可用棉球蘸 90% 敌百虫水溶液，直接涂抹到体表线虫处，过半小时后，加入新鲜水，连用 3 ~ 5 天即可治愈。注意敌百虫药水不要涂抹到大鲵头部，不要将药水倒入到池水中；体内驱虫，可用甲苯咪唑或丙硫咪唑每次一片塞入鱼块中投喂，连用 3 天，间隔 5 天后重复投喂 3 天。

**（十二）车轮虫病**

【病原】病原是车轮虫属的车轮虫。虫体外形，侧面观像碟子或毡帽状。活的虫体，常用附着盘附着在仔、稚鲵的皮肤或鳃上，在仔、稚鲵的体表或鳃上滑动。生殖方式有无性繁殖和有性繁殖两种。无性繁殖是纵二分裂，有性繁殖是接合生殖。最适繁殖水温是 20 ~ 28℃。

【症状】仔、稚鲵的鳃丝肿胀、充血，黏液分泌过多，影响呼吸和生长；大量感染车轮虫的仔、稚鲵，身体消瘦，生长减慢，游动迟缓，食欲不良，体表充血。严重者造成死亡。

【病因分析】水体不洁净，养殖池消毒不彻底，投饵带入寄生虫。

【流行情况】该病以春季和初夏比较流行，主要危害未脱鳃的仔、稚鲵。

【防治措施】30 毫克/升福尔马林稀释后全池泼洒，药浴 8 小时，极力有效，但对水质影响较大，故 8 小时后要换水；30 毫克/升冰醋酸，全池泼洒；0.7 毫克/升硫酸铜、硫酸亚铁合剂（5∶2）全池泼洒。。

采用上述方法药浴时，如果发现病鲵反应不正常，应适当减小用药剂量或缩短药浴时间。幼鲵用药剂量可适当减小些。

**（十三）气泡病**

【病原体】无特定病原体。

【症状】大鲵腹部膨胀，仰浮水面，不摄食，活动力减弱；幼鲵体表出现气泡，身体失衡，游动无力；尾向上，头向下，最后衰竭而死；解剖后，可见肠内充满气体。

【病因分析】水温高，水体中氧或氮的饱和度较高，幼苗误食了气泡而得病。

【流行情况】此病流行于夏、秋季节；仔、稚鲵容易患此病，随幼苗生长，发病逐步减少，成鲵少见。

【防治措施】换注新水；1～2 毫克/升的食盐溶液泼洒养殖池，1 天连用 3 次。

**（十四）弯体病**

【病原体】无特定病原体。大鲵畸形苗见图 7－11。

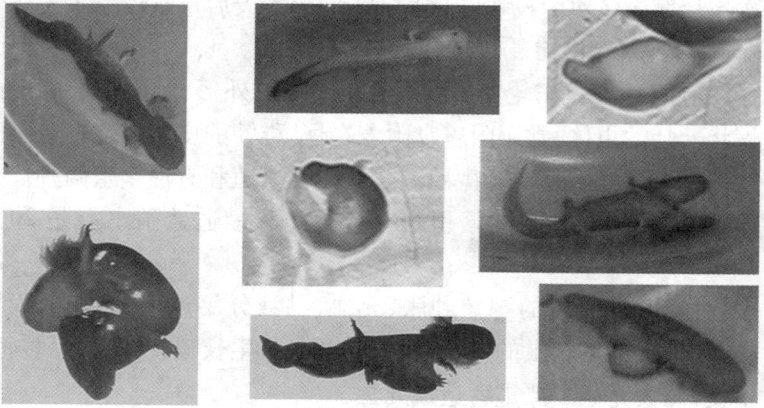

**图 7－11　各种畸形苗**

【症状】身体呈“S”形弯曲，活力减弱，但仍能少量摄食；发育缓慢，消瘦，严重时引起死亡；解剖检查，除脊椎弯曲外，无明显异常。

【病因分析】幼体阶段，营养不良、缺乏某种营养元素所致；亲鲵在人工催产时，低温高剂量注射大鲵，容易造成脊柱弯曲；苗种阶段发生弯曲病，大部分未到成鲵阶段就已死亡，但成鲵发生弯曲病，病体一般不会马上死亡。

【流行情况】从稚鲵、幼鲵到成鲵都有发生。

【防治措施】改良水质，去除水中重金属盐类；幼鲵养殖阶段，投饵要多样化，满足大鲵生长发育所需的多种矿物质和维生素；人工催产时，避免低温高剂量注射。

### 三、治疗大鲵疾病应特别注意的问题

需要特别强调的是，在生产实践中，大鲵疾病的暴发往往是以并发症的形式出现的，对并发症的防治难度则更大。因此，只有做好日常饲养管理工作，采取综合预防措施，才能掌握大鲵疾病防治的主动权。

此外，由于大鲵体表裸露、无鱼，对各种药物都比有鳞水生动物更敏感。因此用药期间一定谨慎，使用量一般不应超过常规用量，全池泼洒药物时，应将药物分成几份，每份施用时要隔一定时间（一般5～10分），药物泼洒完后，应注意观察，发现异常问题要及时采取措施，如加注新水、换水等，以防大鲵药物中毒。

## 第五节　大力推广使用无公害渔药

### 一、无公害渔药的内涵

**（一）渔药的定义**

为提高增养殖渔业产量，用以预防、控制和治疗水产动植物的病、虫、害，促进养殖品种健康成长，增强机体抗病能力以及改善养殖水体质量所使用的一切物质我们称为渔药，凡是渔用药物必须符合国家有关药物管理的规定。

**（二）渔药必须具备的功能**

渔药是人类与水产动植物病、虫、害做斗争的重要武器，也是增进水产动植物机体健康，促进生长发育的重要手段。应用渔药的目的是为了确保和提高养殖产量。养殖渔业的主要特点是所有养殖品种必须生活在水中，而各类水体通常又是微生物、寄生虫以及种类繁多的水生生物栖居或滋生地。在人为因素的作用下，特别是不利的养殖条件，如水质恶化易为病害的发生创造条件。因此，作为渔药必

需具有下列8项功用之一，即：治疗疾病、预防疾病、消灭敌害、控制敌害、改善养殖环境、增进机体健康、增强机体抗病力、促进生长、疾病诊断。

然而，水和水产品均是人类生活中重要的组成部分，药物和毒物之间并无绝对的界限，渔药使用不当，可直接或间接地影响人体和动物机体健康或环境生态。因此，作为渔药也必须考虑：安全性、蓄积性、环境污染，也就是说，渔药也得受药事法的制约。

综上所述，无公害渔药是指对实用主体对象和水域其他生物的毒副作用小，在水域中降解快、滞留短、蓄积少，使用符合国家有关规定的渔药。

**（三）无公害渔药基本要求**

1. 必须是有效的，甚至是高效的、速效的、长效的

如果是防病治病制剂，要求它能快速、有选择性地杀灭病原体；如果是诊断制剂，它必须有较高的灵敏度、准确性和特异性；如果是水质改良制剂，施用后它应该对水产养殖环境有较明显的改善作用；如是营养和免疫增强剂，它能使养殖对象的生理机能和生长状态有明显的促进作用。总之，无公害渔药的药效应该是明显的。

2. 毒性较小

它必须容易分解或降解，其分解或降解的产物基本上是无害的或者很容易通过其他动物转换，从而在水产养殖对象的组织或水域环境中消失，避免在养殖对象组织中或环境中积累。另一方面，无公害渔药必须要提供有关的毒性试验报告，其中包括急性毒性试验、胚胎毒性试验、行为反应测定、亚急（慢）性毒性试验和慢性毒性试验、特殊毒性试验；从而确定相关的毒理学指标和参数，确定它的毒性大小。任何毒理学指标不明了的药物、任何有致畸、致癌、致突变的药物均不可作为无公害渔药使用。

3. 副作用较小

药物在杀灭病原体或改变养殖环境或增强养殖对象免疫反应的同时，会产生一定的副作用，如给养殖对象带来较大的刺激，从而产生较大的应激反应；如影响养殖动物的正常摄食，从而使生长减缓；如对养殖对象的某些器官或组织带来不利的影响或负面效应；如使

养殖环境发生一些变化而影响了养殖对象的正常生理活动或使环境的修复需要一定的条件和时间等。无公害渔药应使这种负面影响控制在最小的程度，对环境的影响能及时修复，对养殖对象的应激应控制在它们所能承受的范围内。

4. 使用的剂量应尽量的小

只有较小的使用剂量，才会减少其毒副作用，也才会在使用成本上有较大的降低，获得较大的使用价值。

另外，必须制定出其合理的给药方法、给药剂量、给药间隔时间和休药期等参数，同时也应该对有可能引起的毒副作用提出警示。具有较好的稳定性适宜常温下保存，便于运输、销售和储藏。剂型设计较合理，给药途径比较方便。有较大的价格优势。

## 二、无公害渔药使用原则

生产无公害水产品必须在水质、土壤、大气等环境条件符合要求的基础上，对生产投入品（饵料、药物等）都具有较高的要求，其中病害防治用药是最关键的技术措施。因此，养殖生产者必须掌握药物的使用原则。

**（一）选择药物**

选用药物应严格遵守国家和有关部门的有关规定，以不危害人类健康和破坏水域生态环境为基础，选用“三效”（高效、速效、长效）“三小”（毒性小、副作用小、用量小）的药物。药物的功能很多，对于养殖生产而言主要有以下几个方面：预防疾病，治疗疾病，消灭、控制敌害和改善环境等。目前常用于防治细菌、病毒性水产养殖动物疾病和改善水域环境的全池泼洒药物有氧化钙（生石灰）、漂白粉、二氯异氰尿酸钠、三氯异氰尿酸、二氧化氯、二溴海因、四烷基季铵盐络合碘等。常用杀灭和控制寄生虫性原虫病的药物有氯化钠（食盐）、硫酸铜、硫酸亚铁、高锰酸钾、敌百虫等，这些药物常用于浸浴机体、挂篓和全池泼洒。常用内服药有土霉素、噁喹酸、磺胺嘧啶和磺胺甲噁唑等。中草药有大蒜、大蒜素粉、大黄、黄芩、黄柏、五倍子、空心莲和苦参等，可以用浸液全池泼洒和拌饵内服。

**（二）科学合理用药**

用药方法得当与否，对防治效果起着举足轻重的作用，用药方法有内服法、全池泼洒法、机体浸浴法、挂篓挂袋法、注射法、局部涂抹法和间接投药法等。最常用的有3种：

1. 全池泼洒

用此法其药效不受养殖动物食欲的影响，只要做到药物充分溶化和泼洒均匀，所有个体都可接触到药物即可。

2. 机体浸浴

此法是预防疾病、提高苗种成活率和保护环境的有效方法之一。其方法是将苗种集中在较小容器的水体中，短时间使用高浓度的药物，强迫养殖动物机体受药，对体表进行消毒处理。该法用药量少，防治效果好，但较为麻烦。

3. 内服法

内服法又称药饵法，根据养殖动物的病情，把相应的药物拌于饲料中，药物随饲料摄入机体内，从而在体内发挥作用。此法对预防体内寄生虫和细菌感染有较好的效果。使用药物时要防止滥用药、盲目增大剂量或增加用药次数、延长用药时间。

**（三）防止药物残留**

所谓药物残留，即在水产品的任何食用部分中残留药物的原型化合物和其代谢产物，包括与药物本体有关的杂质。《无公害食品 水产品中渔药残留限量（NY 5070—2002）》规定水产品中不得检出氯霉素、呋喃唑酮、己烯雌酚、喹乙醇、金霉素、土霉素、四环素、磺胺类及增效剂（碘胺嘧啶、磺胺中基嘧啶等按总量计），允许存在于水产品表面或内部的最高量或浓度为100微克/千克。同时，要重视休药期，即最后停止给药日至水产品作为食品上市出售的最短时间。如一些常用药物的休药期：漂白粉≥5天，二氯异氰尿酸钠、三氯异氰尿酸、二氧化氯≥10天，土霉素≥30天，嗯喹酸≥25天，磺胺间氧嘧定≥37天，氟苯尼考≥7天。

# 附　录

## 附表 1　大鲵养殖生产记录

养殖场名称：　　　　养殖证编号：(　　)养证[　　]第号

养殖场场长：　　　　养殖技术负责人：　　　　养殖人员：

养殖池号：　　　　养殖池面积：　　　　鲵规格：

| 苗种来源 | | | | 是否检疫 | | | |
| --- | --- | --- | --- | --- | --- | --- | --- |
| 放养时间 | | | | 检疫单位 | | | |
| 时间 | 体长 | 体重 | 投饵量 | 水温 | 溶氧 | pH 值 | 氨氮 |
| | | | | | | | |
| | | | | | | | |
| | | | | | | | |
| | | | | | | | |
| | | | | | | | |
| | | | | | | | |
| | | | | | | | |
| | | | | | | | |
| | | | | | | | |
| | | | | | | | |
| | | | | | | | |
| | | | | | | | |
| | | | | | | | |
| | | | | | | | |
| | | | | | | | |
| | | | | | | | |
| | | | | | | | |
| | | | | | | | |

## 附表2 大鲵养殖用药记录

养殖场名称： 养殖证编号：(　　)养证[　　]第号
养殖场场长： 养殖技术负责人： 养殖人员：

| | | | | |
|---|---|---|---|---|
| 序号 | | | | |
| 时间 | | | | |
| 池号 | | | | |
| 用药名称 | | | | |
| 用量/浓度 | | | | |
| 平均体重/总重量 | | | | |
| 病害发生情况 | | | | |
| 主要症状 | | | | |
| 处方 | | | | |
| 处方人 | | | | |
| 施药人员 | | | | |
| 备注 | | | | |

# 主要参考文献

[1]卞伟. 大鲵生物学及人工养殖技术[J]. 现代渔业信息,1997,12(10):11－19.

[2]陈云祥. 大鲵高效养殖技术[M]. 北京化学工业出版社,2010:58－69.

[3]陈云祥. 大鲵苗种质量鉴别技术[J]. 渔业致富指南,2007(2):15－16.

[4]邓松岳,林浩然. 鱼类精子活力研究进展[J]. 生命科学研究,1999,3(4):271－278.

[5]杜琦,王福刚,陈碧霞. 改变大鲵食性的探讨[J]. 动物学杂志,1994,29(4):42－43.

[6]方荣盛. 我国的大鲵[J]. 生物学通报,1985(1):9－11.

[7]冯小荣,邓凤姣,刘汀,等. 大鲵胚胎发育的组织学研究[J]. 武汉大学学报(自然科学版),1997,43(4):500－504.

[8]葛荫榕,郑合勋. 大鲵自然繁殖周期[J]. 河南师范大学学报(自然科学版),1994,22(2):67－70.

[9]李骏珉. 大鲵繁殖盛期的初步探索[J]. 水生生物学报,2003,27(2):211－213.

[10]金立成,汪建国. 大鲵生物学与养殖实用技术[M]. 台湾:水产出版社,1997:120－127.

[11]刘健康,何碧梧. 中国淡水鱼类养殖学[M]. 第三版. 北京:科学技术出版社,1992:68－100.

[12]刘国钧. 我国的稀有珍贵动物——大鲵[J]. 动物学杂志,1989,24(3):43－45.

[13]刘鉴毅,肖汉兵,林锡芝,等. 人工生态条件下提高大鲵催产率技术初报[J]. 淡水渔业,1993,23(3):11－12.

[14]刘鉴毅,肖汉兵,杨焱清. 中国大鲵养殖繁育技术的探讨[J]. 经济动物学报,1999,3(3):38-42.

[15]刘鉴毅,肖汉兵,杨焱清,等. 大鲵成熟精、卵的形态学观察及受精卵孵化中的形态变化[J]. 淡水渔业,1999,29(3):6-9.

[16]刘鉴毅,杨焱清,肖汉兵,等. 中国大鲵人工孵化生态初报[J]. 淡水渔业,1995,25(2):8-9.

[17]罗亚平,姜国诚,孙艳香,等. 中国雄性大鲵生殖系统的解剖学和组织学研究[J]. 广西师范大学学报(自然科学版),2003,21(6):83-87.

[18]彭亮跃. 中国大鲵基础生物学及其进化的研究[C]. 长沙:湖南师范大学,2010.

[19]乔志刚,李学军,李效宇,等. 温度、光照和保存液对大鲵成熟精子存活状况的影响[J]. 水产科学,2004,23(3):10-12.

[20]乔志刚,李学军,李效宇,等. 用生理的方法促使大鲵产卵的研究[J]. 生物学杂志,2002,19(6):27-28.

[21]乔志刚,辛泽华,李吉学,等. 中国大鲵消化系统13种器官的蛋白水解酶种类和活性分析[J]. 动物学报,2003,49(4):537-539.

[22]乔志刚,刘晓翠,马龙,等. 人工催产后雄性中国大鲵产精状况分析[J],2013,32(3)404-407.

[23]宋鸣涛. 陕西大鲵生态习性的初调查[J]. 动物学杂志,1982,17(6):11-12.

[24]宋鸣涛. 中国大鲵的生态与分布[J]. 动物世界,1986,3(1):75-77.

[25]宋鸣涛. 大鲵生殖系统发育研究[J]. 动物学杂志,1990,25(3):11-12.